Excel

零基础高效办公与数据处理实践

案例视频精讲

尹蕾　韩小良◎著

清华大学出版社

北京

内 容 简 介

本书是专门写给职场新人的 Excel 技能与应用书籍。本书结合大量实际案例，介绍 Excel 的各种实用操作技能和技巧，包括 Excel 工作表和单元格的操作技能与技巧，单元格格式设置技能与技巧，日常数据处理与分析中常用的工具、函数和公式，数据透视分析技能与技巧等。期望通过对本书的学习，职场新人能够提高数据处理效率，快速提升自己的数据处理和数据分析能力。本书所有实际案例都配有相应的学习视频，用手机扫描每节的二维码即可观看。

图书在版编目（CIP）数据

Excel 零基础高效办公与数据处理实践案例视频精讲 /
尹蕾，韩小良著 . -- 北京：清华大学出版社，2024.9.
ISBN 978-7-302-67358-3

Ⅰ . TP391.13

中国国家版本馆 CIP 数据核字第 20241EG356 号

责任编辑：袁金敏
封面设计：杨纳纳
责任校对：徐俊伟
责任印制：沈 露
出版发行：清华大学出版社
   网 址：https://www.tup.com.cn，https://www.wqxuetang.com
   地 址：北京清华大学学研大厦 A 座邮 编：100084
   社 总 机：010-83470000 邮 购：010-62786544
   投稿与读者服务：010-62776969，c-service@tup.tsinghua.edu.cn
   质 量 反 馈：010-62772015，zhiliang@tup.tsinghua.edu.cn
印 装 者：三河市人民印务有限公司
经 销：全国新华书店
开 本：170mm × 240mm 印 张：18.75 字 数：435 千字
版 次：2024 年 11 月第 1 版 印 次：2024 年 11 月第 1 次印刷
定 价：89.00 元

产品编号：107400-01

作为常用的数据处理和数据分析工具之一，Excel 如今已经非常智能化了，用户可以利用 Power Query、函数公式、数据透视表等工具快速高效处理数据和分析数据。

对于很多职场新人来说，Excel 是其必须尽快掌握的重要的数据处理与数据分析工具之一。但是，大部分职场新人，不论是对 Excel 的认识，还是对 Excel 技能的掌握和运用，都不尽人意。基于此，本书针对职场新人的现状，结合大量实际案例，介绍 Excel 的各种实用操作技能和技巧，旨在快速提升他们的 Excel 基本技能和使用技巧。

本书共 12 章，深入浅出、系统地介绍了 Excel 基本技能和使用技巧。

第 1 章和第 2 章全面介绍 Excel 工作表和单元格的操作技能与技巧。掌握这些技能与技巧，可以快速管理工作表和单元格。

第 3 章介绍设置单元格格式的技能与技巧，包括常规格式、自定义数字格式、条件格式。利用这些技能与技巧，可以让表格阅读性更好，更美观、更实用，更让人赏心悦目，并能快速追踪数据。

第 4 章至第 10 章全面介绍日常数据处理与分析中常用的工具，包括排序、筛选、拆分列、分类汇总与分级显示、合并计算工具、数据整理加工、数据验证等。掌握并熟练运用这些工具，可以使日常数据处理事半功倍。

第 11 章结合大量实际案例，详细介绍日常数据处理和分析中常用的函数公式，包括逻辑判断函数、分类汇总函数、查找引用函数、日期处理函数、文本处理函数等，从逻辑思维角度来深入讲解这些函数的原理、用法、变形以及实际应用。掌握这些函数公式，可以进一步提高数据处理和分析的效率。

第 12 章介绍数据透视分析技能与技巧，包括制作数据透视表，格式化和美化数据透视表，以及利用数据透视表和数据透视图分析数据的实用技能。熟练利用数据透视表和数据透视图，可以让数据处理和分析变得更加简单和高效。

期望通过对本书的学习，职场新人能够提高数据处理效率，快速提升自己的数据处理和数据分析能力。

　　本书所有实际案例都配有相应的学习视频，用手机扫描每节的二维码即可观看。

　　本书以 Excel 365 和 Excel 2021 为标准操作版本，也适合于其他版本如 Excel 2016、Excel 2019 等。

　　学习是持之以恒的过程，也是不断总结和提升的过程。

　　祝愿各位朋友工作愉快，学习快乐，每天都有进步。

扫描下方二维码，获取案例素材及原图

目录

第 3 章 设置单元格格式技能与技巧 **43**

第 7 章　分类汇总与分级显示实用技能与技巧 143

第 8 章　合并计算工具实用技能与技巧 153

第 11 章 Excel 常用函数公式与实际应用.................................194

第1章

Excel 工作表操作技能与技巧

数据是保存在工作表中的，因此操作工作表是最基本的技能。本章介绍操作工作表的一些技能和技巧，包括选择工作表、快速切换工作表、插入工作表、获取工作表名称、修改工作表名称、保护工作表等。

1.1 选择工作表

在处理分析工作表数据之前，需要先选择要操作的工作表。选择工作表有很多方法，下面介绍几种常用的方法。

1.1.1 选择一个工作表的常规方法

如果工作簿只有几个工作表，则选择某个工作表是很简单的，直接单击该工作表标签即可。

如果工作簿有大量工作表，则需要逐个切换工作表来查看，可以通过单击工作表左下角的工作表左右切换箭头按钮，或者使用快捷键 Ctrl+PgUp 往左切换工作表，使用快捷键 Ctrl+PgDn 往右切换工作表，可以依次切换选择每个工作表。

1.1.2 选择多个工作表的常规方法

如果要选择连续的几个工作表，可以先单击某个工作表标签，按住 Shift 键，单击要选择的最后一个工作表标签。

如果要选择不连续的几个工作表，可以先单击某个工作表标签，按住 Ctrl 键，单击要选择的每个工作表标签。

当选择了多个工作表后，这些工作表成了组合工作表，可以统一操作，例如统一设置单元格格式、统一输入数据等。

如果要取消选中的这些工作表，可以单击某个未选择的工作表标签。

1.1.3 使用"激活"对话框快速选择某个工作表

右击工作表左下角的工作表左右切换箭头按钮，打开"激活"对话框，列示出工作簿内所有的可见工作表（注意，被隐藏的工作表不会出现），如图 1-1 所示，然后在工作表名称列表中选择某个工作表，单击"确定"按钮，就迅速激活了该工作表。

图 1-1　右击打开的"激活"对话框

如果工作簿有大量工作表，想快速选择这个工作表，就可以使用这种方法。

使用名称框快速选择某个工作表

编辑栏最左侧有一个名称框，它可以用来定义名称，快速选择单元格 区域。

也可以利用这个名称框来快速选择某个工作表，方法很简单：在名称框中输入"工作表名 !A1"，如图 1-2 所示，然后按 Enter 键，就快速切换到该工作表，并选择了该工作表的 A1 单元格。

图 1-2　在名称框中输入"工作表名 !A1"

小知识：引用另外一个工作表单元格时，地址的编写规则是"工作表名 ! 单元格地址"，例如"Sheet5!D5"，工作表名称后面的感叹号是必需的。

使用"定位"对话框快速选择某个工作表

使用"定位"对话框也可以快速选择工作表。按 Ctrl+G 快捷键，或者 按 F5 键，打开"定位"对话框，然后在"引用位置"输入框中输入"工作表名 !A1"，如图 1-3 所示，单击"确定"按钮，就快速切换到该工作表，并选择了该工作表的 A1 单元格。

图 1-3　在"引用位置"输入框中输入"工作表名 !A1"

快速选择定义有某个名称的工作表

如果定义了很多名称，这些名称引用了不同的工作表单元格区域，当要了解某个名称是引用的哪个工作表以及具体的哪个单元格区域时，则可以使用名称框或者

第 1 章　Excel 工作表操作技能与技巧

"定位"对话框。

方法很简单：在名称框中输入该名称，按 Enter 键；或者在"定位"对话框的"引用位置"输入框中输入该名称，单击"确定"按钮，就快速切换到该名称引用的工作表，并选择了该名称所引用的单元格区域。

1.1.7　快速选择有某个特殊数据的工作表

利用"查找和替换"对话框，可以快速选择有某个特殊数据的工作表。

例如，要查找哪些工作表的哪些单元格保存有数据"客户 A"，则可以按照下面的步骤操作：

- 打开"查找和替换"对话框；
- 在"查找内容"输入框中输入"客户 A"；
- 单击"选项"按钮，展开对话框；
- 在"范围"下拉框中选择"工作簿"；
- 然后单击"查找全部"按钮。

那么，就将有数据"客户 A"的工作表单元格全部显示在查找结果列表中，如图 1-4 所示。

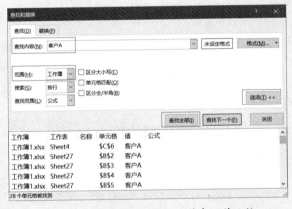

图 1-4　查找有指定数据的工作表及单元格

在查找结果列表中单击某条结果，就自动切换到该工作表，同时选择了引用的单元格。

1.1.8　快速切换工作表

如果要依次切换工作表，除了单击工作表左下角的工作表左右切换箭头按钮，还可以使用快捷键，参阅 1.1.1 内容。

✏ **本节知识回顾与测验**

1. 选择某个工作表有哪些实用的方法和技巧？

2. 如何快速选择有特殊数据的工作表？

3. 假如我们定义了一个名称"财务分析"，但不清楚该名称引用的是哪个工作表的哪个单元格区域，如何快速定位出来？

4. 如何快速选择几个相邻的工作表？如何快速选择几个不相邻的工作表？

5. 如果工作簿有大量工作表，如何快速切换每个工作表，以便于查看和检查？

1.2　隐藏和保护工作表

很多情况下，需要把某些重要的工作表隐藏起来，或者保护起来，防止工作表被破坏、删除、移动。

1.2.1　隐藏 / 显示工作表的普通方法

隐藏工作表的方法很简单：右击要隐藏的某个工作表标签，在弹出的快捷菜单中执行"隐藏"命令即可，如图 1-5 所示。

图 1-5　右击隐藏某个工作表　　　图 1-6　取消隐藏某几个工作表

如果要显示某个或者某几个被隐藏的工作表，就在任一工作表标签处右击，在弹出的快捷菜单中执行"取消隐藏"命令，打开"取消隐藏"对话框，然后选择要显示的某个工作表或者某几个工作表（单击某个工作表名称，或者按住 Ctrl 键再单击某几个不连续的工作表名称，或者按住 Shift 键再单击要选择的连续工作表的最后一个工作表名称），然后单击"确定"按钮，如图 1-6 所示。

1.2.2 隐藏 / 显示工作表的特殊方法

通过右键菜单命令隐藏工作表的方法是最简单的，也是最常用的，但是也可以使用右键菜单命令取消隐藏，也就是说，尽管你可以把工作表隐藏起来，别人也可以再次把它显示出来。

如果你想对工作表进行特殊隐藏处理，且别人不能通过右键菜单命令取消隐藏的方法将其显示出来，那么可以使用 VBA 来解决。

在 Excel 功能区中先显示出来"开发工具"选项卡，然后切换到"开发工具"选项卡，单击左侧的"Visual Basic"命令按钮，如图 1-7 所示。

图 1-7　单击"Visual Basic"命令按钮

打开 VBE 编辑器，然后在 VBAProject 窗口中选择要特殊隐藏的工作表，再在属性窗口中将 Visible 属性设置为"2 - xlSheetVeryHidden"，如图 1-8 所示。

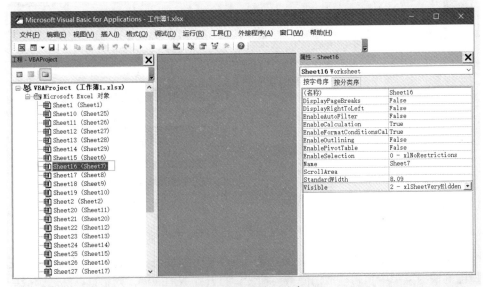

图 1-8　特殊隐藏工作表

按照这种方法隐藏起来的工作表，是不能通过右键菜单命令取消隐藏的。如果要将其再次显示出来，则必须在 VBE 编辑器中进行设置：先在 VBAProject 窗口中选择要取消隐藏的工作表，再在属性窗口中将 Visible 属性设置为"-1 - xlSheetVisible"。

1.2.3 防止所有工作表被删除、移动、复制和重命名

如果要防止工作簿内的所有工作表被删除、移动、复制和重命名，则需要对工作簿进行保护设置。

在"审阅"选项卡中单击"保护工作簿"命令按钮，如图1-9所示，打开"保护结构和窗口"对话框，设置密码，勾选"结构"复选框，如图1-10所示。

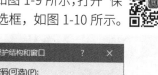

图1-9　单击"保护工作簿"命令按钮　　　图1-10　设置密码，勾选"结构"复选框

这样，右击工作表标签弹出的快捷菜单中，"插入""删除""重命名""移动或复制""工作表标签颜色""隐藏""取消隐藏"等这几个命令都是灰色的，即不可操作的，如图1-11所示。

如果要取消工作簿保护，则需要在"审阅"选项卡中再次单击"保护工作簿"命令按钮，打开"取消工作簿保护"对话框，输入先前设置的密码，如图1-12所示。

图1-11　相关菜单命令不能使用　　　　　图1-12　取消工作簿保护

需要说明的是，这种方法是对工作簿结构的保护，并不是设置工作簿打开密码，千万不要混淆了。

如果要设置工作簿打开密码，也就是说，输入密码不正确就打不开工作簿，则需要将工作簿另存，在"另存为"对话框的"工具"下拉列表中选择"常规选项"，打开"常规选项"对话框，设置打开权限密码，也可以设置修改权限密码，或者将工作簿保存为只读文件，如图1-13所示。

图 1-13　设置工作簿打开权限密码和修改权限密码

这样，在打开该工作簿时，就需要先输入打开权限密码，才能打开该工作簿，如图 1-14 所示。

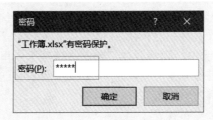

图 1-14　要求输入工作簿的打开权限密码

当然，如果要取消工作簿打开权限密码和修改权限密码，则需要再另存工作簿，在"常规选项"对话框中删除密码即可。

1.2.4　保护工作表全部数据不被改动

在"审阅"选项卡中单击"保护工作表"命令，打开"保护工作表"对话框，设置保护密码，就可以保护整个工作表不被改动，如图 1-15 所示。

在"保护工作表"对话框中，还可以设置允许使用的某些操作。

例如，在保护工作表后，可以允许设置单元格格式、插入行、删除行、插入列、删除列、插入超链接等。勾选某个复选框，就是允许该操作；取消勾选某个复选框，就是不允许该操作。

图 1-15　保护工作表

✏ 本节知识回顾与测验

　　1. 隐藏或显示某个工作表的常用方法是什么？

　　2. 如何特殊隐藏某个工作表，使之不能通过右键菜单命令重新显示？

　　3. 如何保护工作表的所有内容，不能做所有的操作？

　　4. 如何防止所有工作表被破坏、删除、移动？

　　5. 如何全面保护工作表，不允许对工作表进行任何操作？

1.3　工作表的其他操作

　　在实际工作中，我们经常需要插入新工作表、移动工作表、复制工作表、将工作表复制为新工作簿、重命名工作表、删除工作表、设置工作表标签颜色等。下面介绍几个相关操作的实用技能和技巧。

1.3.1　插入新工作表

　　插入新工作表最简单的方法是单击工作表标签右侧的"新工作表"按钮 ⊕ ，就会在当前活动工作表后面插入一个新工作表，且插入的新工作表是激活状态。

　　当然，如果不嫌麻烦的话，也可以使用右键菜单中的"插入"命令，还可以使用快捷键 Shift+F11 插入新工作表。如果只按 F11 键，则插入的是图表工作表，而不是普通的工作表。

　　小知识：Excel 工作表有三大类，分别是普通工作表、图表工作表和宏工作表。

- 普通工作表就是日常操作的工作表，有单元格，可以编辑数据，可以做各种统计分析，可以创建计算公式。默认的工作表名是 Sheet1、Sheet2、Sheet3 等。
- 图表工作表就是只有一个图表的工作表，没有单元格，整个工作表就是一张图表。默认的工作表名是 Chart1、Chart2、Chart3 等。
- 宏工作表是专门保存宏代码的工作表。默认的工作表名是宏 1、宏 2、宏 3 等。

1.3.2 移动工作表

移动工作表最简单的方法是拖动要移动的工作表标签，然后将工作表移动到指定位置。

如果要将某个工作表移动到指定的位置（某工作表之前），则需要右击该工作表标签，在弹出的快捷菜单中执行"移动或复制"命令，打开"移动或复制工作表"对话框，在工作表列表中选择某个工作表，如图 1-16 所示，单击"确定"按钮，就将要移动的工作表移到了选定工作表之前。

图 1-16　移动某个工作表

1.3.3 复制工作表

复制工作表有两种方法。一种方法是在"移动或复制工作表"对话框中勾选底部的"建立副本"复选框，就将指定工作表复制了一份，参见图 1-16。

还有一种更简单的方法：按住 Ctrl 键，然后拖动某个工作表标签，就将该工作表复制了一份。复制的新工作表名称会在原来名称后面加后缀"(2)""(3)"等。

我们可以复制一个工作表，也可以对多个工作表进行批量复制，只要先选择这些工作表，再执行"移动或复制"命令即可。

复制完工作表后，一般需要对复制的工作表重新命名。

1.3.4 将工作表复制为新工作簿

在复制工作表时，可以将工作表在本工作簿内复制一份备份，也可以将工作表复制为新工作簿，这样可以将该工作表数据以新工作簿保存。

　　将工作表复制为新工作簿的方法是：在"移动或复制工作表"对话框中，在"工作簿"下拉框中选择"（新工作簿）"，勾选"建立副本"复选框，如图 1-17 所示。

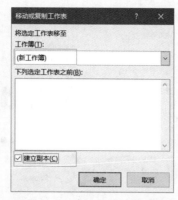

图 1-17　将工作表复制为新工作簿

　　如果不勾选"建立副本"复选框，那么就把这些工作表从源工作簿中移走了，也就是源工作簿中不再有这些工作表。

1.3.5　重命名工作表

　　重命名工作表很简单：双击工作表标签，直接键入新名称即可。
　　也可以右击工作表标签，在弹出的快捷菜单中执行"重命名"命令。

1.3.6　删除工作表

　　删除工作表很简单：选择某个要删除的工作表，右击工作表标签，在弹出的快捷菜单中执行"删除"命令。当删除工作表时，系统会弹出一个警告信息，询问是否删除，如图 1-18 所示。

图 1-18　删除工作表的警告信息

1.3.7　设置工作表标签颜色

　　为了能醒目标识不同功能的工作表，我们可以将每个工作表标签设置为不同颜色，方法是右击工作表标签，在弹出的快捷菜单中执行"工作表标签颜色"命令，展开颜色面板，选择合适的颜色，如图 1-19 所示。

如果不再需要设置的颜色，可以执行"工作表标签颜色"命令，在展开的颜色面板中单击"无颜色"，就取消了颜色。

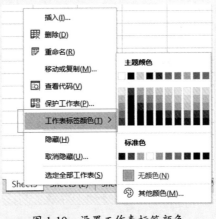

图 1-19　设置工作表标签颜色

✎ 本节知识回顾与测验

　　1. 插入新工作表有哪些实用方法？

　　2. 默认情况下，插入的新工作表是在当前工作表的前面还是后面？

　　3. 如何快速复制某个工作表，并且将工作表复制到指定的位置？

　　4. 如何同时复制几个选定的工作表？

　　5. 如何快速将某个或某几个工作表移动到指定位置？

　　6. 如何快速重命名工作表？如果出现不允许修改工作表名称，一般是什么原因造成的？

　　7. 如何删除工作表？如果要删除有数据的工作表，会发生什么情况？

　　8. 如何同时设置多个工作表的标签颜色？如何取消工作表标签颜色，恢复默认？

1.4　工作表界面显示设置

　　不论是展示基础表格，还是展示数据分析报告，都需要对工作表界面进行设置，以使工作表界面清晰美观、阅读性强，同时也便于在不同工作表之间进行比对和查看。为了满足这些要求，可以对工作表界面的显示进行设置。

1.4.1　显示 / 不显示网格线

　　可以不显示工作表的网格线，使工作表界面呈现为一张白纸，这样设计的表格就显得很干净和美观。

显示工作表网格线的操作很简单：在"视图"选项卡中勾选"网格线"复选框即可，如图 1-20 所示。若不显示工作表网格线，则在"视图"选项卡中取消勾选"网格线"复选框即可。

图 1-20　勾选"网格线"复选框

图 1-21 和图 1-22 分别是显示和不显示网格线的表格效果。很显然，不显示网格线的表格更加清晰，阅读性更好。

	A	B	C	D	E	F	G	H	I
1									
2		地区	产品1	产品2	产品3	产品4	产品5	产品6	合计
3		华北	181	522	229	626	344	289	2191
4		华南	1065	1004	885	998	797	263	5012
5		华中	507	572	383	149	657	194	2462
6		西北	1025	656	841	155	842	790	4309
7		西南	390	679	182	333	310	339	2233
8		东北	1164	897	876	453	1065	1036	5491
9		华东	559	514	975	564	102	1133	3847
10		合计	4891	4844	4371	3278	4117	4044	25545
11									

图 1-21　工作表显示网格线

	A	B	C	D	E	F	G	H	I
1									
2		地区	产品1	产品2	产品3	产品4	产品5	产品6	合计
3		华北	181	522	229	626	344	289	2191
4		华南	1065	1004	885	998	797	263	5012
5		华中	507	572	383	149	657	194	2462
6		西北	1025	656	841	155	842	790	4309
7		西南	390	679	182	333	310	339	2233
8		东北	1164	897	876	453	1065	1036	5491
9		华东	559	514	975	564	102	1133	3847
10		合计	4891	4844	4371	3278	4117	4044	25545
11									

图 1-22　工作表不显示网格线

1.4.2　设置网格线颜色

默认的网格线颜色是灰色的，也许你不喜欢这种灰色的网格线，希望将网格线颜色变一变。

设置网格线颜色是在"Excel 选项"对话框中进行的：执行"文件"→"选项"命令，打开"Excel 选项"对话框，在"高级"分类中设置网格线颜色，如图 1-23 所示。

如果要将网格线颜色恢复默认的灰色，则要选择颜色为"自动"。

图 1-23　设置网格线颜色

1.4.3　显示/不显示分页预览

很多人喜欢将工作表界面设置为分页预览模式，默认情况下，分页预览会缩小工作表界面比例，同时显示分页线（粗蓝线），如图 1-24 所示。

调整每页大小的方法很简单：鼠标指针对准分列线，按住鼠标左键，左右或上下拖动分列线即可。

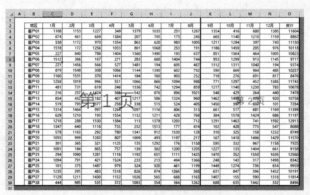

图 1-24　工作表分页预览显示

显示分页预览，就单击"视图"选项卡中的"分页预览"命令按钮，如图 1-25 所示。如果要重新显示为普通界面，则单击"普通"命令按钮。

图 1-25　单击"分页预览"命令按钮

当显示分页预览，然后又显示为普通界面时，工作表上会显示水平分页符（水平线）和垂直分页符（垂直线）。

很多情况下，这些分页符很难看，需要设置不显示分页符，方法是：执行"文件"→"选项"命令，打开"Excel 选项"对话框，在"高级"分类中取消勾选"显示分页符"复选框，如图 1-26 所示。

图 1-26 取消勾选"显示分页符"复选框

1.4.4 显示 / 不显示表格的零值

如果表格中有大量公式，这些公式的计算结果有可能是 0，那么工作表中就会有大量的数字 0，这样就会影响表格阅读。图 1-27 所示的就是一个示例数据效果。

部门	总人数	性别		婚姻状况		学历						年龄								司龄						
		男	女	已婚	未婚	博士	硕士	本科	大专	中专	高中	25岁以下	26-30岁	31-35岁	36-40岁	41-45岁	46-50岁	51-55岁	56岁以上	不满1年	1-5年	6-10年	11-15年	16-20年	21-25年	26年以上
总经办	5	2	3	3	2	0	1	4	0	0	0	0	0	1	0	2	0	0	0	0	0	3	1	0	1
人力资源部	9	5	4	5	4	0	1	4	0	0	0	0	3	3	2	1	0	2	0	0	3	3	1	0	1
财务部	8	6	2	5	3	0	0	1	2	1	2	0	0	1	2	1	2	1	0	0	2	1	1	1	3
贸易部	5	5	0	1	4	0	2	3	0	0	0	0	1	1	1	1	0	0	1	2	1	1	0	0
后勤部	4	4	0	3	1	0	0	2	1	0	0	0	0	0	1	0	0	1	1	1	0	1	0
技术部	11	5	6	5	6	1	5	5	0	0	0	0	1	1	2	2	0	0	4	2	3	1	0
生产部	7	5	2	5	2	0	0	0	0	5	2	0	0	0	2	3	2	0	0	3	0	2	0	2
信息部	11	10	1	5	6	1	0	6	2	0	0	0	3	4	2	2	0	0	4	2	4	0	1
销售部	11	4	7	4	7	0	4	7	0	0	0	0	4	4	2	1	0	0	0	3	4	1	2	1
质检部	6	4	2	2	4	0	0	1	1	2	2	0	0	1	1	2	2	0	0	0	3	1	1	0	1
市场部	16	12	4	11	5	0	0	3	0	4	0	0	0	6	3	2	3	2	0	0	3	7	4	2
合计	87	62	25	48	39	2	16	10	11	8	0	0	21	16	10	11	8	0	20	21	24	11	11

图 1-27 表格有大量的零值

可以通过自定义数字格式来隐藏单元格的零值，也可以通过设置"Excel 选项"对话框不显示单元格的零值，方法是：执行"文件"→"选项"命令，打开"Excel 选项"对话框，切换到"高级"分类，然后取消勾选"在具有零值的单元格中显示零"复选框，如图 1-28 所示。

图 1-28　取消勾选"在具有零值的单元格中显示零"复选框

这样，工作表的所有零值就不显示了，表格变得很干净明了，如图 1-29 所示。

员工属性统计分析表

部门	总人数	男	女	已婚	未婚	博士	硕士	本科	大专	中专	高中	25岁以下	26~30岁	31~35岁	36~40岁	41~45岁	46~50岁	51~55岁	56岁以上	不满1年	1~5年	6~10年	11~15年	16~20年	21~25年	26年以上
总经办	5	2	3	3	2			1	4					2		2									1	
人力资源部	9	5	4	5	4		1	7	1				3	3	2				1	3	3	3			1	
财务部	8	6	2	5	3			3	5				1	2	1	1	2		1	2	1	1			1	3
贸易部	5	5		1	4		2	3					1	1	1	1	1			1	1	1	1			
后勤部	4	4		3	1			2	1		1			2					1			2				
技术部	11	5	6	5	6	1	5	5				5	1	1	2					4	2	3			1	
生产部	7	5	2	5	2	1	1	5				3		2		2				1	2		3			
销售部	11	10	1	5	6		3	6	2				3	1					1	2	3	1				
信息部	5	4	1	2	3			2	3				1	2						1	1	2				
质检部	6	4	2	2	4			3	3				2	3		1				2	4					
市场部	16	12	4	11	5				9	3	4					6	3		4		3	7	4		2	
合计	87	62	25	48	39	2	21	52					21	21	16	10	11	8		20	21	24	11	11		

图 1-29　不显示零值的表格

1.4.5　拆分窗格

如果想要把当前工作表的前 10 行数据与第 200 行开始的数据放在一起进行对比查看，或者把 A 至 D 列的数据与第 BA 至 BD 列的数据放在一起进行比对查看的话，这需要对工作表视图拆分窗格。

单击要设置拆分位置的单元格，然后在"视图"选项卡中单击"拆分"命令按钮，如图 1-30 所示，就以这个单元格为界限，插入了水平拆分条和垂直拆分条，如图 1-31 所示。

鼠标指针对准拆分条，可以左右移动或上下移动拆分条，改变窗格大小。

如果不再保留拆分的窗格，恢复默认的视图，可以再次单击"拆分"命令按钮，或者拖动拆分条到最左边或最顶端。

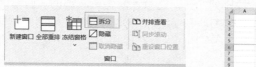

图 1-30　单击"拆分"命令按钮　　图 1-31　工作表视图被拆分成了 4 个窗格

1.4.6　冻结窗格

如果想要把当前工作表的前 N 行固定，或者把前 N 列固定，就需要冻结窗格。冻结窗格可以直接使用相关菜单命令，如图 1-32 所示。

如果要将工作表的第一行标题冻结，可以直接执行"冻结窗格"→"冻结首行"命令，这样上下滚动时，第一行永远是可见的。

如果要将工作表的第一列标题冻结，可以直接执行"冻结窗格"→"冻结首列"命令，这样左右滚动工作表时，第一列永远是可见的。

如果要在指定位置冻结，也就是这个位置的左边几列和上面几行永远可见，就先单击该单元格，然后执行"冻结窗格"→"冻结窗格"命令。

如果要取消已经冻结的窗格，可以执行"冻结窗格"→"取消冻结窗格"命令，如图 1-33 所示。

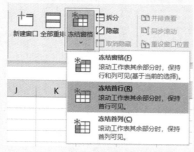
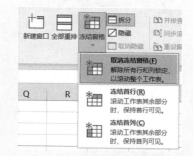

图 1-32　冻结窗格菜单命令　　　图 1-33　单击"取消冻结窗格"命令

1.4.7　并排显示工作表

前面介绍的拆分窗格，便于在同一个工作表中并排查看不同区域数据。

如果要并排查看不同工作表数据呢？例如，要核对两个表格数据，那么就需要将这两个表格同时并排显示出来。又如，要在当前工作表设计公式，公式需要引用另外工作表区域，那么也最好将源数据工作表和设置公式工作表并排显示，这样便于快速准确选择引用单元格区域。

如果要将 2 个工作表并排显示，就先在"视图"选项卡中单击一下"新建窗口"命令按钮，如图 1-34 所示。如果要将 3 个工作表并排显示，就单击两下"新建窗口"命令按钮。

注意，每单击一下"新建窗口"命令按钮，就新建一个窗口。

新建窗口后，再单击图 1-34 所示的"全部重排"命令按钮，打开"重排窗口"

对话框，根据实际情况，选择一种排列方式，注意还要勾选底部的"当前活动工作簿的窗口"复选框（如果不勾选这个复选框，就会把所有打开的工作簿并排显示了），如图 1-35 所示。

图 1-34　单击"新建窗口"命令按钮　　图 1-35　"重排窗口"对话框

当工作表窗口并排后，将每个工作表窗口切换为不同的工作表，就可以同时观察各个工作表数据了。

根据两个工作表数据的实际情况，常见的排列方式是"垂直并排"或"水平并排"。

- "垂直并排"是每个工作表左右排列布局，如图 1-36 所示。
- "水平并排"是每个工作表上下排列布局，如图 1-37 所示。

图 1-36　垂直并排两个工作表

图 1-37　水平并排两个工作表

如果不再需要重排后的工作表窗口，就关掉多余的窗口（不要全部关掉，要留一个，全部关掉就会关闭工作簿），将剩下的一个窗口最大化即可。

✏ **本节知识回顾与测验**

1.如何快速不显示或者显示工作表的网格线？

2.如何设置工作表网格线格式（如线条、颜色等）？

3.如何不显示工作表中大量的数字0？公式计算出来的数字0，是否也能这样设置不显示？

4.如何在指定的单元格位置把工作表界面拆分成上下左右4个窗格？如果已经拆分窗格了，如何恢复正常显示？

5.如何在指定单元格冻结窗格？如何取消冻结窗格？

6.如何左右并排显示当前工作簿的3个工作表？如果已经显示这样的效果了，如何恢复只有一个工作表的界面？

7.如何切换分页预览视图和普通视图？

8.如何快速调整分页预览的分页符位置？

1.5 设置 Excel 选项

每个人都有自己的 Excel 操作习惯和喜好，例如，甲喜欢这种字体，而乙喜欢那种字体；甲设计了大型表格，有很多公式，希望在所有数据输入完毕后，统一进行计算，不希望每次输入一个数据就计算一次，而乙设计了小型表格，希望输入数据就立即计算出结果来等，这些都是 Excel 选项设置内容。

Excel 选项设置是在"Excel 选项"对话框中进行的，执行"文件"→"选项"命令，打开"Excel 选项"对话框，如图 1-38 所示。在这里，我们可以根据自己的喜好，对 Excel 的一些项目进行设置。

图 1-38 "Excel 选项"对话框

1.5.1　设置新工作簿默认的工作表数

在默认情况下，新建工作簿只有 1 个工作表（低版本 Excel 是 3 个工作表），如果希望改变新建工作簿的默认工作表个数，可以在"Excel 选项"对话框的"常规"分类中指定新工作簿包含的工作表数，如图 1-39 所示。

这样，新建的工作簿就包含指定个数的工作表了。

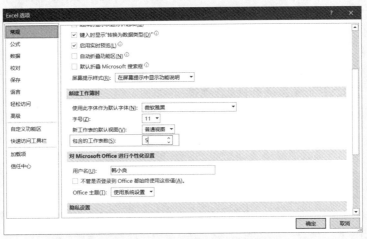

图 1-39　设置新工作簿包含的工作表数

1.5.2　设置新工作簿默认的字体和字号

如果你不喜欢 Excel 的默认字体和字号，就可以在"Excel 选项"对话框的"常规"分类中，设置新工作簿的字体和字号，如图 1-40 所示。这样，新建的工作簿就是这里设置的字体和字号了。

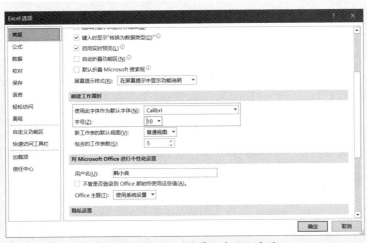

图 1-40　设置新工作簿的字体和字号

1.5.3 设置自动重算 / 手动重算

在默认情况下，工作簿是自动重算模式，也就是说，每改变一个单元格数据，所有公式都会重新计算一次。

对于小型表格来说，这种重复计算没有多大影响。但对于大型表格，尤其是设置了大量公式的表格来说，自动计算会很慢，甚至卡顿。

其实，我们没必要每输入一个数据就重新计算一次，可以在所有数据都处理完毕后，对所有公式统一计算，这样可以提高数据处理效率。

自动重算和手动重算是在"Excel 选项"对话框的"公式"分类中设置的，如图 1-41 所示。这里有 3 个选项。

（1）自动重算：是默认的选项，每编辑一次数据，就会重新计算所有公式。

（2）除模拟运算表外，自动重算：仅仅不重算模拟表，其他的公式统统重新计算。

（3）手动重算：无论何时编辑单元格，都不进行重算，需要手动进行重算。手动重算的快捷键是 F9 键，也就是按一下 F9 键，就对所有公式重新计算。

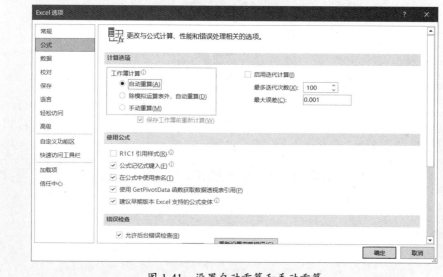

图 1-41　设置自动重算和手动重算

✎ 本节知识回顾与测验

1. 设置 Excel 选项是在哪里进行的？

2. 如何设置新建工作簿默认的工作表数？

3. 如何设置新建工作簿默认的字体和字号？

4. 如果工作表有大量公式，每编辑一个单元格，所有公式都会重新计算，这会导致工作表计算很慢，甚至卡顿，如何解决这个问题？

5. 手动重算的快捷键是什么？

1.6 自定义快速访问工具栏和功能区

为了方便使用一些常用的工具，可以对 Excel 的快速访问工具栏和功能区进行个性化设置，例如添加打开按钮、新建按钮等。

1.6.1 自定义快速访问工具栏

在功能区左上方，有一个快速访问工具栏，默认情况下，仅仅有几个按钮。可以在快速访问工具栏中添加一些使用频繁的按钮，例如新建按钮、打开按钮、打印预览按钮等，也就是自定义快速访问工具栏。

为快速访问工具栏添加命名按钮的方法是：右击快速访问工具栏，在弹出的快捷菜单中执行"自定义快速访问工具栏"命令，如图 1-42 所示。

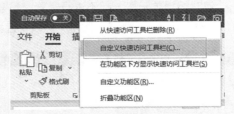

图 1-42　执行"自定义快速访问工具栏"命令

打开"Excel 选项"对话框，在"从下列位置选择命令"下拉框中选择"所有命令"，然后从列示出的命令列表中选择要添加的命令，单击"添加"按钮，就将选中的命令添加到了快速访问工具栏，如图 1-43 所示。

图 1-43　向快速访问工具栏添加命令

要添加的那些命令都添加完毕后，单击"确定"按钮，关闭"Excel 选项"对话框。

如果不需要快速访问工具栏里的某个命令了，可以在快速访问工具栏中右击该命令按钮，在弹出的快捷菜单中执行"从快速访问工具栏删除"命令（参见图1-42）。

1.6.2 自定义功能区

自定义功能区的操作主要包括把那些功能区没有显示的选项卡显示到功能区，以及创建新的自定义选项卡，集合一些常用的数据处理分析命令按钮。

例如，默认情况下，功能区是不显示"开发工具"选项卡的，而这个选项卡非常有用，如制作动态图表、使用宏和VBA等。将"开发工具"选项卡在功能区显示出来的方法是，右击"自定义功能区"命令，如图1-44所示。

图1-44　右击"自定义功能区"命令

打开"Excel选项"对话框，在右侧的主选项卡列表中勾选"开发工具"复选框，如图1-45所示，然后单击"确定"按钮，关闭"Excel选项"对话框。

图1-45　在功能区显示"开发工具"选项卡

也可以创建一个自定义选项卡，方法是在"Excel选项"对话框中，单击右下方的"新建选项卡"命令按钮，就在功能区中创建了一个新选项卡"新建选项卡（自定义）"，同时在该选项卡中自动添加了一个功能组"新建组（自定义）"，如图1-46所示。

图 1-46　创建新选项卡

还可以在新建选项卡下添加多个功能组，以便将不同类型的命令归纳到每个功能组里，便于使用。

重命名新选项卡，然后从左侧所有命令列表中选择一些需要的命令添加到功能组里，添加完成后，单击"确定"按钮，关闭"Excel 选项"对话框，那么功能区的最右侧就添加了一个新选项卡，图 1-47 所示是一个示例效果。

图 1-47　添加的新选项卡示例效果

如果不再需要在功能区新建的选项卡，可以打开"Excel 选项"对话框，在左侧选择"自定义功能区"分类，然后在右侧的主选项卡列表中选择要删除的新选项卡，单击"删除"按钮即可。

📌 本节知识回顾与测验

1.快速访问工具栏在哪里？如何为快速访问工具栏添加一些常用的命令？

2.如何删除访问工具栏里的某些命令按钮？

3.Excel 的"开发工具"选项卡很有用，默认情况下是不显示的，如何将其显示出来，以便于使用？

4.请在功能区添加一个新选项卡，将操作工作表单元格的一些常用命令添加到这个新选项卡中。

5.如何删除不需要的自定义选项卡？

第 2 章

Excel 单元格操作
技能与技巧

数据是保存在工作表的单元格中的，在处理数据时，往往就是对单元格进行操作，因此，掌握一些单元格操作技能与技巧是必要的。

2.1 快速选择单元格

选择单元格是很简单的，很多人经常用鼠标来选择单元格。但在很多情况下，也需要使用更高效的方法来选择单元格。本节介绍选择单元格的实用方法和技巧。

2.1.1 选择单元格的常规方法

通常情况下，使用鼠标来选择单元格。

- 选择一个单元格：单击某个单元格。
- 选择连续的单元格区域：按住鼠标左键拖动鼠标。
- 选择不连续的单元格区域：按住 Ctrl 键，分别选择不同单元格区域。
- 选择某列：单击某个列标。
- 选择连续的几列：按住鼠标左键在列标处拖动鼠标。
- 选择不连续的几列：按住 Ctrl 键，单击各个列标。
- 选择某行：单击某个行号。
- 选择连续的几行：按住鼠标左键在行号处拖动鼠标。
- 选择不连续的几行：按住 Ctrl 键，单击各个行号。
- ……

这些都是最基本的单元格操作技巧，是每个人都应该熟练掌握的 Excel 操作技能。

本章介绍在表格处理中的一些非常实用的选择单元格的技能与技巧，掌握这些技能与技巧，可以使数据处理效率大幅提升。

2.1.2 使用快捷键快速选择较大的单元格区域

当要选择的单元格区域较大时，如果用鼠标点选，比较费时间。此时，可以使用下面几个技巧来快速选择单元格区域。

- 技巧 1：如果要选择一个包含几列和数百数千行的数据区域，可以先单击第一个单元格，然后按快捷键 Ctrl+Shift+ 右箭头，选择到最后一列，再按快捷键 Ctrl+Shift+ 下箭头，选择到最下面一行，这样，就可以快速选择这个较大的数据区域了。
- 技巧 2：如果要从某列区域开始，往右选择到数据区域最右端一列，可以使用快捷键 Ctrl+Shift+ 右箭头。
- 技巧 3：如果要从某列区域开始，往左选择到数据区域最左端一列，可以使用快捷键 Ctrl+Shift+ 左箭头。
- 技巧 4：如果要从某行区域开始，往下选择到数据区域最底部一行，可以使用快捷键 Ctrl+Shift+ 下箭头。
- 技巧 5：如果要从某行区域开始，往上选择到数据区域最顶部一行，可以使用快捷键 Ctrl+Shift+ 上箭头。

2.1.3 使用名称框快速选择单元格区域

不论是选择当前工作表的单元格区域，还是选择其他工作表的单元格区域，都可以使用名称框快速选择。

例如，要选择当前工作表的单元格区域 A1:Z1000，如果用鼠标选择是很麻烦的，一个简单的方法是：在名称框中输入"A1:Z1000"，然后按 Enter 键，就迅速选择了该单元格区域。

如果在当前工作簿中，要选择工作表"预算表"中的单元格区域 A1:Z1000，就在名称框中输入"预算表 !A1:Z1000"，然后按 Enter 键。

连续的单元格区域用冒号连接，不连续的单元格区域用逗号隔开，利用这个规则，可以在名称框中快速选择多个连续或不连续的单元格区域。

例如，要选择当前工作表的单元格区域 A1:D1000、L1:M1000 和 G3:G100，就在名称框中输入"A1:D1000,L1:M1000,G3:G100"，如图 2-1 所示，然后按 Enter 键。

图 2-1　在名称框中输入单元格地址

2.1.4 使用"定位"对话框快速选择单元格

如果你觉得在名称框中输入单元格地址不方便，也可以使用"定位"对话框。

按 Ctrl+G 快捷键，或者按 F5 键，打开"定位"对话框，在"引用位置"输入框中输入单元格地址，如图 2-2 所示，单击"确定"按钮，就可以将这些单元格选中。

图 2-2　使用"定位"对话框选择单元格

如果定义了一些名称，但不记得这些名称所引用的单元格区域了，可以在"定位"对话框的"引用位置"输入框中输入某个定义的名称，然后单击"确定"按钮，就可以立即选中该名称所引用的单元格区域。

2.1.5 使用"定位条件"对话框快速选择特殊单元格

图 2-2 所示的"定位"对话框中，左下角有一个"定位条件"按钮，单击该按钮，就打开"定位条件"对话框，如图 2-3 所示，在这个对话框中，可以快速选择特殊类型单元格。

图 2-3 "定位条件"对话框

1. 选择"注释"选项（有的版本是"批注"），就会将有注释（批注）的单元格全部选中。

2. 选择"常量"选项，会出现 4 个复选框。

● 如果这 4 个复选框都勾选，就将所有没有公式的常量单元格全部选中。

● 如果仅仅勾选"数字"复选框，那么就只选中是数字常量的单元格。

● 如果仅仅勾选"文本"复选框，那么就只选中是文本常量的单元格。

● 如果仅仅勾选"逻辑值"复选框，那么就只选中是逻辑值常量的单元格。

● 如果仅仅勾选"错误"复选框，那么就只选中是错误常量的单元格。

3. 选择"公式"选项，会出现 4 个复选框。

● 如果这 4 个复选框都勾选，就将找出所有公式单元格。

● 如果仅仅勾选"数字"复选框，那么就只选中公式结果是数字的单元格。

● 如果仅仅勾选"文本"复选框，那么就只选中公式结果是文本的单元格。

● 如果仅仅勾选"逻辑值"复选框，那么就只选中公式结果是逻辑值的单元格。

● 如果仅仅勾选"错误"复选框，那么就只选中公式结果是错误的单元格。

4. 选择"空值"选项，就会把所有的空单元格选中（注意，选中的是真正的空单元格，而不是公式结果是空字符串的单元格）。这在处理有大量空单元格表格数据时是非常有用的。

5. 选择"当前数组"选项，就会把包含某单元格在内的有数组公式的单元格全部选中（需要先单击数组公式的某个单元格）。

6. 选择"可见单元格"选项，就会把没有被隐藏起来的单元格选中，这在对数据进行分类汇总处理后进行复制粘贴时很有用。

7. 选择"条件格式"选项，会出现 2 个复选框。勾选"全部"复选框，就会把所有的设置中有条件格式的单元格选中；勾选"相同"复选框，则仅仅选中与当前单元格有相同条件格式的单元格。

8. 选择"数据验证"选项，会出现 2 个复选框。勾选"全部"复选框，就会把所有的设置中有数据验证的单元格选中；勾选"相同"复选框，则仅仅选中与当前单元格有相同数据验证的单元格。

"定位条件"对话框在实际数据处理中是非常有用的，应当能够熟练运用。

2.1.6 快速选择有特定数据的单元格

如果要选择有特定数据的单元格，则可以使用"查找和替换"对话框。按 Ctrl+F 快捷键，就可以打开"查找和替换"对话框，如图 2-4 所示。

图 2-4 "查找和替换"对话框

在"查找内容"输入框中输入要查找的数据，单击"查找全部"按钮，就将含有该数据的单元格全部查找出来，然后再按 Ctrl+A 快捷键，就全部选中这些查找出来的单元格，如图 2-5 所示，最后关闭对话框。

图 2-5 查找并选择所有含有指定数据的单元格

默认情况下，查找含有指定数据的单元格是一种关键词匹配查找。

如果要完全匹配单元格数据，就需要在对话框中单击"选项"按钮，展开对话框，勾选"单元格匹配"复选框，然后才能查找出单元格数据精确为指定数据的单元格。

例如，要把数值是 0 的单元格全部找出来，就在"查找内容"输入框中输入 0，展开对话框，勾选"单元格匹配"复选框，单击"查找全部"按钮，就完成了查找，如图 2-6 所示。

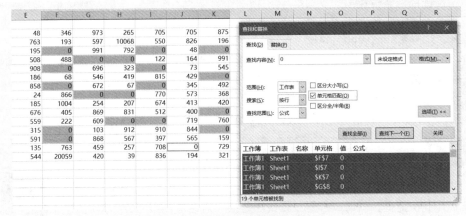

图 2-6　查找数值是 0 的单元格

如果不勾选"单元格匹配"复选框，那么就会把所有含有 0 的单元格查找出来，这并不是我们需要的结果。

展开"查找和替换"对话框后，还可以勾选"区分大小写"复选框，查找完全匹配字母大小写的单元格；可以勾选"区分全 / 半角"复选框，查找完全匹配全角和半角的单元格。

在"范围"下拉列表中，默认情况是查找当前工作表。也可以选择"工作簿"，这样就会查找当前工作簿内所有工作表中满足条件的单元格。

2.1.7　快速选择有指定格式的单元格

可以利用"查找和替换"对话框，来选择有指定格式的单元格。

打开"查找和替换"对话框，可以看到有一个"格式"按钮，如图 2-7 所示。利用这个按钮，可以选择指定格式的单元格。

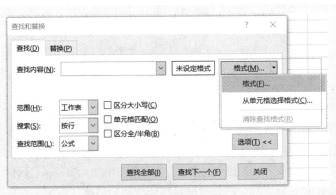

图 2-7　根据指定格式查找单元格

例如，要将所有黄色单元格选中，就单击"格式"按钮，展开下拉列表，可以直接选择格式，或者从单元格中选择格式，后者更简单，然后单击"查找全部"按钮，就将黄色单元格查找出来，如图 2-8 所示。

图 2-8　查找指定格式的单元格

2.1.8　快速选取所有的合并单元格

如果单元格区域有很多合并单元格，现在需要对这些合并单元格进行整理（例如取消合并，填充数据，以保证数据的完整），那么就要先选择这些合并单元格。

合并单元格的一个特征是有空单元格，例如单元格区域 A1:A3 合并，那么只有单元格 A1 有数据，单元格 A2 和单元格 A3 是没有数据的，是空单元格，因此，使用"定位条件"对话框来快速选择所有合并单元格，就需要在"定位条件"对话框中（参见图 2-3）勾选"空值"复选框。

2.1.9　快速选择数据区域的第一个单元格和最后一个单元格

如果要选择数据区域的第一个单元格（就是左上角的单元格），可以在单元格区域内按 Ctrl+Home 快捷键；如果要选择数据区域的最后一个单元格（就是右下角的单元格），可以在单元格区域内按 Ctrl+End 快捷键。

2.1.10　同时选择几个工作表的相同单元格区域

如果要对几个工作表的相同单元格区域进行相同的操作，例如输入数据、设置单元格格式等，可以先同时选择这些工作表，然后在当前活动工作表中选择单元格区域，最后再输入数据、设置单元格格式等。

✎ 本节知识回顾与测验

1. 选择单元格的常用方法是什么？哪种方法更快捷？
2. 如何快速选择单元格区域 A100:BA1000、第 10000 行至第 10010 行、第 20000 行

至第 20100 行这样的不连续单元格区域?

    3. 当定义了一个名称"销售日期"时,如何快速选择这个名称所引用的单元格区域?

    4. 如何快速定位出单元格区域内所有的公式单元格?

    5. 如何快速定位出单元格区域内所有的公式结果为错误的单元格?

    6. 如何快速定位出单元格区域内所有的没有数据的空单元格?

    7. 如何快速选择工作表内的所有批注,并予以删除?

    8. 如果不知道工作表的哪些单元格设置了条件格式,如何快速找出来?

    9. 如何快速找出工作表中哪些单元格有"北京"两字,并快速选择这些单元格?

    10. 如何快速找出并选择工作表中数值是 0 的所有单元格,并将数字 0 全部清除?

    11. 如何快速选择设置有相同格式的所有单元格?

    12. 如何快速选择单元格区域内的所有合并单元格?

    13. 如何在几个工作表的相同单元格区域中输入指定的数据?

    14. 如何快速设置几个工作表的相同单元格区域的格式?

2.2 操作单元格实用技能与技巧

单元格的操作包括复制、移动、插入、删除、取消等。本节介绍单元格操作的一些常用技能与技巧。

2.2.1 复制单元格的常见操作

常规的复制粘贴只需要按 Ctrl+C 快捷键和 Ctrl+V 快捷键即可,这种操作会把单元格的所有内容全部复制粘贴,包括数据、格式、公式、批注、数据验证、条件格式等。

如果要有选择地复制粘贴数据,例如仅仅复制单元格的数据、仅仅复制单元格的格式、仅仅复制单元格的数据验证等,可以通过选择性粘贴来完成。

先选择要复制的单元格,按 Ctrl+C 快捷键,然后右击要粘贴的单元格,在弹出的快捷菜单中执行"选择性粘贴"命令,打开"选择性粘贴"对话框,可以看到有很多粘贴项目可供选择,如图 2-9 所示。

例如,选择"数值",那么就仅仅复制单元格的数值(包括公式的结果),这个操作可以将公式转换为数值。

如果选择"格式",就仅仅复制单元格的格式,数值和公式等内容不被复制。

此外,也可以将某个单元格区域以链接的形式复制到一个新区域,就像在新区域使用公式将源数据区域引用过来,此时,在对话框中单击左下角的"粘贴链接"按钮即可。

图 2-9　"选择性粘贴"对话框

在"选择性粘贴"对话框中，有一个"转置"复选框，其功能是对数据进行转置，也就是原来的行变成列，原来的列变成行。例如，现有两行四列数据，将其转置到其他地方，就变成了四行两列数据，如图 2-10 所示。

图 2-10　转置单元格数据

需要特别注意的是，只能将数据转置到其他位置，不能在原位置进行转置。

对于复制单元格的常规操作，也可以不使用"选择性粘贴"对话框，而是使用右键菜单的"粘贴选项"，如图 2-11 所示，这种操作更简便些。

如果要把某个单元格区域插入另外一个单元格区域，就执行右键菜单的"插入复制的单元格"命令，此时，系统会弹出一个"插入粘贴"对话框，再选择插入复制单元格后活动单元格是右移还是下移，如图 2-12 所示。这种操作一般是用于插入复制几行或几列数据。

图 2-11　右键菜单的"粘贴选项"　　图 2-12　"插入粘贴"对话框

2.2.2 将单元格复制为图片

我们可以将单元格（及数据）复制为图片，这个图片可以是静止的，也可以是动态的。后者与源数据相链接，源数据变化了，格式改变了，图片也会自动更新。

将单元格复制为图片的方法是使用右键菜单的"其他粘贴选项"，其中两个选项分别是"图片"和"链接的图片"，如图 2-13 所示，可以根据实际情况来选择。

图 2-13　右键菜单的"其他粘贴选项"

图 2-14 所示就是复制为链接图片的效果，从编辑栏中可以看到链接公式。

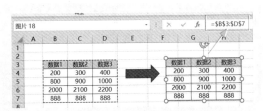

图 2-14　将单元格复制为链接的图片

复制为链接的图片更有用，我们可以把图片放置到工作表的某个位置或者图表上，并可以任意调整图片的大小和位置，设置图片的格式（就像设置普通的图形一样），因此可以构建内容更加丰富、操作更加灵便的分析报告。

图 2-15 所示就是设置图片格式后的一个示例效果。

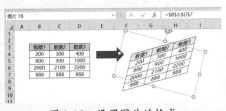

图 2-15　设置图片的格式

2.2.3　移动单元格

所谓移动单元格，就是把选中的单元格从一个位置移动到一个新位置。

移动单元格时，很多人采用的方法是：先剪切（按 Ctrl+X 快捷键）这个单元格，然后将其粘贴（按 Ctrl+V 快捷键）到指定位置。

在实际操作中，还可以联合使用 Shift 键和鼠标来快速移动单元格。

如果要把选定的单元格移动到一个指定的地方，最简单的方法是拖动单元格区域边框至指定位置，操作方法很简单：将鼠标指针对准单元格区域边框，出现拖放箭头（上下左右是个小箭头）后，按住鼠标左键拖放即可。

如果要在数据区域内交换行或列的位置，可以将鼠标指针对准单元格区域边框，出现拖放箭头后，按住 Shift 键，再拖放即可。

文字描述比较抽象，详细直观的操作请扫码观看视频。

2.2.4　插入单元格

插入单元格是比较简单的操作，但很少是插入一个单元格，而是插入
行或者插入列。

在插入单元格时，要在打开的"插入"对话框中，确定插入选项，包括：活动单元格右移、活动单元格下移、整行、整列，如图 2-16 所示，根据实际情况，选择一个即可。

图 2-16　"插入"对话框

2.2.5　插入复制的单元格

如果要把复制的单元格插入数据区域，会打开"插入粘贴"对话框，此时需要确定活动单元格是右移还是下移，具体情况可参见图 2-12。

这种操作对于 Excel 初学者来说是很常见的，因为他们常常需要把数据插入已有的数据区域。其实，这种操作也可以使用 2.2.3 节介绍的移动单元格的方法。

2.2.6　一次插入多个空行

如果要一次插入多个空行，就先选择几行，然后右击，在弹出的快捷菜单中执

行"插入"命令，就会打开"插入"对话框，选择"活动单元格下移"。

如果要在不同位置批量插入一个空行或者多个空行，就先按住 Ctrl 键，单击这几个位置，然后再执行"插入"命令。

详细操作请扫码观看视频。

2.2.7 每隔几行插入几个空行

如果要在工作表数据区域中每隔几行插入几个空行，并且这个数据区域有上百行或上千行，那么手工操作是不现实的，可以使用辅助列的方法来解决。

例如，在图 2-17 所示的表格中每隔 2 行插入 1 个空行。

在数据区域右侧设计辅助列，数据区域部分输入序号（注意，这里要求每隔 2 行插入 1 个空行，因此每两行是一个相同的序号），在数据区域以外输入两个连续数字之间的一个数字（例如 1.1，2.1，3.1 等），如图 2-18 所示。

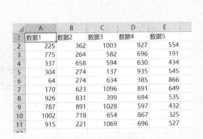

图 2-17 示例数据　　　　　　　图 2-18 设计辅助列

对辅助列进行升序排序，就得到图 2-19 所示的结果，也就是每隔两行插入一行了。最后再将辅助列删除。

图 2-19 用辅助列进行升序排序

2.2.8 删除单元格

删除单元格很简单，选择单元格并右击，在弹出的快捷菜单中执行"删除"命令即可，但是要注意，在打开的"删除"对话框中，选择正确的删除选项，也就是判断在删除单元格后，是右侧单元格左移，还是下方单元格上移，还是删除整行，还是删除整列，如图 2-20 所示。

图 2-20　"删除"对话框

需要注意的是，一般很少删除数据区域的某一个单元格（因为会造成行列错位），而是仅仅清除该单元格里的数据。

此外，删除单元格时要注意，该单元格是否被公式引用。如果被公式引用了，当该单元格被删除时，公式就会出现引用错误 #REF!，因为引用的单元格不存在了。

如何知道该单元格是否被引用了呢？先选择该单元格，然后切换到"公式"选项卡，单击"追踪从属单元格"命令按钮，如图 2-21 所示，那么，当该单元格被公式引用时，就会显示一条蓝色箭头，指向引用的公式单元格，如图 2-22 所示。

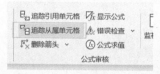

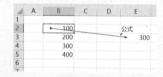

图 2-21　单击"追踪从属单元格"命令按钮　　图 2-22　单元格 B2 被公式引用

要取消这个蓝色引用箭头，就单击"删除箭头"命令按钮。

2.2.9　删除数据区域中所有的空行和空列

当数据区域存在大量空行和空列时，这些会影响数据分析的空行和空列，应该予以删除。

删除的方法有很多，例如先筛选出所有空行，再删除。

但最简单的方法是定位删除：先使用"定位条件"对话框，选择出所有空行和空列，然后再右击，在弹出的快捷菜单中执行"删除"命令即可。

一般情况下，当需要删除空行时，可以先选定一个关键列（例如第一列），再在这个关键列中进行定位。所谓关键列，就是该列不允许出现空值。

当需要删除空列时，可以先选定一个关键行（例如标题行），再在这个关键行里进行定位。所谓关键行，就是该行不允许出现空值。

2.2.10　取消合并单元格

如果将某些单元格合并了，现在又想将合并单元格取消，可以直接单击"合并后居中"按钮。当取消合并单元格后，仅第一个单元格有数据，其他单元格是空的。

第 2 章　Excel 单元格操作技能与技巧

2.2.11 跨列居中显示数据

很多人喜欢合并标题行单元格,这样处理可以美化表格,但也会带来一些问题,例如设计公式时,引用单元格区域就会出现麻烦。

将几个单元格显示为跨列居中,而不是合并单元格,依然可以居中显示,既美观也不影响其他操作。

设置单元格跨列居中的方法是:选择几个单元格,打开"设置单元格格式"对话框,在"水平对齐"下拉列表中选择"跨列居中"即可,如图 2-23 所示。

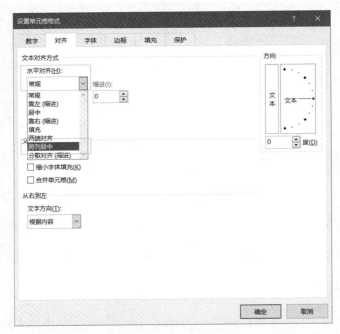

图 2-23　跨列居中显示数据

✎ **本节知识回顾与测验**

1. 如果将单元格区域中的公式复制为数值,是否需要消除公式?
2. 如何将选定的单元格区域复制为动态的图片,能够实时反映源数据的变化?
3. 如何对一个单元格区域进行转置,使行数据变为列数据,列数据变为行数据?
4. 如何快速将选定的单元格区域移动到其他指定位置?
5. 在单元格区域中插入或者删除一个单元格,系统会有什么提醒?
6. 如果要在单元格区域中插入几行或者几列,需要注意什么?
7. 如何快速删除数据区域内的大量空行和空列?
8. 如何快速取消合并单元格?

2.3 单元格清除操作技能与技巧

当不再需要单元格内容（数据、公式等）时，可以将其清除。

清除单元格不是删除单元格，清除单元格仅仅是将单元格中的内容清除，留下空单元格。

清除单元格最简单的方法是使用 Delete 键，但在实际数据处理中，还会遇到一些单元格的特殊内容清除问题。本节重点介绍这些特殊内容清除的技能与技巧。

2.3.1 清除单元格内容

这里要注意单元格内容的概念。

单元格内容包括保存到单元格里的数据和公式，但为单元格设置的批注、条件格式、数据验证等不属于单元格内容，这些属于单元格属性。

清除单元格内容最简单的方法是使用 Delete 键，当然也可以使用右键菜单的"清除内容"命令。

2.3.2 清除单元格批注

如果很多单元格都设置了批注，是这些批注单元格不在一起，要删除这些单元格的批注，需要先选择这些有批注的单元格（可以使用"定位条件"对话框来快速选择），然后在"审阅"选项卡中，单击"删除"命令按钮，如图 2-24 所示。

图 2-24　删除批注

2.3.3 清除单元格的普通格式

在"设置单元格格式"对话框中，单元格设置的边框、字体、颜色等是普通格式（以区别于条件格式）。将边框设置为"无框线"，将颜色设置为"无填充"，将字体颜色设置为"自动"，将数字设置为"常规"，根据需要重新设置字体、字号、对齐等格式为"常规"，就是清除单元格设置的普通格式。

这种操作很简单，可以使用工具栏中的各个格式按钮，也可以打开"设置单元格格式"对话框来完成。

还有一个简单的方法是使用格式刷，也就是将一个没有设置任何格式的单元格设置成有格式的单元格。

2.3.4 清除单元格的自定义数字格式

自定义数字格式，可以将单元格数字显示为指定格式，并在数字前面或后面添加必要的注释文字或符号，使报表阅读性更好，数据更突出。

如果对数字（例如金额、数量等）定义了自定义数字格式，想要恢复默认格式，将单元格数字格式设置为"常规"即可。

如果对日期设置了自定义格式，那么要清除自定义格式，则需要将日期格式重新设置为常规日期格式（例如短日期）。

2.3.5 清除单元格的条件格式

清除条件格式很简单，在"开始"选项卡中，执行"条件格式"→"清除规则"菜单命令，如图 2-25 所示，其中有两个菜单命令。

（1）"清除所选单元格的规则"，是清除选择的单元格区域的条件格式。

（2）"清除整个工作表的规则"，是清除整个工作表的所有条件格式。

如果要清除某个单元格区域的条件格式，则需要先选择该单元格区域。可以使用"定位条件"对话框来选择，先选择设置条件格式的某个单元格，然后在"定位条件"对话框中选择"条件格式"选项和"相同"选项即可，如图 2-26 所示。

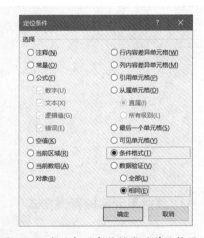

图 2-25　清除条件格式命令　　　　图 2-26　定位相同条件格式的单元格区域

如果是清除整个工作表的条件格式，则不需要事先选择这些单元格，直接执行"清除整个工作表的规则"命令即可。

2.3.6 清除单元格的数据验证

数据验证可以限制单元格只能输入满足指定规则的数据，当不再需要为单元格设置的这些数据验证时，可以将其清除。

同条件格式一样，可以只清除与某个单元格设置相同规则的数据验证，也可以清除整个工作表的数据验证，前者需要先使用"定位条件"对话框定位出应用该规则的所有单元格，如图 2-27 所示，后者则不需要定位数据验证单元格。

然后在"数据"选项卡中，单击"数据验证"命令按钮，打开"数据验证"对话框，单击对话框左下角的"全部清除"按钮，如图 2-28 所示，就将设置的数据验证规则清除了。

图 2-27　定位相同数据验证规则的单元格区域　　图 2-28　清除单元格的数据验证规则

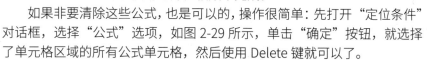

2.3.7　清除单元格的普通公式

一般来说，我们不会去清除辛辛苦苦设计出来的公式，更多的是将公式转换为数值，这可以使用选择性粘贴来完成。

如果非要清除这些公式，也是可以的，操作很简单：先打开"定位条件"对话框，选择"公式"选项，如图 2-29 所示，单击"确定"按钮，就选择了单元格区域的所有公式单元格，然后使用 Delete 键就可以了。

图 2-29　选择"公式"选项

2.3.8 清除单元格的数组公式

如果是在一个单元格设计的数组公式，要清除该单元格的数组公式很简单，直接选择该单元格，然后按 Delete 键就可以了。

但是，如果是在单元格区域设置的数组公式，那么就需要先选择保存同样数组公式的这些单元格，然后按 Delete 键。

而选择保存同样数组公式的这些单元格，可以打开"定位条件"对话框，选择"当前数组"选项，如图 2-30 所示。

图 2-30　定位选择数组公式单元格区域

📝 本节知识回顾与测验

1. 如何快速清除单元格设置的普通格式？
2. 如何快速清除单元格设置的自定义数字格式？
3. 如何快速清除单元格设置的条件格式？
4. 如何快速清除单元格设置的数据验证？
5. 如何将单元格里的公式清除，留下公式结果？
6. 如何清除单元格设置的数组公式？

第3章

设置单元格格式
技能与技巧

　　不论是数据分析报告，还是数据管理表单，都需要对其单元格格式进行适当设置，以增强表格阅读性，突出表格重要信息。
　　设置单元格格式，可以设置常规的固定格式，也可以设置数字自定义格式，还可以根据指定的条件来设置条件格式。本章主要介绍设置单元格格式的一些实用技能与技巧。

设置常规的固定格式

对于数据分析报告来说，合理设置单元格格式，例如边框、颜色、字体、对齐等，不仅可以使表格简洁美观，更重要的是可以让表格信息清晰、阅读性好。因此，设置表格格式，是需要好好做的工作之一。

设置单元格格式，可以使用工具栏上的一些常用命令按钮，也可以打开"设置单元格格式"对话框，在对话框中进行相关格式的设置。大家要熟悉这些命令按钮及"设置单元格格式"对话框。

📈 案例 3-1

本节使用的案例素材是"案例 3-1.xlsx"，请打开工作簿，参照本节介绍来练习。

3.1.1　合理设置边框

很多人喜欢为表格的所有单元格都设置边框，这种密密麻麻的框线，使得表格的阅读性大幅降低。图 3-1 所示就是一个这样的例子。

2023年销售统计

产品	一季度	二季度	三季度	四季度	合计
社会包装材料	309	1900	1783	1941	5933
磨砂纸	1061	581	650	1831	4123
内衬卡纸	1857	1025	1740	1940	6562
药盒及说明书	436	501	998	868	2803
酒标及包装袋	1870	1551	21011	1197	25629
高档消费品包装袋	1713	1663	610	1030	5016
合计	7246	7221	26792	8807	50066

图 3-1　密密麻麻的框线

一般来说，统计分析报表的第一列和第一行是标题，最下面一行和最右边一列是合计数，因此，在设置边框时，重点对标题和合计数设置外边框，表格内部则不需要处理，同时设置工作表不显示网格线，那么报表就很清晰明了，如图 3-2 所示。

2023年销售统计

产品	一季度	二季度	三季度	四季度	合计
社会包装材料	309	1900	1783	1941	5933
磨砂纸	1061	581	650	1831	4123
内衬卡纸	1857	1025	1740	1940	6562
药盒及说明书	436	501	998	868	2803
酒标及包装袋	1870	1551	21011	1197	25629
高档消费品包装袋	1713	1663	610	1030	5016
合计	7246	7221	26792	8807	50066

图 3-2　仅对标题和合计数设置外边框

有些统计分析报告是很简单的几行几列数，则可以设置开放的边框，如图 3-3 所示。但是如果对所有单元格都设置边框，报表就不够简洁了，如图 3-4 所示。仔细比较一下，看出这两个表的不同了吗？

2023年产品结构分析			
	销售额	毛利	毛利率
社会包装材料	12915	3273	25.3%
磨砂纸	10273	1974	19.2%
内衬卡纸	23248	6445	27.7%
药盒及说明书	12905	1247	9.7%
酒标及包装袋	40800	13653	33.5%
高档消费品包装袋	15819	9756	61.7%
	115960	36348	31.3%

图 3-3　简洁易读的报表

2023年产品结构分析			
产品	销售额	毛利	毛利率
社会包装材料	12915	3273	25.3%
磨砂纸	10273	1974	19.2%
内衬卡纸	23248	6445	27.7%
药盒及说明书	12905	1247	9.7%
酒标及包装袋	40800	13653	33.5%
高档消费品包装袋	15819	9756	61.7%
合计	115960	36348	31.3%

图 3-4　既不美观也不简洁的报表

3.1.2　合理设置对齐

默认情况下，文本左对齐，数字右对齐。不过，这种对齐方式有时候并不能令人满意，尤其是文本很长时，左对齐就比较难看了。

一般情况下，较长的标题文本设置为右对齐比较好，如图 3-5 和图 3-6 所示，这里行标题也右对齐。不过，右对齐后，文本紧靠单元格右侧，没有间隙，所以还需要将文本缩进一个字符。

2023年销售统计					
产品	一季度	二季度	三季度	四季度	合计
社会包装材料	309	1900	1783	1941	5933
磨砂纸	1061	581	650	1831	4123
内衬卡纸	1857	1025	1740	1940	6562
药盒及说明书	436	501	998	868	2803
酒标及包装袋	1870	1551	21011	1197	25629
高档消费品包装袋	1713	1663	610	1030	5016
合计	7246	7221	26792	8807	50066

图 3-5　标题文本右对齐示例 1

2023年产品结构分析			
	销售额	毛利	毛利率
社会包装材料	12915	3273	25.3%
磨砂纸	10273	1974	19.2%
内衬卡纸	23248	6445	27.7%
药盒及说明书	12905	1247	9.7%
酒标及包装袋	40800	13653	33.5%
高档消费品包装袋	15819	9756	61.7%
	115960	36348	31.3%

图 3-6　标题文本右对齐示例 2

3.1.3　合理设置数字格式

设置数字格式也是很重要的，因为要让数字变得易读，就要遵循日常读数的习惯。例如，使用无货币符号的会计格式来设置金额，使用带千分位符的数字格式来设置数量等。

在上面的两个图示例子中，把这个数字设置为不带小数点、有千分位符的数字格式，那么数字的阅读性就更好了，如图 3-7 和图 3-8 所示。

2023年销售统计					
产品	一季度	二季度	三季度	四季度	合计
社会包装材料	309	1,900	1,783	1,941	5,933
磨砂纸	1,061	581	650	1,831	4,123
内衬卡纸	1,857	1,025	1,740	1,940	6,562
药盒及说明书	436	501	998	868	2,803
酒标及包装袋	1,870	1,551	21,011	1,197	25,629
高档消费品包装袋	1,713	1,663	610	1,030	5,016
合计	7,246	7,221	26,792	8,807	50,066

图 3-7　设置数字格式，显示千分位符，不保留小数点

图 3-8　设置数字格式，显示千分位符，不保留小数点

3.1.4　合理设置字体和字号

由于报表是给别人看的，因此如何让报表数据更加清楚，让别人更加容易阅读，就是需要仔细设置的一项内容，包括合理设置字体和字号。一般来说，使用微软雅黑字体，10 号字的表格看起来既不费眼睛，表格也很清晰，如图 3-9 所示。

图 3-9　设置字体和字号：微软雅黑字体，10 号字

3.1.5　合理设置行高和列宽

默认的行高是 15.6，这会使表格显得拥挤，从美观上来说，把行高设置为 18 比较合适。至于列宽，则需要根据实际数据来确定，但忌讳把各列设置成相差较大的宽度，除非某列确实是比较长的文本字符串。对于数字来说，各个数字列则需要设置为宽度一致。

行高可以拖动设置，也可以使用菜单命令设置。在"开始"选项卡中执行"格式"→"行高"命令，如图 3-10 所示，就可以打开"行高"对话框，如图 3-11 所示，然后输入行高值即可。

图 3-10　"行高"菜单命令 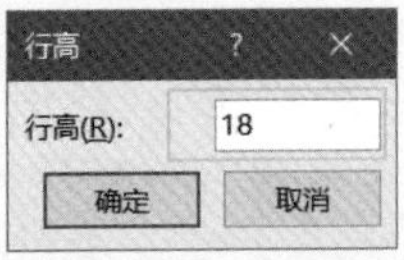　　　　图 3-11　输入行高值

3.1.6 合理设置合计数格式

统计分析报表一般都有合计数，合计数的字体、字号、颜色等不应该与报表里的明细数据一样，而是应该用一种合适的格式突出显示，例如增大字号、加粗、设置不同的颜色等，这种设置在一些综合性的简报中是必需的。图 3-12 所示就是一个示例效果。

	A	B	C	D	E
1					
2		2023年产品结构分析			
3					
4			销售额	毛利	毛利率
5		社会包装材料	12,915	3,273	25.3%
6		磨砂纸	10,273	1,974	19.2%
7		内衬卡纸	23,248	6,445	27.7%
8		药盒及说明书	12,905	1,247	9.7%
9		酒标及包装袋	40,800	13,653	33.5%
10		高档消费品包装袋	15,819	9,756	61.7%
11			**115,960**	**36,348**	**31.3%**
12					

图 3-12　设置合计数格式

本节知识回顾与测验

1. 对于报表格式，重点要做哪些设置？
2. 如何合理设置报表的边框、颜色、字体、数字格式、对齐方式等？

3.2 套用表格格式和单元格样式

在“开始”选项卡中，有一个“样式”功能组，其中有两个命令组“套用表格格式”和“单元格样式”，如图 3-13 所示。使用这两个工具可对表格进行快速格式化和美化，尤其是对大型表格的格式化处理更加方便。

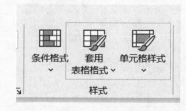

图 3-13　命令组“套用表格格式”和“单元格样式”

3.2.1 套用表格格式

单击"套用表格格式"命令按钮，就展开了一个格式面板，如图 3-14 所示，这里有很多样式可以选择。这些样式特别适合基础表单，在某些分析报告中，使用这些格式也是一个不错的选择。

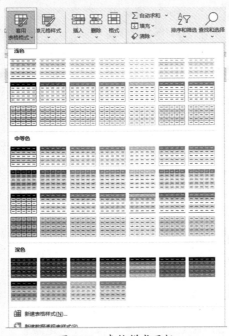

图 3-14 表格样式面板

案例 3-2

例如，对于图 3-15 所示的数据，如何套用表格格式来自动美化表格？

	A	B	C	D	E	F
1	日期	客户	产品	销售量	销售额	业务员
2	2024-1-8	客户16	产品10	66	5676	业务员E
3	2024-1-10	客户10	产品04	86	10664	业务员C
4	2024-1-14	客户15	产品05	195	4290	业务员C
5	2024-1-18	客户16	产品04	94	11656	业务员E
6	2024-1-22	客户21	产品06	91	89817	业务员A
7	2024-1-26	客户17	产品05	136	2992	业务员A
8	2024-1-26	客户03	产品06	113	111531	业务员C
9	2024-1-27	客户14	产品10	80	6880	业务员A
10	2024-2-3	客户22	产品14	189	35343	业务员D
11	2024-2-9	客户04	产品08	93	4092	业务员A
12	2024-2-19	客户19	产品01	148	64232	业务员A
13	2024-2-24	客户04	产品12	192	8640	业务员A
14	2024-2-28	客户18	产品04	157	19468	业务员D
15	2024-3-1	客户08	产品10	117	10062	业务员A
16	2024-3-2	客户02	产品05	191	4202	业务员B
17	2024-3-7	客户19	产品01	107	46438	业务员A
18	2024-3-8	客户04	产品04	81	10044	业务员A
19	2024-3-9	客户11	产品02	74	1554	业务员B
20	2024-3-10	客户03	产品09	162	14418	业务员C
21	2024-3-11	客户14	产品05	79	1738	业务员B
22	2024-3-12	客户12	产品14	129	24123	业务员B
23	2024-3-14	客户05	产品05		1760	业务员C

图 3-15 示例数据

单击数据区域的任一单元格，在套用表格格式面板上任点一个要套用的格式，就会弹出一个"套用表格式"对话框，如图 3-16 所示。

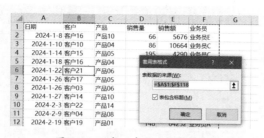

图 3-16 "套用表格式"对话框

保持默认设置，单击"确定"按钮，就为表格自动套用了选择的格式，效果如图 3-17 所示。

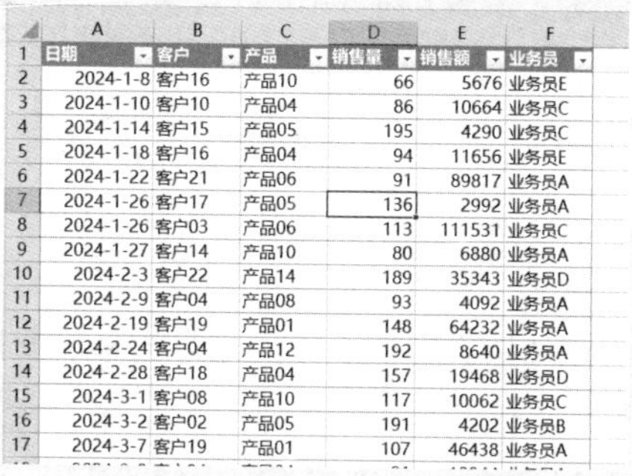

图 3-17 套用表格式后的效果

实际上，这个表格已经不是普通的数据表格了，而是一个超级表（有人也称之超级表格），它具有很多意想不到的数据处理和数据分析功能。关于智能表格的创建和使用，本书将在有关章节进行详细介绍，这里不再赘述。

创建表格后，就会自动切换到一个新选项卡"表设计"，如图 3-18 所示。利用这个选项卡可以对表格进行一系列的格式设置。

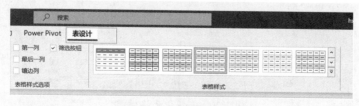

图 3-18 "表设计"选项卡

如果不需要这个超级表格功能，但希望保留设置的格式，可以单击"表设计"选项卡中的"转换为区域"按钮。

3.2.2 套用单元格样式

单击"单元格样式"命令按钮,就展开了一个单元格样式面板,如图 3-19 所示。可以选择某个样式,对报表的一些单元格格式进行单独设置。

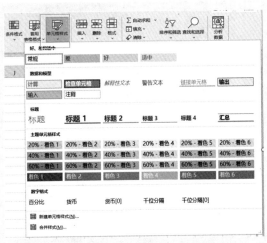

图 3-19　单元格样式面板

一般是在一些特殊的统计报表中使用单元格样式来设置格式,例如合计行格式、合计列格式、标题格式等。

📊 案例 3-3

图 3-20 所示是一个示例,将第一行的标题设置为"标题 3",将底端一行合计设置为"汇总"。

	B	C	D	E	F	G	H	I
1								
2	客户	产品01	产品02	产品03	产品04	产品05	产品06	合计
3	客户01	855	1,157	1,015	1,009	1,300	1,243	6,579
4	客户02	46	300	502	289	760	1,172	3,069
5	客户03	266	483	140	631	1,105	49	2,674
6	客户06	330	790	35	39	155	1,216	2,565
7	客户10	919	21	140	227	287	841	2,435
8	客户14	401	764	1,291	1,255	496	390	4,597
9	客户17	165	666	570	1,278	1,258	628	4,565
10	客户19	105	248	306	656	821	695	2,831
11	合计	3087	4429	3999	5384	6182	6234	29315

图 3-20　套用单元格样式

✏️ 本节知识回顾与测验

1. 套用表格格式怎样使用?如何快速获取一个需要的格式,但不使用超级表格功能?

2. 套用单元格样式怎样使用？如何快速将表格的特殊数据进行突出显示？

3. 针对自己手工制作的表格，从报告的整体阅读性来看，如何合理设置表格的格式？

3.3　设置自定义数字格式

自定义数字格式是一个非常强大的工具，不仅可以对数字格式进行设置，更重要的是可以标识一些重要的数据。

例如，在预算分析和同比分析中，自定义数字格式尤为重要，可以将超预算的差异数字显示为蓝色字体并添加上箭头标识符号，将预算内的差异数显示为红色字体并添加下箭头标识符号，这样就可以让人一目了然看出哪些项目在预算内，哪些项目超预算了。

自定义数字格式在"设置单元格格式"对话框中进行设置，如图 3-21 所示，在"分类"列表中选择"自定义"，然后在"类型"输入框中输入自定义格式代码。

图 3-21　自定义数字格式

需要注意的是，自定义数字格式，从字面上看，就是对数字设置自定义格式，因此单元格中的数据必须是数字，包括日期和时间，因为日期和时间本质也是数字。

本节使用的案例素材是"案例 3-3.xlsx"。

了解自定义数字格式的代码结构

在一个数字单元格里，数字有 3 种：正数、负数、零。我们可以对这 3 种数字分别设置格式，因此自定义数字格式的代码结构如下：

正数；负数；零

自定义数字格式代码中，每部分代码之间用分号隔开。

每种数字都可以设置各种格式，例如会计格式、千分位符样式、整数、百分数等；还可以在数字前面或后面添加标识字符，例如上箭头、下箭头、货币符号、文字说明等。

📈 **案例 3-4**

图 3-22 所示就是一个示例，使用自定义数字格式对正数、负数和零进行不同格式设置，让表格更加清晰。格式代码如下（注意千分位符的格式代码是 #,##）。

```
#,##0.00;-#,##0.00;-
```

	A	B	C	D	E	F	G
1							
2		原始数据		自定义格式后			格式要求：
3		396070		396,070.00			正数：两位小数点，千分位符
4		21005.59		21,005.59			负数：两位小数点，千分位符
5		-3950		-3,950.00			零：显示为横杠（-）
6		49.38		49.38			
7		-19550.4		-19,550.38			格式代码：
8		0		-			#,##0.00;-#,##0.00;-
9		10504.31		10,504.31			
10		0		-			
11		-2060		-2,060.00			
12		10504.99		10,504.99			
13							

图 3-22　自定义数字格式简单示例效果

将差异数分别设置为不同格式

在数据分析报告中，例如预算分析报告，实际数和预算数的差异是有正有负的，如果这个差异数是同一个格式显示，就无法直观看出各个项目的预算执行情况。

可以通过自定义数字格式的方法，将差异数依据正数、负数以及零，分别设置为不同的颜色，并添加不同的标识符。

📈 **案例 3-5**

图 3-23 所示就是一个示例，这里对差异数的显示要求如下：

- 正数显示为蓝色字体，千分位数字，不保留小数，数字前面加上三角标记"▲"；
- 负数显示为红色字体，千分位数字，不保留小数，数字前面加下三角标记"▼"，但不显示负号；

- 数字 0 显示为横杠 "-"。

那么，自定义格式代码如下：

$$▲ [蓝色] \#,\#\#0; ▼ [红色] \#,\#\#0;-$$

	A	B	C	D	E	F	G	H	I	J	K
1											
2		项目	预算	实际	差异			项目	预算	实际	差异
3		项目01	5570	27128	21558			项目01	5,570	27,128	▲21,558
4		项目02	29397	10025	-19372			项目02	29,397	10,025	▼19,372
5		项目03	26490	28014	1524			项目03	26,490	28,014	▲1,524
6		项目04	28168	22684	-5484			项目04	28,168	22,684	▼5,484
7		项目05	5874	16327	10453			项目05	5,874	16,327	▲10,453
8		项目06	12392	4714	-7678			项目06	12,392	4,714	▼7,678
9		项目07	19511	9905	-9606			项目07	19,511	9,905	▼9,606
10		项目08	6599	24403	17804			项目08	6,599	24,403	▲17,804
11		合计	134001	143200	9199			合计	134,001	143,200	▲9,199

图 3-23　将正数和负数分别设置为不同颜色并添加不同标识符号

在格式代码中，颜色名称要用方括号括起来。

对于中文版本的 Excel，可以设置的颜色名称是：黑色、绿色、白色、蓝色、黄色、红色等。

如果使用的是英文版本，则需要把方括号中的颜色汉字名称改为颜色英文名称，比如"蓝色"改为"Blue"，"红色"改为"Red"。

对于负数而言，如果想把负数显示为正数，就省略负数前面的负号 (-)。

3.3.3 ▶ 根据数字大小分别设置不同格式

可以根据数字大小来设置不同的格式，此时，在格式代码中，条件要写在方括号中，使用比较运算符进行判断，比较运算符有：等于（=)、大于（>)、大于或等于（>=)、小于（<)、小于或等于（<=) 和不等于（<>)。

📈 案例 3-6

例如，在图 3-24 左侧的预算分析表中，预算执行率是一个百分数，要求其显示效果如下：

- 如果执行率小于100%，表示未完成，要显示为红色字体，百分比数字显示为1 位小数的百分比格式；
- 如果执行率大于或等于100%，表示超额完成或按预算完成，要显示为蓝色字体，百分比数字显示为 1 位小数的百分比格式，但不显示负号。

设置后的显示效果如图 3-24 右侧所示，格式代码如下：

$$[蓝色] ▲ [>=1]0.0\%;[红色] ▼ [<1]0.0\%$$

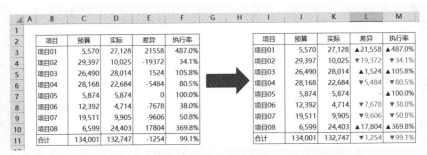

图 3-24　预算执行率根据数字大小分别设置不同格式

3.3.4　缩小位数显示数字

如果表格中的数字很大，直接显示会使表格阅读性很差，此时便可以将数字缩小位数显示，例如金额（元）缩小 1000 倍显示（以千元显示），缩小 1 万倍显示（以万元显示），缩小百万倍显示（以百万元显示）等，这就是缩小位数显示数字。

表 3-1 所示是数字缩小位数显示常见格式代码。

表 3-1　数字缩小位数显示的常见格式代码及显示效果

显示效果	格式代码	示例数据	显示效果
缩小 1000 倍，显示 2 位小数	0.00,	128305486.25	128305.49
缩小 1 万倍，只能显示 1 位小点	0!.0,	128305486.25	12830.5
缩小 100 万倍，显示 2 位小数	0.00,,	128305486.25	128.31
缩小 1000 倍，显示 2 位小数，千分位符	#,##0.00,	128305486.25	128,305.49
缩小 1 万倍，颜色为红色	[红色]0!.0,	128305486.25	12830.5
缩小 1 万倍，颜色为红色，添加上箭头	↑ [红色]0!.0,	128305486.25	↑ 12830.5

案例 3-7

例如，图 3-25 左侧是原始数据，数据较大，右侧是以万元为单位显示的效果，表格很清晰。

预算数和实际数的格式代码：

0!.0,

差异数的格式代码如下：

▲ [蓝色]0!.0,;▼ [红色]0!.0,;-

项目	预算	实际	差异	执行率		项目	预算	实际	差异	执行率
										单位：万元
项目01	1,264,956	1,153,127	-111,829	91.2%		项目01	126,5	115,3	▼11.2	▼91.2%
项目02	1,911,802	1,559,762	-352,040	81.6%		项目02	191,2	156,0	▼35.2	▼81.6%
项目03	708,443	338,475	-369,968	47.8%		项目03	70,8	33,8	▼37.0	▼47.8%
项目04	1,263,645	1,431,922	168,277	113.3%		项目04	126,4	143,2	▲16.8	▲113.3%
项目05	1,853,189	1,279,784	-573,405	69.1%		项目05	185,3	128,0	▼57.3	▼69.1%
项目06	1,964,020	2,337,818	373,798	119.0%		项目06	196,4	233,8	▲37.4	▲119.0%
项目07	2,302,720	1,112,590	-1,190,130	48.3%		项目07	230,3	111,3	▼119.0	▼48.3%
项目08	1,601,282	1,935,775	334,493	120.9%		项目08	160,1	193,6	▲33.4	▲120.9%
合计	10,870,057	9,049,253	-1,720,804	83.2%		合计	1287,0	1114,9	▼172.1	▼86.6%

图 3-25　以万元为单位显示数字

3.3.5　日期格式的特殊设置

日期是一种特殊数字，2024 年 2 月 5 日就是数字 45327，因此，我们也可以对日期设置各种格式，从而让一个枯燥的日期数字显示出我们想要的信息，例如显示中文日期、显示英文日期、显示月份名称、显示星期名称等。

案例 3-8

图 3-26 所示是对日期格式的各种设置及显示效果。

	A	B	C
1	原始日期	显示效果	格式代码
2	2024-2-5	2024-2-5	yyyy-m-d
3	2024-2-5	2024-02-05	yyyy-mm-dd
4	2024-2-5	2024.02.05	yyyy.mm.dd
5	2024-2-5	24-02-05	yy-mm-dd
6	2024-2-5	2.5	m.d
7	2024-2-5	5	d
8	2024-2-5	2024/2/5	yyyy/m/d
9	2024-2-5	2024/02/05	yyyy/mm/dd
10	2024-2-5	2024年2月5日	yyyy年m月d日
11	2024-2-5	2月5日	m月d日
12	2024-2-5	2024年2月5日 星期一	yyyy年m月d日 aaaa
13	2024-2-5	星期一	aaaa
14	2024-2-5	一	aaa
15	2024-2-5	Feb-05 2024	mmm-dd yyyy
16	2024-2-5	Feb-05	mmm-dd
17	2024-2-5	February-05 2024	mmmm-dd yyyy
18	2024-2-5	February	mmm
19	2024-2-5	Feb	mm
20	2024-2-5	Monday	dddd
21	2024-2-5	Mon	dddd
22			

图 3-26　日期及其自定义格式显示效果

案例 3-9

图 3-27 所示是一个动态表头的考勤表，具体设计步骤请观看录制的小视频。

第 3 章　设置单元格格式技能与技巧

图 3-27 动态表头的考勤表

本案例的技巧是设计两行日期，第一行日期显示为日数字，第二行日期显示为中文星期简称，这样就是一个动态表头了。

同时，工作表第一行是输入某个月的第一天日期，也可以设置自定义格式，显示"**** 年 * 月 考勤表"字样。

在这个表格中，还可以使用条件格式来动态标识工作日和双休日为两种不同颜色，这样的考勤表看起来就更清晰了。关于条件格式，3.4 节将进行详细介绍。

3.3.6 时间格式的特殊设置

输入单元格的时间，默认情况下就是以"h:m:s"的自定义格式显示的，但是，这种默认情况下的自定义显示，在某些表格中会引起误解，造成显示不正确。

案例 3-10

例如，要往单元格输入"39 小时 17 分 45 秒"，如果输入"39:17:45"，那么就会显示为"1900-1-1 15:17:45"，如图 3-28 所示。

	A	B	C	D	E	F
1						
2		需要输入的数据		默认的显示结果		正确的显示结果
3		39小时17分45秒		1900-1-1 15:17		39:17:45

图 3-28 时间显示示例

之所以造成这种错误显示，是因为 Excel 处理时间存在默认规则。37 小时已经超过了 24 小时，会自动进位到 1 天，就会显示带日期的时间格式。如果不要让超过24 小时的时间进位到天，可以使用下面的自定义格式代码：

[h]:m:s

用方括号将小时代码"h"括起来,即"[h]",就是不允许超过 24 小时的时间进位到天。

如果要将"39 小时 17 分 45 秒"显示为总共多少分钟（满 60 分钟的不允许进位到小时，不够一分钟的秒数扔掉），这个显示效果的格式代码为"[m]"，显示效果为 2357，也就是总共 2357 分钟。

总之，不让谁进位，就把谁用方括号括起来。

✏️ **本节知识回顾与测验**

1. 自定义数字格式的代码结构是什么样的？书写时要注意哪些事项？

2. 有一个同比分析表，要求将去年和今年的实际数据缩小 1 万倍显示，同比增长率（注意同比增长率数字有正有负）显示要求为：正增长率数字显示蓝色字体，两位小数的百分比，数字前面有上箭头；负增长率数字显示红色字体，两位小数的百分比，数字前面有下箭头。那么，去年和今年的实际数据以及同比增长率的自定义数字格式代码怎么编写？请用模拟数据进行设置并检查效果。

3. 将日期"2024-2-5"显示为"2024.02.05"的自定义格式代码是什么？

4. 将日期"2024-2-5"显示为"2024 年 2 月 5 日 星期一"的自定义格式代码是什么？

5. 将时间"27 小时 34 分钟 57 秒"显示为 99297 秒的自定义格式代码是什么？

3.4　设置条件格式

3.3 节介绍了自定义数字格式，也就是对数字进行自定义格式设置。

如果要根据指定的条件来设置单元格格式（包括如字体、颜色、边框等），那么就需要使用条件格式了。

所谓条件格式，就是指定一个或多个条件，只有这些条件满足了，才设置单元格的格式。

构建条件格式的方法是在"开始"选项卡中单击"条件格式"命令，展开条件规则选项菜单，如图 3-29 所示，根据实际情况选择某个条件格式规则来设置即可。

图 3-29　条件格式选项

条件格式的应用非常广泛，可以对数据进行格式设置，也可以构建提醒模型。下面介绍条件格式的使用技能与技巧，以及一些实际应用案例。

本节使用的案例素材是"案例 3-4.xlsx"。

3.4.1 ▶ 标识大于 / 小于指定值的单元格

如果要对那些大于指定值或者小于指定值的单元格设置格式，可以执行"突出显示单元格规则"。在该规则下，有"大于""小于""介于""等于""文本包含""发生日期""重复值"等几个子规则。

案例 3-11

例如，对于图 3-30 所示的示例数据，要标识出销售额大于 10000 的客户，就选择"大于"，打开"大于"对话框，然后输入条件值 10000，再根据需要设置某个格式，或者设置自定义格式，如图 3-31 所示。

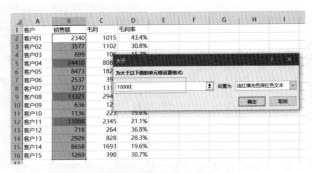

图 3-30　设置条件格式

图 3-31　设置具体格式

3.4.2 ▶ 标识含有特殊字符的单元格

对于文本数据，可以将那些含有指定字符（关键词）的单元格标识出来。需要注意的是，这种标识含有特殊字符，对文本字符串才有意义。

案例 3-12

例如，对于图 3-32 所示的产品销售数据，要求把所有"干酪"标识出来，就使用"文本中包含"规则。

图 3-32 "文本中包含"规则——标识含有"干酪"

3.4.3 标识重复数据单元格

如果不知道数据区域有没有重复数据，也不想使用 COUNTIF 函数进行判断，那么可以使用条件格式进行检查，快速查找并标识出所有重复数据，便于进一步处理。

案例 3-13

例如，对于图 3-33 所示的数据，客户名称可能有重复，那么就选择 A 列客户名称区域，使用"重复值"这个规则，就立即将重复数据标识出来。

图 3-33 标识重复数据单元格

这种标识重复数据的条件格式方法，只是把那些重复的数据找出来了，并没有说明重复了几次，要想了解这些信息，就需要使用 COUNTIF 函数了。

3.4.4 标识最前 / 最后数据单元格

使用"最前 / 最后规则"可以快速找出最大的或者最小的几个数，例如找出销售额排名前 10 的客户，业绩排名前 5 的业务员，销量最低的几个产品等。

📈 **案例 3-14**

例如，要标识出销售额最大的前 5 个客户，就执行"最前 / 最后规则"→"前 10 项"命令，如图 3-34 所示，打开"前 10 项"对话框，输入数字 5，就得到图 3-35 所示的结果。

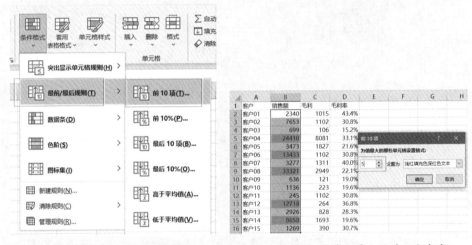

图 3-34　选择"前 10 项"　　　　　图 3-35　标识销售额最大的前 5 个客户

使用"最前 / 最后规则"可以找出最大或最小的前 N 个数据，也可以找出占比在某百分比以上或者以下的数据，还可以找出高于平均值或者低于平均值的数据。感兴趣的朋友，请自行模拟数据进行练习。

3.4.5 使用数据条定性标识数据大小

使用"数据条"规则可以在单元格中根据数据大小，用不同长度的颜色条形来直观标识数据的大小。

📈 **案例 3-15**

数据条可以使用给出的几种颜色，如图 3-36 所示，也可以自定义个性化颜色。图 3-37 所示就是一个示例，用数据条标识每个客户的毛利大小，这样可以直观展示出哪个单元格数字大。

图 3-36　"数据条"规则　　　　　图 3-37　数据条效果

3.4.6　使用色阶标识数据分布

对于某些销售统计报表，使用色阶来标识数据大小，生成一个类似于热图的分析报告，也是比较有用的。

案例 3-16

例如，图 3-38 所示就是一个使用色阶来标识数据大小的报告。

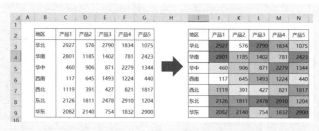

图 3-38　使用色阶来标识数据大小

色阶的使用与数据条一样，如图 3-39 所示，可以套用色阶图，也可以自定义色阶格式。

在"色阶"面板中单击"其他规则"按钮，打开"新建格式规则"对话框，可以选择双色刻度或者三色刻度。

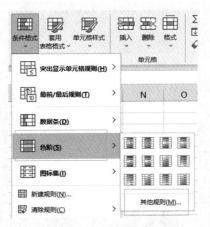

图 3-39 “色阶”规则

图 3-40 所示就是选择的三色刻度，分别设置最小值、中间值和最大值的颜色，这样就得到图 3-41 所示的三色图效果。

图 3-40 设置三色刻度的色阶

地区	产品1	产品2	产品3	产品4	产品5
华北	2927	576	2790	1834	1075
华南	2801	1185	1402	781	2423
华中	460	906	871	2279	1344
西南	117	645	1493	1224	440
西北	1119	391	427	821	1817
东北	2126	1811	2478	2910	1204
华东	2082	2140	754	1832	2900

地区	产品1	产品2	产品3	产品4	产品5
华北	2927	576	2790	1834	1075
华南	2801	1185	1402	781	2423
华中	460	906	871	2279	1344
西南	117	645	1493	1224	440
西北	1119	391	427	821	1817
东北	2126	1811	2478	2910	1204
华东	2082	2140	754	1832	2900

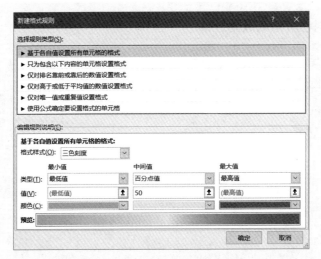

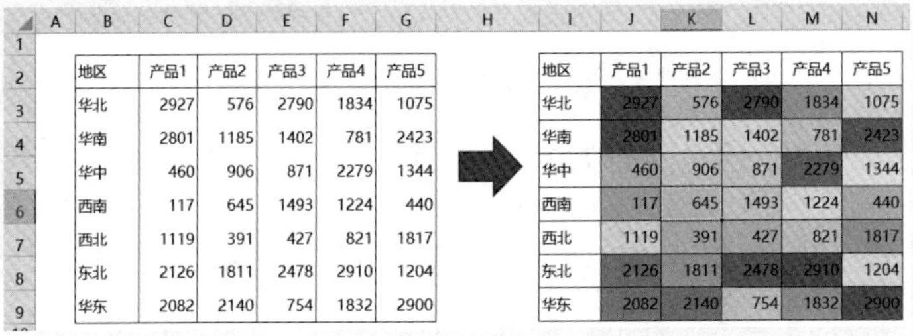

图 3-41 设置三色刻度色阶后的效果

3.4.7 使用图标集标识数据

条件格式里的"图标集"规则，就是根据数据大小，使用一些图标来标识数据。图 3-42 所示就是一些图标集合。

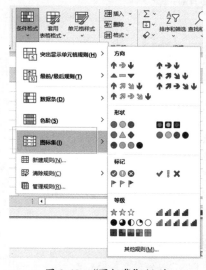

图 3-42 "图标集"规则

案例 3-17

图标集在数据的预警方面很有用。例如，可以使用交通灯来提醒完成情况，效果如图 3-43 所示，设置条件格式规则是：

- 进度在 35% 以下，红灯；
- 进度在 35%～70%，黄灯；
- 进度在 70% 以上，绿灯。

	A	B	C	D	E	F	G
1							
2		产品	年度目标发货	目前累计发货	全年进度监控		标识规则:
3		产品01	7060	1400	● 19.8%		进度在35%以下，红灯；
4		产品02	18000	11060	● 61.4%		进度在35%～70%，黄灯；
5		产品03	2300	239	● 10.4%		进度在70%以上，绿灯
6		产品04	60000	46072	● 76.8%		
7		产品05	6300	542	● 8.6%		
8		产品06	1500	1316	● 87.7%		

图 3-43 使用图标集标识数据

在这个设置中，需要使用其他规则，也就是打开"新建格式规则"对话框，选择三色交通灯图标样式,然后各个图标规则使用数字来判断,设置情况如图 3-44 所示。

图 3-44　新建三色交通灯规则

3.4.8　创建新建规则的条件格式

　　尽管上面介绍的各种指定规则的条件格式可以用在很多方面，但在实际工作中，条件判断往往是很复杂的。很多情况下，需要对几个条件进行联合判断，当这些条件都满足时，才设置格式，此时，就是新建规则的条件格式。

　　新建规则的条件格式是执行"条件格式"→"新建规则"命令，如图 3-45 所示，就会打开"新建格式规则"对话框，然后在规则类型中选择"使用公式确定要设置格式的单元格"，然后输入条件格式公式，如图 3-46 所示。

图 3-45　执行"新建规则"命令　　图 3-46　选择"使用公式确定要设置格式的单元格"

需要注意的是，条件格式公式的结果必须是逻辑值 TRUE 或者 FALSE，结果是 TRUE 时就是满足了指定条件，才设置单元格格式。因此，设计条件格式公式时，往往需要使用条件表达式，使用 IF 函数、AND 函数、OR 函数等来进行条件判断。

案例 3-18

例如，前面设计了动态表头的考勤表，下面利用条件格式来动态标识其双休日颜色，效果如图 3-47 所示。

图 3-47　动态考勤表

选择 B 列至 AF 列从第 2 行往下的单元格区域（也就是从单元格 B2 往右往下选区域），执行"条件格式"→"新建规则"命令，打开"新建格式规则"对话框，在规则类型中选择"使用公式确定要设置格式的单元格"，然后输入下面的条件格式公式，如图 3-48 所示。

```
= WEEKDAY(B$2,2)>=6
```

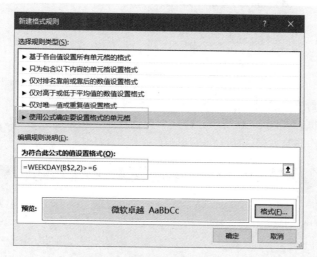

图 3-48　设置条件公式和格式

WEEKDAY 函数是计算日期的星期数字，将其第二个参数设置为 2，那么如果函数结果是 1，就是星期一；如果结果是 2，就是星期二；……如果结果是 6，就是星期六；如果结果是 7，就是星期日；因此条件格式公式只需判断 WEEKDAY 函数结果是否大于或等于 6 即可。

3.4.9 条件格式的典型应用：建立提醒模型

很多工作需要提醒，以便提早做好准备工作，例如合同提醒、生日提醒、应收账款提醒、应付账款提醒、保质期提醒等。我们可以利用条件格式，建立这样的提醒模型。

例如，应收账款提醒模型需要具备如下的提醒功能，示例数据及效果如图 3-49 所示。

- 已过期：灰色。
- 当天到期：红色。
- 1 ~ 7 天内到期：黄色。
- 7 ~ 30 天内到期：绿色。
- 30 天以外的：默认颜色格式。

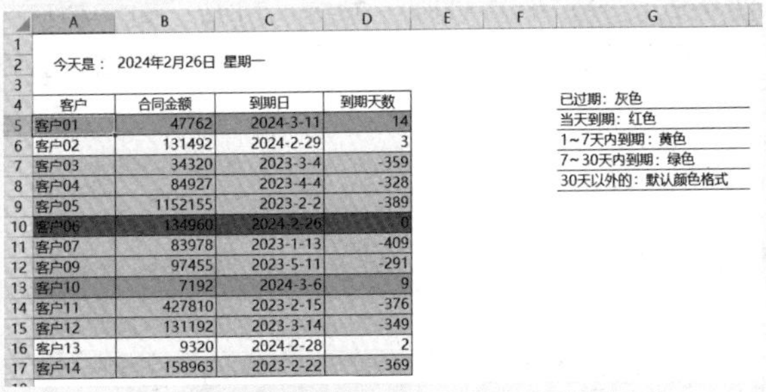

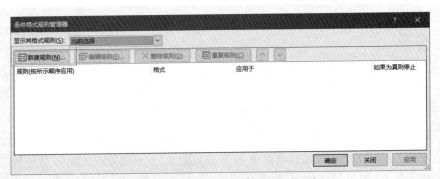

图 3-49 应收账款提醒示例

由于是设置多个条件，因此需要执行"管理规则"命令，打开"条件格式规则管理器"对话框，如图 3-50 所示。在这个对话框中，可以新建规则、编辑规则、删除规则等，操作非常方便。

图 3-50 "条件格式规则管理器"对话框

下面是这个提醒模型的具体创建过程和步骤。

步骤1 从数据区域左上角的第一个单元格（单元格 A5）开始选择单元格区域。

步骤2 打开"条件格式规则管理器"对话框。

步骤3 在对话框中，单击"新建规则"按钮，打开"新建格式规则"对话框，在"选择规则类型"中选择"使用公式确定要设置格式的单元格"，然后输入下面的条件格式公式，然后设置过期的条件格式，如图 3-51 所示。

=$D5<0

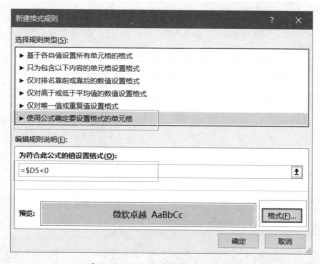

图 3-51　设置过期的条件格式

步骤4 单击"确定"按钮，返回"条件格式规则管理器"对话框，可以看到，已经建立了 1 个条件格式，如图 3-52 所示。

图 3-52　建立的第一个条件格式（过期）

步骤5 在对话框中，继续单击"新建规则"按钮，打开"新建格式规则"对话框，在"选择规则类型"中选择"使用公式确定要设置格式的单元格"，然后输入下面的条件格式公式，然后设置当天到期的条件格式，如图 3-53 所示。

=$D5=0

第 3 章　设置单元格格式技能与技巧

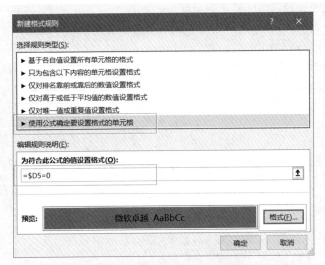

图 3-53 设置当天到期的条件格式

步骤6 单击"确定"按钮,返回"条件格式规则管理器"对话框,可以看到,已经建立了 2 个条件格式,如图 3-54 所示。

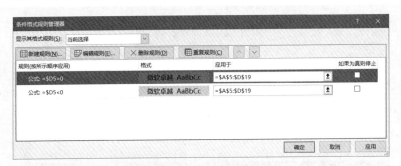

图 3-54 建立的 2 个条件格式

步骤7 在对话框中,继续单击"新建规则"按钮,打开"新建格式规则"对话框,在"选择规则类型"中选择"使用公式确定要设置格式的单元格",然后输入下面的条件格式公式,然后设置 1 ～ 7 天内到期的格式,如图 3-55 所示。

    =AND($D5>=1,$D5<7)

步骤8 单击"确定"按钮,返回"条件格式规则管理器"对话框,可以看到,已经建立了 3 个条件格式,如图 3-56 所示。

步骤9 按照上面的方法,继续设置其他的条件格式,最后设置完毕的条件格式情况如图 3-57 所示。

步骤10 单击"确定"按钮,关闭"条件格式规则管理器"对话框,就得到需要的效果。

图 3-55　设置 1～7 天内到期的条件格式

图 3-56　建立的 3 个条件格式

图 3-57　全部条件格式设置完毕

3.4.10　编辑、删除条件格式

　　如果要编辑某个条件格式，或者删除某个条件格式，可以在"条件格式规则管理器"对话框中进行操作。其方法很简单：选择某个条件格式，单击"编辑规则"按钮，就可以进行修改；单击"删除规则"按钮，就可将该条件格式删除。

3.4.11 使用公式来设置条件格式的重要注意事项

在条件格式中,对于"使用公式确定要设置格式的单元格"这个规则类型,重点是正确构建条件格式公式。构建条件格式公式有几个非常重要的注意事项。

事项 1:条件公式计算的结果必须是逻辑值(TRUE 或 FALSE)。 要在公式中使用条件表达式,或使用逻辑函数,或使用 IS 类信息函数。

事项 2:正确选择单元格区域。 要正确选择设置格式的单元格区域,例如,要从第 2 行开始设置格式,就从第 2 行往下选择区域;要从第 5 行开始设置格式,就从第 5 行往下选择区域。

举个例子,要对单元格区域 B2:B20 的日期设置条件格式,设置日期是今天,单元格数字为加粗红色。

一般情况下是从第一个单元格 B2 开始往下选择区域,但也有人喜欢从最后一个单元格 B20 往上选择区域。这两种选择区域的方式,在设计公式引用单元格时是完全不同的,前者条件格式公式为"=B2=TODAY()",后者条件格式公式为"=B20=TODAY()"。

一句话概括,在条件格式公式中,引用的单元格是选择区域方向上的第一个单元格!

事项 3:绝对引用和相对引用。 例如要对单元格区域 A2:M100 设置条件格式,当 A 列某个单元格有数据,就对该单元格所在行区域设置边框。此时,条件格式公式为"=$A2<>"""。因为选择了比较大的数据区域 A2:M100,判断的依据总是 A 列的数据,因此 A 列是锁定的,是绝对引用;但是每行记录的数据不同,行是变化的,因此行是相对引用。

因此,在条件格式公式中,正确设置绝对引用和相对引用是非常重要的,与明确引用的是哪个单元格一样重要,这关系到条件格式是否能达到预期效果。

事项 4:大型表格不建议使用公式来设置条件格式。 公式意味着计算,意味着牺牲速度,意味着处理数据效率低下:只要编辑某个被引用的单元格,所有公式就开始重新计算,有时候 Excel 会出现停止响应。

一句话概括,设置公式判断的条件格式核心点就是:

- 如何选区域;
- 引用哪个单元格;
- 绝对引用和相对引用怎么设置。

3.4.12 条件格式综合应用案例

下面介绍一个条件格式的综合应用案例。在这个案例中,我们将函数公式与条件格式联合起来,制作动态筛选报告。

案例 3-20

图 3-58 左侧是销售记录流水表，右侧是一个筛选出的指定业务员销售记录表，这个表的特点如下。

- 自动对筛选结果设置边框；
- 按照日期进行排序；
- 把销售额大于 30000 的标注为红色加粗。

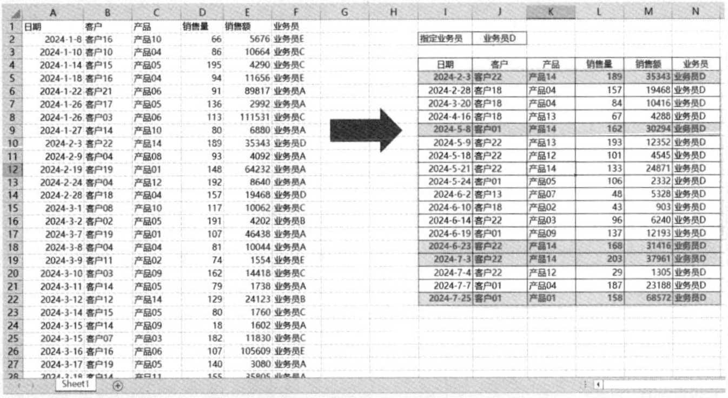

日期	客户	产品	销售量	销售额	业务员
2024-1-8	客户16	产品10	66	5676	业务员E
2024-1-10	客户10	产品04	86	10664	业务员C
2024-1-14	客户15	产品05	195	4290	业务员C
2024-1-18	客户16	产品04	94	11656	业务员E
2024-1-22	客户21	产品06	91	89817	业务员A
2024-1-26	客户17	产品05	136	2992	业务员A
2024-1-26	客户03	产品06	113	111531	业务员C
2024-1-27	客户14	产品10	80	6880	业务员A
2024-2-3	客户22	产品14	189	35343	业务员D
2024-2-9	客户04	产品08	93	4092	业务员A
2024-2-19	客户19	产品01	148	64232	业务员A
2024-2-24	客户04	产品12	192	8640	业务员A
2024-2-28	客户18	产品04	157	19468	业务员D
2024-3-1	客户08	产品10	117	10062	业务员C
2024-3-2	客户02	产品05	191	4202	业务员B
2024-3-7	客户19	产品01	107	46438	业务员A
2024-3-8	客户04	产品04	81	10044	业务员A
2024-3-9	客户11	产品02	74	1554	业务员E
2024-3-10	客户03	产品09	162	14418	业务员C
2024-3-11	客户14	产品05	79	1738	业务员A
2024-3-12	客户12	产品14	129	24123	业务员B
2024-3-14	客户15	产品05	80	1760	业务员C
2024-3-15	客户14	产品09	18	1602	业务员A
2024-3-15	客户07	产品03	182	11830	业务员C
2024-3-16	客户16	产品06	107	105609	业务员E
2024-3-17	客户19	产品05	140	3080	业务员A

指定业务员	业务员D

日期	客户	产品	销售量	销售额	业务员
2024-2-3	客户22	产品14	189	35343	业务员D
2024-2-28	客户18	产品04	157	19468	业务员D
2024-3-20	客户18	产品04	84	10416	业务员D
2024-4-16	客户18	产品13	67	4288	业务员D
2024-5-8	客户01	产品14	162	30294	业务员D
2024-5-9	客户22	产品13	193	12352	业务员D
2024-5-18	客户22	产品12	101	4545	业务员D
2024-5-21	客户22	产品14	133	24871	业务员D
2024-5-24	客户01	产品05	106	2332	业务员D
2024-6-2	客户13	产品07	48	5328	业务员D
2024-6-10	客户18	产品02	43	903	业务员D
2024-6-14	客户22	产品03	96	6240	业务员D
2024-6-19	客户01	产品09	137	12193	业务员D
2024-6-23	客户22	产品14	168	31416	业务员D
2024-7-3	客户22	产品14	203	37961	业务员D
2024-7-4	客户22	产品12	29	1305	业务员D
2024-7-7	客户01	产品04	187	23188	业务员D
2024-7-25	客户01	产品01	158	68572	业务员D

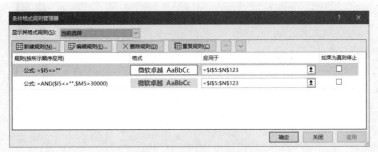

图 3-58 自动筛选并标识数据

单元格 J2 指定业务员，单元格 I5 的筛选公式如下，SORT 函数和 FILTER 函数的用法可参考函数公式专著。

```
=SORT(FILTER(A2:F118,F2:F118=$J$2,""),1)
```

从单元格 I5 往下选择筛选结果单元格区域，设置 2 个条件格式，公式及要设置的格式分别如下，如图 3-59 所示。

图 3-59 设置条件格式

条件 1，如果单元格 I5 不为空，就设置单元格边框：

```
=$I5<>""
```

条件 2，如果单元格 I5 不为空，并且 M5 数值大于 30000，就设置为加粗红色：

```
=AND($I5<>"",$M5>30000)
```

✏️ **本节知识回顾与测验**

1. 什么是条件格式？如何根据实际情况，来选择条件格式类型并进行设置？

2. 如果要把发货量排名前 5 的客户标识出来，如何设置？

3. 如何标识某个指定时间段内的数据？

4. 如何在员工信息表中根据出生日期来建立一个生日提前 7 天提醒模型？

5. 在设计公式规则的条件格式时，要注意哪些事项？如何正确设计条件格式公式？

第4章

数据排序实用
技能与技巧

　　数据排序是最常见的数据处理内容之一。尽管数据排序简单，但在实际工作中，还是需要依据具体的数据表格及排序要求，来做正确排序。

　　数据排序，可以使用现成的排序命令工具，也可以使用有关的排序函数。本章主要介绍排序命令工具的实用技能与技巧。

4.1 数据排序规则及注意事项

在对数据进行排序之前，需要先了解一些基本的排序规则，因为在 Excel 中，数据有数字、文本、日期、逻辑值、空值等之分，它们的排序是不一样的。

4.1.1 基本数据排序规则

在排序时，Excel 对数字、文本、日期、逻辑值、空值等的排列次序如下。

升序：数字（包括日期）→文本→逻辑值→错误值→空值。

降序：错误值→逻辑值→文本→数字（包括日期）→空值。

案例 4-1

图 4-1 所示为数据升序排列和降序排列的不同结果。

	原始数据		升序排列		降序排列
	3056		105		#DIV/0!
	105		200		#N/A
	SHD		1000		TRUE
	FALSE		3056		FALSE
	29-A02		8888		昨天
	昨天		2023-2-1		产品
	12.203.11		2023-2-27		SHD
	2023-2-27		3059682		ABC
			12.203.11		29-A02
	#DIV/0!		20.00.100.33		20.00.100.33
	1000		29-A02		12.203.11
	#N/A		ABC		3059682
	200		SHD		2023-2-27
			产品		2023-2-1
	产品		昨天		8888
	20.00.100.33		FALSE		3056
	3059682		TRUE		1000
	8888		#DIV/0!		200
	TRUE		#N/A		105
	ABC				
	2023-2-1				

图 4-1　数据排序结果

以升序排列为例，可以看出：

● 数字从小到大排序，如果日期小于数字，则日期在前，例如 2023-2-27 在 3059682 前面，因为 2023-2-27 对应的数字是 44984；

● 文本排在数字后面，如果文本中含有数字，则数字部分按照升序排列，例如 20.00.100.33 排在 29-A02 前面；此外，字母需按照 26 个字母顺序排列，汉字则按照拼音排序；

● 错误值不区分先后顺序，保留原来的先后顺序；

● 空值排在最后。

4.1.2 月份名称的排序问题

有些特殊的数据在常规排序后，会出现我们不想要的结果，在实际工作中，这类数据在排序中会经常遇到。

案例 4-2

在排序时，还有一个与日常习惯不同的现象：如果数据是 1 月、2 月、3 月、……10 月、11 月、12 月这样的序列，要对它们升序排列，那么排序后，10 月、11 月和12 月会排在 1 月前面，如图 4-2 所示。

对于英文月份名称，不论是升序排列还是降序排列，排序结果都是混乱的（实际上是按照英文字母排序），如图 4-3 所示。

	A	B	C	D
1				
2		正确月份次序		排序后
3				
4		1月		10月
5		2月		11月
6		3月		12月
7		4月	排序后	1月
8		5月		2月
9		6月		3月
10		7月		4月
11		8月		5月
12		9月		6月
13		10月		7月
14		11月		8月
15		12月		9月

图 4-2 中文月份名称的排序

	A	B	C	D
1				
2		正确月份次序		排序后
3				
4		Jan		Apr
5		Feb		Aug
6		Mar		Dec
7		Apr	排序后	Feb
8		May		Jan
9		Jun		Jul
10		Jul		Jun
11		Aug		Mar
12		Sep		May
13		Oct		Nov
14		Nov		Oct
15		Dec		Sep

图 4-3 英文月份名称的排序

对于这样的排序问题，我们需要利用自定义序列来排序，有关自定义序列排序的方法，将在后面进行介绍。

4.1.3 编码类数据的排序问题

材料编码、产品编码、客户编码等编码类数据的排序也是经常要处理的，但是在排序处理过程中，也会遇到一些问题，下面举例说明。

案例 4-3

例如，对于一些由一级编码、二级编码、三级编码等组成的编码类数据，如果使用自动排序工具，那么排序结果可能就更让人抓狂。在图 4-4 中，Excel 在默认情况下，对任何类似数字进行单独排序，认为 01.12、02.30 和 03.68 是文本型数字，其他数据是文本。

要解决这样的问题，就必须使用"排序"对话框，并根据操作步骤做相应的选择处理。

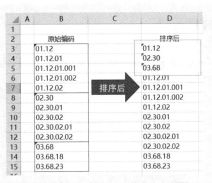

图 4-4　编码类数据的排序

　　总之，在实际数据处理中，对于绝大部分数据而言，排序能得到正确结果，但对于某些特殊数据而言，排序结果会与我们想象的不同，其实这并不奇怪，因为排序结果需要遵循前面介绍的排序规则，也就是各种规则的组合使用。

4.1.4　对某列排序的问题

　　排序操作很简单，单击数据区域要排序的某列，再单击功能区的自动排序按钮就可以了；或者打开"排序"对话框，设置排序条件，再进行排序。

案例 4-4

　　例如，选择数据区域的某列，对该列排序，而其他列不需要参与排序，那么Excel 会弹出一个"排序提醒"对话框，询问是"扩展选定区域"还是以"当前选定区域排序"，如图 4-5 所示。

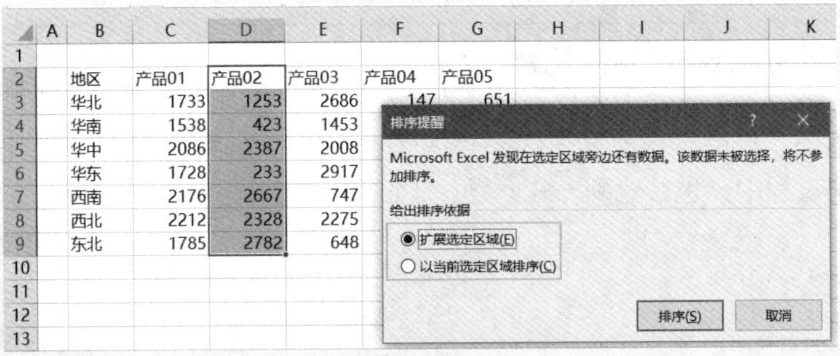

图 4-5　询问排序区域是否扩展

　　这时，要特别注意，因为仅仅是对选定列进行排序，所以就不能在对话框中直接单击"确定"按钮，而是要选择"以当前选定区域排序"选项，之后再单击"确定"按钮。

　　这种情况也会发生在仅仅选择几个单元格进行排序的场合。

4.1.5　纯文本和文本型数字混合排序的问题

当某列既有纯文本又有文本型数字时，那么在排序时，Excel 也会弹出一个"排序提醒"对话框，询问做何种排序处理，如图 4-6 所示。如果使用默认的"将任何类似数字的内容排序"，就有可能得不到正确的结果，正如图 4-3 所示的那样。

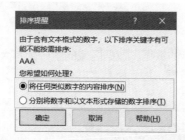

图 4-6　纯文本和文本型数字混杂情况下的排序提醒

此时，需要根据具体情况，选择"将任何类似数字的内容排序"选项，或者选择"分别将数字和以文本形式存储的数字排序"选项。

例如，对于图 4-3 所示的数据来说，要想得到正确的排序结果，就需要选择后者。

📈 **案例 4-5**

图 4-7 所示是一个简单示例，当需要对第一列客户编码排序时，如果直接对第一列进行默认自动排序，则得不到我们需要的结果。此时，我们需要使用"排序"对话框来排序。

原始数据				默认排序				正确结果		
客户编码	客户名称	销售额		客户编码	客户名称	销售额		客户编码	客户名称	销售额
03.69E	客户A	1710		01.045	客户D	1526		01.045	客户D	1526
20.321	客户B	1020		06.333	客户S	1890		01.95Q	客户C	1256
01.95Q	客户C	1256		11.385	客户R	967		03.69E	客户A	1710
11.385	客户R	967		15.280	客户P	588		04.49A	客户Q	498
04.49A	客户Q	498		20.321	客户B	1020		06.333	客户S	1890
01.045	客户D	1526		01.95Q	客户C	1256		11.385	客户R	967
XA.488	客户E	1734		03.69E	客户A	1710		15.280	客户P	588
19.02C	客户T	610		04.49A	客户Q	498		19.02C	客户T	610
15.280	客户P	588		19.02C	客户T	610		20.321	客户B	1020
06.333	客户S	1890		AR.399	客户G	546		AR.399	客户G	546
AR.399	客户G	546		XA.488	客户E	1734		XA.488	客户E	1734

图 4-7　纯文本和文本型数字混合排序

通过以上几个例子我们可以看到，尽管在大多数情况下，通过单击功能区的自动排序按钮（"升序"按钮和"降序"按钮）可以得到正确的排序结果，但在很多情况下是不能达到要求的。此时，我们需要通过"排序"对话框来认真设置排序条件。

有合并单元格的排序问题

如果数据区域中有合并单元格，那么进行排序时，会出现有关合并单元格的警告信息，此时，需要根据情况，对数据进行相应的处理。

案例 4-6

例如，对于图 4-8 所示的数据，数据区域的第一列有大小不一的合并单元格，那么排序时就会弹出一个警告框，提示所有合并单元格必须大小相同。

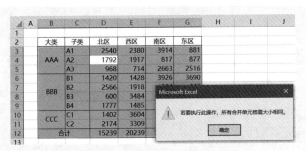

图 4-8　有合并单元格的排序

实际上，我们很容易理解，如果合并单元格大小不相同，在这种情况下的数据排序，合并单元格是无法处理的，因此排序就失去了意义。

 有计算公式的排序问题

一般情况下，如果表格中的计算公式不涉及一些公式位置变化了所引起的单元格引用的改变，那么排序是不受影响的。但是，如果公式涉及了某些函数，而这些函数又跟工作表位置有关，那么排序时就要格外注意了。

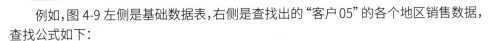

案例 4-7

例如，图 4-9 左侧是基础数据表，右侧是查找出的"客户 05"的各个地区销售数据，查找公式如下：

```
=VLOOKUP(" 客户 05",$B$3:$H$12,ROW(A2),0)
```

为了方便复制公式，在公式中使用 ROW 函数来自动获取从左往右的取数位置。

现在想要对查询出来的各个地区销售数据进行降序排列是没法完成的，原因就是 ROW 函数在影响取数位置，进而影响数据排序。

K5					fx	=VLOOKUP("客户05",$B$3:$H$12,ROW(A2),0)				
	A	B	C	D	E	F	G	H	J	K
1										
2		客户	华北	华南	西南	西北	华东	华中	客户05的各个地区销量	
3		客户01	999	3247	3513	1831	2606	4941		
4		客户02	2018	1680	707	2054	3997	895	地区	销量
5		客户03	4195	791	1554	988	903	2931	华北	475
6		客户04	3486	3196	1763	4276	472	4530	华南	1807
7		客户05	475	1807	4394	3058	219	3064	西南	4394
8		客户06	949	4986	3268	1779	1386	2870	西北	3058
9		客户07	1124	1674	4917	1945	4797	1355	华东	219
10		客户08	2123	1038	1494	2074	524	2174	华中	3064
11		客户09	1887	2743	4441	4835	3849	1553		
12		客户10	2926	3708	4516	1160	3902	4056		
13										

图 4-9　有计算公式的排序

对于这种既要查找数据又要排序的问题，需要使用函数公式一并实现数据查找和排序，而不是查找出数据后，再手动排序。

✎ **本节知识回顾与测验**

1. 数据排序的基本规则是什么？各类数据的排序规则具体是什么？

2. 单击功能区的自动排序按钮（"升序"按钮和"降序"按钮），在有些情况下并不能得到需要的结果，请列举你遇到过的问题。

3. 如何解决中文月份名称、英文月份名称的正确排序问题？

4. 如果数据区域有合并单元格，能否进行排序？

5. 如果数据区域有计算公式，能否进行排序？

4.2　数据排序的基本方法

数据的常规排序是很简单的，可以使用自动排序按钮，也可以使用"排序"对话框，下面分别介绍这两种方法。

4.2.1　使用命令按钮快速排序

对于一个标准的数据表格，在数据区域内先单击某个单元格，然后单击"升序"按钮↓↑或者"降序"按钮↓↑，也可以右击，在弹出的快捷菜单中执行"排序"→"升序"命令或"降序"命令，如图 4-10 所示，那么就依据该单元格所在的列，对数据区域进行排序。

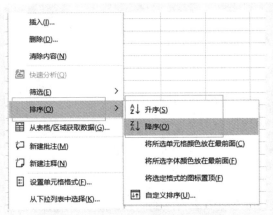

图 4-10　右键菜单的"排序"命令

但要注意的是，如果数据区域内有空行，那么默认情况下，排序区域就仅仅选到空行位置，空行以下的数据区域就没有被选择到排序区域之内。因此，如果数据区域有空行，要么将其删除，要么手动选择整个区域进行排序。

另外，如果表格里有合计行，那么默认情况下，这个合计行也是参与排序的，得到的排序结果就是错误的。因此，在排序时，要选择不包含合计行在内的数据区域。

案例 4-8

图 4-11 所示是示例数据，请练习对指定列数据进行自动排序。

A	B	C	D	E	F	G	H	I	J
1									
2	客户编码	客户	地区	产品1	产品2	产品3	产品4	产品5	合计
3	HB021	客户01	北区	512	2065	2868	2356	2646	10447
4	HB435	客户02	北区	2774	1707	2830	1238	363	8912
5	HB003	客户03	北区	1705	2452	2361	2608	2412	11538
6	HZ654	客户04	中区	2052	1911	1562	297	2469	8291
7	HZ012	客户05	中区	1731	1339	1493	1239	2330	8132
8	HZ226	客户06	中区	2347	1061	288	2773	2801	9270
9	HZ004	客户07	中区	1019	1438	2765	1888	2345	9455
10	HN040	客户08	南区	821	742	2914	1181	2926	8584
11	HN041	客户09	南区	2095	2880	1695	1100	2132	9902
12	HN042	客户10	南区	1337	2891	1921	1264	436	7849
13	HD058	客户11	东区	1312	2280	2390	584	974	7540
14	HD374	客户12	东区	1104	2289	394	1764	268	5819
15		合计		18809	23055	23481	18292	22102	105739

图 4-11　示例数据

4.2.2　使用对话框进行排序

使用工具栏的按钮或者右键菜单命令来排序的方法很简单，但对于某些表格来说，使用这种方法不行，此时，需要使用"排序"对话框来进行排序。单击"数据"→"排序"命令按钮，如图 4-12 所示，就打开了"排序"对话框，如图 4-13 所示。

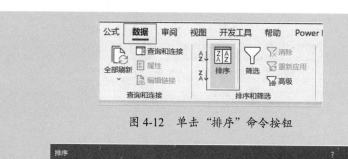

图 4-12 单击"排序"命令按钮

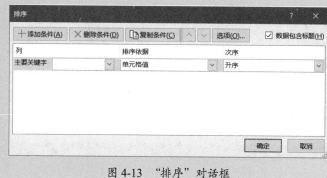

图 4-13 "排序"对话框

在这个对话框中,可以根据需要,添加一个或多个排序条件对不同列进行排序,可以选择排序方式,也可以选择其他的排序规则(区分大小写、按行/按列排序)等。

📈 **案例 4-9**

例如,要对图 4-14 所示的表格进行排序:先对预算数进行降序排列,然后再对"执行率"列进行降序排列,以了解预算数大小以及预算执行情况。

	A	B	C	D	E	F
1						
2		项目	预算	实际	差异	执行率
3		项目01	5,570	27,128	21558	487.0%
4		项目02	28,000	32,065	4065	114.5%
5		项目03	32,059	10,025	-22034	31.3%
6		项目04	28,000	23,814	-4186	85.1%
7		项目05	28,168	22,684	-5484	80.5%
8		项目06	19,511	9,905	-9606	50.8%
9		项目07	28,000	24,714	-3286	88.3%
10		项目08	6,599	24,403	17804	369.8%
11		合计	175,907	174,738	-1169	99.3%

图 4-14 示例数据

步骤1 选择单元格区域 B3:F10。注意,不要选择最底部合计行,它不需要参与排序。

步骤2 单击"数据"→"排序"命令按钮,打开"排序"对话框。

步骤3 检查对话框右上角是否勾选了"数据包含标题"复选框,如果没有,则需要勾选此复选框,因为表格含有标题。如果不勾选这个复选框,那么就会把第一行的标题也当成排序内容。

步骤4 单击"添加条件"按钮,添加一个主要关键字条件,主要关键字选择"预算",

排序依据是默认的"单元格值",次序选择"降序",如图 4-15 所示。

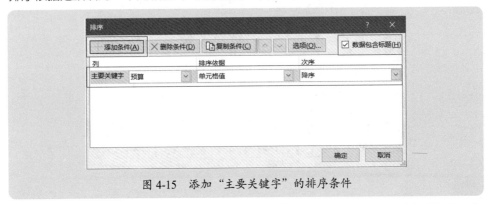

图 4-15　添加"主要关键字"的排序条件

步骤5 再单击"添加条件"按钮,添加一个次要关键字条件,次要关键字选择"执行率",排序依据仍然默认"单元格值",次序选择"降序",如图 4-16 所示。

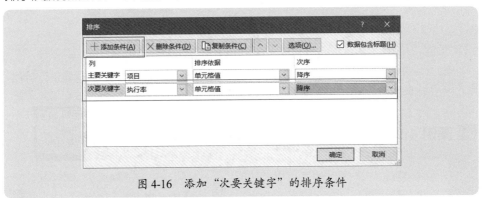

图 4-16　添加"次要关键字"的排序条件

步骤6 单击"确定"按钮,就对数据进行了排序,排序结果如图 4-17 所示。可见,预算数按照降序做了排列,当预算数相同时,执行率也按降序进行了排列。

	项目	预算	实际	差异	执行率
项目03		32,059	10,025	-22034	31.3%
项目05		28,168	22,684	-5484	80.5%
项目02		28,000	32,065	4065	114.5%
项目07		28,000	24,714	-3286	88.3%
项目04		28,000	23,814	-4186	85.1%
项目06		19,511	9,905	-9606	50.8%
项目08		6,599	24,403	17804	369.8%
项目01		5,570	27,128	21558	487.0%
合计		175,907	174,738	-1169	99.3%

图 4-17　排序结果

✎ 本节知识回顾与测验

1. 自动排序如何操作?应注意哪些事项?

2. 使用"排序"对话框进行排序时，需要做哪些项目设置？

3. 请结合实际数据，练习数据排序的基本方法和技巧。

4.3 不同类型标题的数据排序

表格标题不仅有常见的单行标题，很多情况下也会有合并单元格的多行标题，如果要对表格数据进行排序，则需要采用正确的方法。

4.3.1 单行标题的数据排序

大部分表格是有标题的，并且是单行标题，那么排序是很简单的。

如果要对某列进行排序，就单击该列的任一单元格，再单击功能区中的"升序"按钮或"降序"按钮。如果要设置多个条件（多列）进行排序，就打开"排序"对话框，然后设置排序条件后再进行排序。

但是，如果表格底部有合计行，那么数据排序区域就需要将这个合计行排除在外。

案例 4-10

图 4-18 所示是示例数据，请练习单行标题表格的排序。

	A	B	C	D	E	F	G	H
1								
2		产品	去年	今年	同比增减	同比增长率	去年占比	今年占比
3		产品01	3,823	2,886	-937	-24.5%	17.4%	15.2%
4		产品02	653	834	181	27.7%	3.0%	4.4%
5		产品03	2,501	1,524	-977	-39.1%	11.4%	8.0%
6		产品09	1,093	3,442	2,349	214.9%	5.0%	18.1%
7		产品05	3,472	1,745	-1,727	-49.7%	15.8%	9.2%
8		产品06	3,460	2,368	-1,092	-31.6%	15.8%	12.4%
9		产品07	1,163	289	-874	-75.2%	5.3%	1.5%
10		产品08	834	2,892	2,058	246.8%	3.8%	15.2%
11		产品10	1,469	1,059	-410	-27.9%	6.7%	5.6%
12		产品11	3,441	2,010	-1,431	-41.6%	15.7%	10.6%
13		合计	21,909	19,049	-2,860	-13.1%	100.0%	100.0%

图 4-18 示例数据

4.3.2 多行标题（有合并单元格）的数据排序

如果表格标题有合并单元格，也就是多行标题，在进行数据排序时，则需要使用一些技能与技巧。

案例 4-11

图 4-19 所示就是这样的示例数据。此种情况下，如何进行数据排序操作？

产品	国内						国外					
	销量			销售额			销量			销售额		
	去年	今年	同比增长	去年	今年	同比增长	去年	今年	同比增长	去年	今年	同比增长
产品01	285	287	0.7%	4,813	11,252	133.8%	1,323	660	-50.1%	14,418	30,016	108.2%
产品02	1,169	534	-54.3%	18,184	7,018	-61.4%	1,157	497	-57.0%	8,104	14,247	75.8%
产品03	1,187	1,083	-8.8%	19,493	17,708	-9.2%	793	1,727	117.8%	23,239	11,399	-50.9%
产品04	626	1,039	66.0%	7,661	12,805	67.1%	756	923	22.1%	12,894	23,779	84.4%
产品05	1,220	826	-32.3%	7,651	15,209	98.8%	1,582	991	-37.4%	13,802	25,898	87.6%
产品06	913	491	-46.2%	14,271	3,644	-74.5%	1,411	1,241	-12.0%	31,324	19,437	-37.9%
产品07	1,256	504	-59.9%	12,312	11,251	-8.6%	570	1,409	147.2%	25,579	14,823	-42.1%
产品08	854	1,040	21.8%	11,110	11,914	7.2%	724	1,386	91.4%	6,145	11,950	94.5%

图 4-19　多行标题的表格

打开"排序"对话框，在"主要关键字"下拉列表中可以看到，有些是具体的标题名字（实际上是第一行标题），有些则是工作表列名，如图 4-20 所示，此时要选择正确的列进行排序。

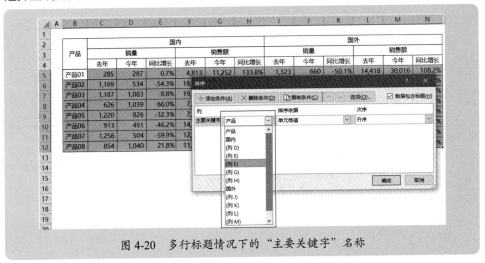

图 4-20　多行标题情况下的"主要关键字"名称

✎ 本节知识回顾与测验

1. 有合并单元格标题情况下，如何正确排序？
2. 采用默认方法对某列进行排序，可能会出现什么情况？如何避免这些问题？

4.4　多条件排序

直接单击功能区的自动排序按钮，仅仅可以对选定的某列进行升序排列或降序排列，如果要选择多列进行不同的排序，就需要使用"排序"对话框了。

4.4.1 ▶ 多条件排序的基本方法

多条件排序是对多个列进行排序，需要在"排序"对话框中设置主要关键字和次要关键字，如图 4-21 所示，并对它们设置不同的排序依据和次序。

图 4-21　设置多个排序关键字

📊 **案例 4-12**

图 4-22 所示是示例数据及排序结果，图 4-23 所示是设置的 5 个排序条件。排序要求如下。

● 客户：升序排序。
● 产品：升序排序。
● 规格型号：升序排序。
● 销售额：按颜色排序，无颜色在前（顶端），有颜色在后（底端）。
● 毛利：降序排序。

图 4-22　示例数据及排序结果

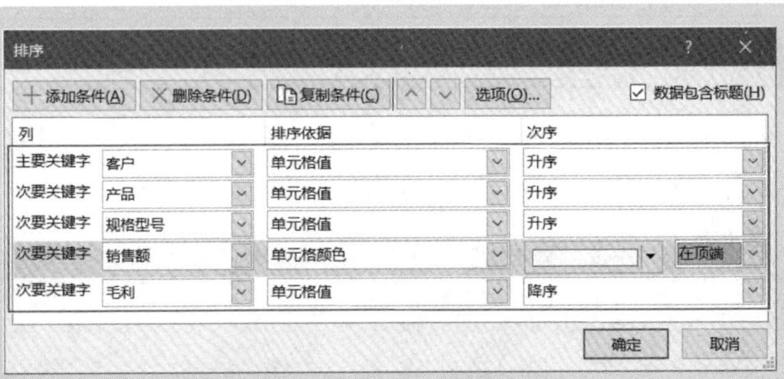

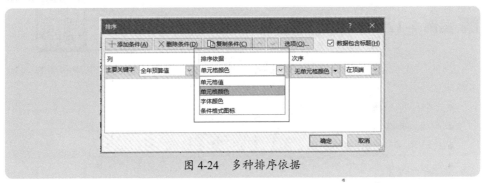

图 4-23　设置排序条件

4.4.2 数值与格式组合的多条件排序

如果设置了单元格填充颜色、字体或者条件格式图标，那么也可以根据颜色、字体、图标进行排序，也就是在排序依据中可以选择单元格颜色、字体颜色、条件格式图标等，如图 4-24 所示。

图 4-24　多种排序依据

这里的颜色可以是设置的固定颜色，也可以是设置的条件格式颜色，或者自定义数字格式颜色，不受颜色来源的限制。

案例 4-13

图 4-25 所示是示例数据及排序结果。要求将红色字体排在最前面，黄色单元格其次，无颜色单元格排在最后，然后按毛利率从大到小排序。

客户	销售额	毛利	毛利率
客户01	1,335	467	35.0%
客户02	1,885	984	52.2%
客户03	2,701	1,220	45.2%
客户04	31,791	535	1.7%
客户05	3,255	1,848	56.8%
客户06	1,094	714	65.3%
客户07	1,566	198	12.6%
客户08	2,937	1,498	51.0%
客户09	13,610	3,548	26.1%
客户11	673	200	29.7%
合计	60,847	11,212	18.4%

客户	销售额	毛利	毛利率
客户06	1,094	714	65.3%
客户05	3,255	1,848	56.8%
客户02	1,885	984	52.2%
客户08	2,937	1,498	51.0%
客户07	1,566	198	12.6%
客户04	31,791	535	1.7%
客户03	2,701	1,220	45.2%
客户01	1,335	467	35.0%
客户11	673	200	29.7%
客户09	13,610	3,548	26.1%
合计	60,847	11,212	18.4%

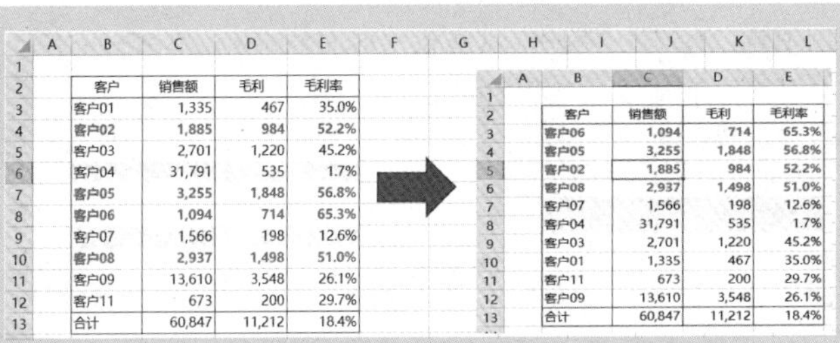

图 4-25　示例数据及排序结果

下面是主要排序步骤。

步骤1 选择不含合计行的数据区域。

步骤2 打开"排序"对话框，主要关键字选择"客户"，排序依据选择"字体颜色"，次序选择"红色"及"在顶端"，如图 4-26 所示。

图 4-26　设置"主要关键字"排序条件

步骤3 添加一个"次要关键字"条件，次要关键字选择"客户"，排序依据选择"单元格颜色"，次序选择"黄色"及"在顶端"，如图 4-27 所示。

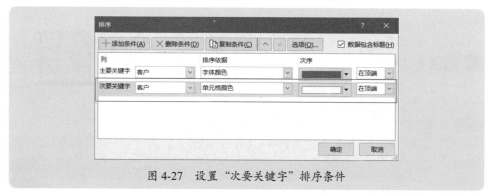

图 4-27　设置"次要关键字"排序条件

步骤4 再添加一个"次要关键字"条件，次要关键字选择"毛利率"，排序依据选择"单元格值"，次序选择"降序"，如图 4-28 所示。

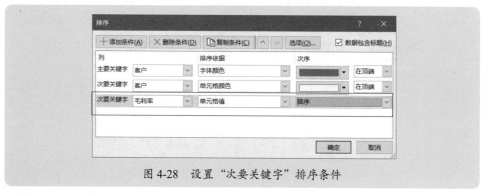

图 4-28　设置"次要关键字"排序条件

步骤5 单击"确定"按钮，就得到了需要的排序结果。

✎ **本节知识回顾与测验**

1. 多条件排序的基本操作是什么？
2. 多条件排序时，各个条件能否分别是数值和单元格格式？
3. 请使用实际数据，练习多条件排序的方法和技巧。

4.5 自定义序列排序

在实际工作中的很多情况下，Excel 默认的排序规则并不能满足实际需求，尤其是在全文本字符串（例如产品名称、客户名称、科目名称、材料名称等）排序时，默认情况下是按照拼音顺序，并不是要求的特定次序。此时，我们需要做自定义序列排序。

在做自定义序列排序之前，要先准备好自定义序列，然后按照自定义序列的次序排列。

4.5.1 创建自定义序列

可以在 Excel 中创建一些自定义序列，便于在处理数据时灵活使用，大大提高数据处理效率。

📊 **案例 4-14**

创建自定义序列的基本方法和步骤如下。

步骤1 执行"文件"→"选项"命令，打开"Excel 选项"对话框，切换到"高级"分类，往下拉滚动条，找到"编辑自定义列表"按钮，如图 4-29 所示。

图 4-29 "编辑自定义列表"按钮

步骤2 单击"编辑自定义列表"按钮，打开"自定义序列"对话框，此时，有两种方法来创建自定义序列。

方法 1：手动输入自定义序列

如果自定义序列的项目不多，可以直接将自定义序列的项目输入"输入序列"框，如图 4-30 所示。

图 4-30　手动输入自定义序列的项目

输入完自定义序列的所有项目后，单击"确定"按钮，返回"Excel 选项"对话框，再单击"确定"按钮，关闭"Excel 选项"对话框。

再次打开"Excel 选项"对话框，切换到"高级"分类，单击"编辑自定义列表"按钮，打开"自定义序列"对话框，可以看到刚才输入的自定义序列，如图 4-31 所示。

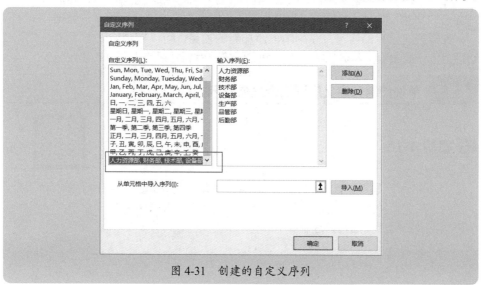

图 4-31　创建的自定义序列

方法 2：快速引用工作表自定义序列

如果自定义序列的项目比较多，名称中有各种字符，且名称很长，那么手动输入自定义序列就比较麻烦，此时可以先在工作表中将自定义序列输入某列，再引用该列数据即可。

例如，对供应商名称列表按照实际管理要求设定次序，如图 4-32 所示，现在要将这个供应商名称序列添加到 Excel 中。其方法很简单：单击"选项"对话框中的序列输入框，用鼠标指针引入要添加的部门序列，然后单击"导入"按钮，就将该部门列表导入自定义序列列表。

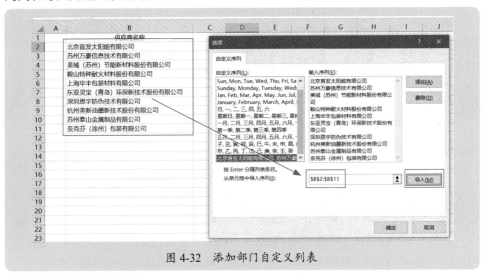

图 4-32　添加部门自定义列表

方法 3：编辑自定义序列

如果不再需要自定义序列,可以在"自定义序列"框中,选择要删除的自定义序列,再单击"删除"按钮。删除自定义序列,不影响做过自定义序列排序的数据。

如果要在已有的自定义序列中再添加新的项目,可以按照方法 1 添加。当添加新项目后,如果要更新数据排序表,就需要按照后面介绍的方法重新排序。

4.5.2 ▶ 单独使用自定义序列进行数据排序

 案例 4-15

图 4-33 所示是各个部门的费用预算执行统计表示例数据，现在希望对部门按照下面的顺序进行排列：总经办→人力资源部→财务部→采购管理部→生产部→新品部→质量部→工程部→后勤管理部。

	部门	全年预算值	累计实际值	累计预算值	累计值差异	全年剩余预算	累计完成率
3	财务部	222,785	138,398	113,099	25,299	84,387	62.12%
4	采购管理部	102,102	49,264	59,627	-10,363	52,838	48.25%
5	工程部	489,088	265,784	239,160	26,624	223,303	54.34%
6	后勤管理部	461,345	197,357	193,274	4,084	263,988	42.78%
7	人力资源部	696,972	35,540	333,216	-297,676	661,432	5.10%
8	生产部	340,895	94,464	163,820	-69,356	246,431	27.71%
9	新品部	2,482,155	1,051,904	1,089,315	-37,412	1,430,252	42.38%
10	质量部	1,690,614	299,663	1,033,618	-733,955	1,390,951	17.73%
11	总经办	1,064,925	697,937	444,796	253,142	366,988	65.54%
12	合计	7,550,881	2,830,311	3,669,924	-839,613	4,720,569	37.48%

图 4-33　示例数据

步骤1 将这个部门序列添加到 Excel 自定义序列中。

步骤2 单击"排序"按钮，打开"排序"对话框，添加排序条件，其中主要关键字选择"部门"，排序依据选择"单元格值"，次序选择"自定义序列"，如图 4-34 所示。

图 4-34　选择"自定义序列"

步骤3 在"次序"下拉列表中选择"自定义序列"后，就立即打开了"自定义序列"对话框，然后在自定义序列列表中选择刚才添加的部门序列，如图 4-35 所示。

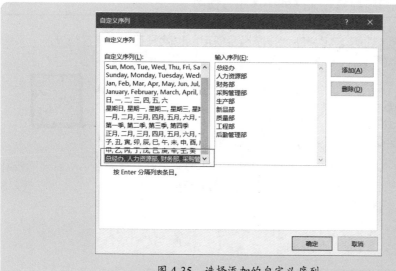

图 4-35　选择添加的自定义序列

步骤4 单击"确定"按钮，返回"排序"对话框，可以看到，次序选择的就是自定义的部门序列了，如图 4-36 所示。

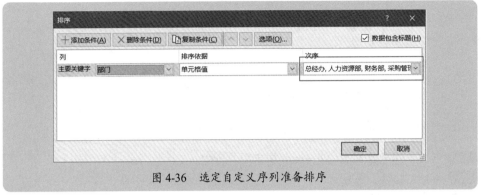

图 4-36　选定自定义序列准备排序

步骤5 单击"确定"按钮，就得到了按照指定部门次序排列的排序结果，如图 4-37 所示。

部门	全年预算值	累计实际值	累计预算值	累计值差异	全年剩余预算	累计完成率
总经办	1,064,925	697,937	444,796	253,142	366,988	65.54%
人力资源部	696,972	35,540	333,216	-297,676	661,432	5.10%
财务部	222,785	138,398	113,099	25,299	84,387	62.12%
采购管理部	102,102	49,264	59,627	-10,363	52,838	48.25%
生产部	340,895	94,464	163,820	-69,356	246,431	27.71%
新品部	2,482,155	1,051,904	1,089,315	-37,412	1,430,252	42.38%
质量部	1,690,614	299,663	1,033,618	-733,955	1,390,951	17.73%
工程部	489,088	265,784	239,160	26,624	223,303	54.34%
后勤管理部	461,345	197,357	193,274	4,084	263,988	42.78%
合计	7,550,881	2,830,311	3,669,924	-839,613	4,720,569	37.48%

图 4-37　排序结果

4.5.3　常规排序与自定义序列排序组合使用

可以将常规排序与自定义序列排序组合使用，也就是某些列是常规排序，某些列是自定义序列排序。下面举例说明。

📊 案例 4-16

图 4-38 所示是一个实际案例，要求对数据排序，排序要求如下。

- 部门：按照自定义次序排列，为总经办→人力资源部→财务部→采购管理部→生产部→新品部→质量部→工程部→后勤管理部。
- 执行率：从大到小排序。

	部门	项目	预算	实际	差异	执行率
财务部		项目A	222,785	138,398	-84,387	62.12%
		项目B	256,772	176,532	-80,240	68.75%
采购管理部		项目A	102,102	49,264	-52,838	48.25%
		项目B	743,114	853,222	110,108	114.82%
工程部		项目A	489,088	265,784	-223,303	54.34%
		项目B	63,156	84,211	21,055	133.34%
后勤管理部		项目A	461,345	197,357	-263,988	42.78%
		项目B	1,127,422	1,643,221	515,799	145.75%
人力资源部		项目A	696,972	35,540	-661,432	5.10%
		项目B	906,432	1,104,322	197,890	121.83%
生产部		项目A	340,895	94,464	-246,431	27.71%
		项目B	66,433	87,654	21,221	131.94%
新品部		项目A	2,482,155	1,051,904	-1,430,252	42.38%
		项目B	5,278,899	4,378,989	-899,910	82.95%
质量部		项目A	1,690,614	299,663	-1,390,951	17.73%
		项目B	225,678	186,543	-39,135	82.66%
总经办		项目A	1,064,925	697,937	-366,988	65.54%
		项目B	3,224,657	286,433	-2,938,224	8.88%
合计		项目A	7,550,881	2,830,311	-4,720,569	37.48%
		项目B	11,892,563	8,801,127	-3,091,436	74.01%

图 4-38　示例数据

步骤1 把第一列的部门合并单元格取消，并填充完整数据，效果如图 4-39 所示。

部门	项目	预算	实际	差异	执行率
财务部	项目A	222,785	138,398	-84,387	62.12%
财务部	项目B	256,772	176,532	-80,240	68.75%
采购管理部	项目A	102,102	49,264	-52,838	48.25%
采购管理部	项目B	743,114	853,222	110,108	114.82%
工程部	项目A	489,088	265,784	-223,303	54.34%
工程部	项目B	63,156	84,211	21,055	133.34%
后勤管理部	项目A	461,345	197,357	-263,988	42.78%
后勤管理部	项目B	1,127,422	1,643,221	515,799	145.75%
人力资源部	项目A	696,972	35,540	-661,432	5.10%
人力资源部	项目B	906,432	1,104,322	197,890	121.83%
生产部	项目A	340,895	94,464	-246,431	27.71%
生产部	项目B	66,433	87,654	21,221	131.94%
新品部	项目A	2,482,155	1,051,904	-1,430,252	42.38%
新品部	项目B	5,278,899	4,378,989	-899,910	82.95%
质量部	项目A	1,690,614	299,663	-1,390,951	17.73%
质量部	项目B	225,678	186,543	-39,135	82.66%
总经办	项目A	1,064,925	697,937	-366,988	65.54%
总经办	项目B	3,224,657	286,433	-2,938,224	8.88%
合计	项目A	7,550,881	2,830,311	-4,720,569	37.48%
合计	项目B	11,892,563	8,801,127	-3,091,436	74.01%

图 4-39　整理第一列合并单元格

步骤2 将部门自定义序列添加到 Excel 中。

步骤3 打开"排序"对话框，第 1 个条件是对部门进行自定义序列排序，第 2 个条件是对执行率做降序排列，如图 4-40 所示。

第 4 章　数据排序实用技能与技巧

93

图 4-40 设置排序条件

步骤4 单击"确定"按钮，就按照排序条件进行排序，最后再将第一列的部门单元格合并，就得到我们需要的结果，如图 4-41 所示。

	部门	项目	预算	实际	差异	执行率
	总经办	项目A	1,064,925	697,937	-366,988	65.54%
		项目B	3,224,657	286,433	-2,938,224	8.88%
	人力资源部	项目B	906,432	1,104,322	197,890	121.83%
		项目A	696,972	35,540	-661,432	5.10%
	财务部	项目B	256,772	176,532	-80,240	68.75%
		项目A	222,785	138,398	-84,387	62.12%
	采购管理部	项目B	743,114	853,222	110,108	114.82%
		项目A	102,102	49,264	-52,838	48.25%
	生产部	项目B	66,433	87,654	21,221	131.94%
		项目A	340,895	94,464	-246,431	27.71%
	新品部	项目B	5,278,899	4,378,989	-899,910	82.95%
		项目A	2,482,155	1,051,904	-1,430,252	42.38%
	质量部	项目B	225,678	186,543	-39,135	82.66%
		项目A	1,690,614	299,663	-1,390,951	17.73%
	工程部	项目B	63,156	84,211	21,055	133.34%
		项目A	489,088	265,784	-223,303	54.34%
	后勤管理部	项目B	1,127,422	1,643,221	515,799	145.75%
		项目A	461,345	197,357	-263,988	42.78%
	合计	项目A	7,550,881	2,830,311	-4,720,569	37.48%
		项目B	11,892,563	8,801,127	-3,091,436	74.01%

图 4-41 排序结果

✎ 本节知识回顾与测验

1. 为 Excel 添加自定义序列有哪些方法？各有什么优缺点？

2. 如何删除添加的自定义序列？

3. 如何使用自定义序列对数据进行排序？

4. 如何将常规排序与自定义序列排序结合起来，做多条件排序？

4.6 按照关键词匹配排序

排序可以根据单元格值，也可以根据单元格颜色、字体颜色、条件格式图标，却无法根据文本中的关键词匹配进行排序。但是根据实际情况，我们可以使用相关的方法进行关键词匹配排序。

4.6.1 不区分关键词出场次序的关键词匹配排序

例如，把包含"原纸"的全部排在一起，把包含"油墨"的全部排在一起，把包含"电化铝"的全部排在一起等，这种情况下，一般需要设计辅助列，使用函数匹配关键词，然后再对辅助列进行排序。

案例 4-17

图 4-42 所示是一个例子，要求把所有"北京"的公司排在第一个，所有名称含有"苏州"的公司排在第二个，其他公司排在最后，所有公司又要按销售额从大到小排序。

图 4-42 示例数据及排序结果

下面是主要排序步骤。

步骤1 设计辅助列，输入下面的公式，如图 4-43 所示。

```
=IF(ISNUMBER(FIND(" 北京 ",B3)),1,
  IF(ISNUMBER(FIND(" 苏州 ",B3)),2,3))
```

图 4-43 设计辅助列

步骤2 选择包括辅助列在内的数据区域,打开"排序"对话框,设置两个排序条件,如图 4-44 所示,辅助列为主要关键字,做升序排列,销售额为次要关键字,做降序排列。

图 4-44　设置排序条件

步骤3 单击"确定"按钮,就得到了需要的结果。

步骤4 删除辅助列。

说明:FIND 函数是查找指定的字符在字符串的出现位置,如果字符串中有指定的字符,那么 FIND 函数结果就是一个数字(出现的位置序号),这样,使用 ISNUMBER 函数判断函数结果是不是数字,就能确定是否包含指定的字符。

4.6.2 ▶ 区分关键词出场次序的关键词匹配排序

📊 **案例 4-18**

对于案例 4-17,我们进一步思考:如果还要按照指定关键词在名称中出现的先后次序排列呢?例如,"北京环保研究院"排在"久华电子(北京)有限公司"前面,因为前者的字符"北京"出现得要比后者早(前者是第 1 个字符出现,后者是第 6 个字符出现)。

此时,我们可以将辅助列公式修改如下,如图 4-45 所示。

```
=IF(ISNUMBER(FIND("北京",B3)),(1&FIND("北京",B3))*1,
   IF(ISNUMBER(FIND("苏州",B3)),(2&FIND("苏州",B3))*1,
   10000))
```

你能明白这个公式的计算逻辑吗?

▲	A	B	C	D
1				
2		客户	销售额	辅助列
3		北京建筑新材料有限公司	23,288	11
4		黄河水泥(郑州)有限公司	9,265	10000
5		新智慧(北京)信息技术有限公司	710,058	15
6		苏州环保技术有限公司	14,418	21
7		久华电子(北京)有限公司	28,145	16
8		苏州鑫鑫科技信息有限公司	4,175	21
9		美宏化妆品(苏州)有限公司	457	27
10		北京环保研究院	80,619	11
11		南京电子材料科技有限公司	211,567	10000
12		深圳和汇安全技术有限公司	49,430	10000
13		合计	1,131,422	

图 4-45　设计辅助列

排序结果如图 4-46 所示。

	客户	销售额	辅助列
	北京环保研究院	80,619	11
	北京建筑新材料有限公司	23,288	11
	新智慧（北京）信息技术有限公司	710,058	15
	久华电子（北京）有限公司	28,145	16
	苏州环保技术有限公司	14,418	21
	苏州鑫科技信息技术有限公司	4,175	21
	美宏化妆品（苏州）有限公司	457	27
	南京电子材料科技有限公司	211,567	10000
	深圳和汇安全技术有限公司	49,430	10000
	黄河水泥（郑州）有限公司	9,265	10000
	合计	1,131,422	

图 4-46　排序结果

4.6.3　对所有关键词匹配排序

前面介绍的是指定两个关键词（北京和苏州）进行排序，如果要对某列的所有关键词进行排序呢？

既然要对所有关键词排序，那么必须先有这些关键词，因此需要首先罗列出这些关键词，然后再使用函数公式设计辅助列，最后对辅助列排序。

案例 4-19

图 4-47 所示是一个示例，左侧是供应商材料入库表，右侧是材料名称与对应关键词对照表，本案例的任务是按照材料名称的对应关键词进行排序。

	入库日期	材料名称	材料商名称	入库数量			材料名称	对应关键词
2	2024-3-1	PLS10碎石	材料商19	290.05			PLS10碎石	石子
3	2024-3-1	水洗河砂	材料商43	228.8			碎石MSK	石子
4	2024-3-2	碎石MSK	材料商20	473.26			碎石LKS	石子
5	2024-3-3	水洗河砂	材料商42	147.24			水洗河砂	黄砂
6	2024-3-5	风选机制砂	材料商03	297.38			风选机制砂	风选砂
7	2024-3-7	风选机制砂	材料商33	119.22			5mm精品风选砂	风选砂
8	2024-3-8	碎石LKS	材料商46	318.92			8mm精品风选砂	风选砂
9	2024-3-9	风选机制砂	材料商34	265.45			精品风选砂5mm	风选砂
10	2024-3-12	水洗河砂	材料商10	441.59			防冻泵送剂	外加剂
11	2024-3-14	水洗河砂	材料商11	213.93			泵送剂	外加剂
12	2024-3-16	5mm精品风选砂	材料商37	608.66				
13	2024-3-17	8mm精品风选砂	材料商09	453.51				
14	2024-3-19	碎石MSK	材料商47	793.92				
15	2024-3-21	防冻泵送剂	材料商29	6.51				
16	2024-3-22	泵送剂	材料商27	6.84				
17	2024-3-23	风选机制砂	材料商35	44.29				
18	2024-3-25	泵送剂	材料商26	7.78				
19	2024-3-26	防冻泵送剂	材料商22	19.8				
20	2024-3-28	精品风选砂5mm	材料商38	121.37				

图 4-47　示例数据

需要设计一个辅助列"关键词"，把每个材料名称的关键词匹配过来，然后对辅助列关键词排序即可。辅助列关键词的匹配使用简单的 VLOOKUP 函数，公式如下，排序后的结果如图 4-48 所示。

```
=VLOOKUP(B2,$G$2:$H$11,2,0)
```

图 4-48　设计辅助列，并对辅助列排序

本节知识回顾与测验

1. 关键词匹配排序的核心思路是什么？

2. 如何确定是否含有关键词？使用什么函数来设计公式？

3. 如何按照指定关键词在字符串中出现的次数多少进行排序？

4.7　编辑、删除排序条件

数据排序后，还可以对排序条件做一些编辑，或者删除排序条件，操作也很简单。

4.7.1　编辑已有的排序条件

如果要在已有的排序中，添加新的排序条件，打开"排序"对话框，添加条件即可。

如果要调整各个排序条件的先后次序(也就是第一次排谁,第二次排谁,第三次排谁等)，也是在"排序"对话框中设置，选择某个要调整的排序条件，再单击上移下移按钮，如图 4-49 所示。

如果要修改排序条件，例如排序依据从单元格值改为单元格格式，次序从升序改为降序等，这些都是在"排序"对话框中设置的。

单击"排序"对话框中的"选项"按钮，就可以打开"排序选项"对话框，如图 4-50 所示，可以设置是否区分大小写，按列排序还是按行排序，按字母排序还是按笔画排序等，这些设置在特殊表格数据排序中是很有用的。

图 4-49　调整排序条件的先后次序　　图 4-50　"排序选项"对话框

4.7.2 删除排序条件

如果不再需要执行排序操作，可以把设置好的排序条件删除。其方法
很简单：打开"排序"对话框，在对话框中先选择排序条件，然后单击"删
除条件"按钮。

删除排序条件，不影响已经排序的效果，也就是说，排序后，再删除排序条件，
排序结果被保留下来。

当删除排序条件后，如果想要再进行排序，就需要重新设置排序条件了。

📌 本节知识回顾与测验

1. 如何调整各个排序条件的先后次序？

2. 如何添加新的排序条件？

3. 如何删除某个或者全部排序条件？

4. 如何区分大小写排序？

5. 如何按姓氏笔画对姓名进行排序？

6. 默认情况下，是按列排序还是按行排序？

7. 能否在行方向进行排序，也就是根据每行的数据，对各列数据进行排序？如
何操作？

第5章

数据筛选实用
技能与技巧

数据筛选是日常数据处理的一种频繁操作。所谓数据筛选，就是把满足条件的数据显示出来，把不满足条件的数据隐藏起来。数据筛选有自动筛选和高级筛选之分。

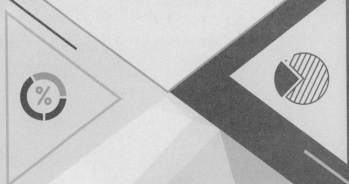

5.1 自动筛选及注意事项

5.1.1 建立自动筛选

在数据筛选处理中，建立自动筛选是最常见的操作。建立自动筛选后，就可以对数据进行各种筛选操作。

📈 **案例 5-1**

建立自动筛选是很简单的：单击数据区域的任一单元格，然后单击"数据"→"筛选"命令按钮，如图 5-1 所示。

图 5-1　单击"筛选"命令按钮

建立自动筛选之后，标题单元格右侧会出现一个下拉箭头按钮，如图 5-2 所示，这就是筛选标记。

	A	B	C	D	E	F	G	H	I	J
1	工号	姓名	部门	学历	性别	出生日期	年龄	入职时间	工龄	基本薪资
2	G0001	A0062	后勤部	本科	男	1969-12-15	54	1992-11-15	31	7300
3	G0002	A0081	生产部	本科	男	1977-1-9	47	1999-10-16	24	10300
4	G0003	A0002	总经办	硕士	男	1979-6-11	44	2005-1-8	19	5700
5	G0004	A0001	技术部	博士	女	1970-10-6	53	1999-4-8	24	18200

图 5-2　筛选标记

单击某列标题的下拉箭头按钮，可以在该列设置筛选条件，对数据进行筛选，如图 5-3 所示。

图 5-3　筛选数据窗格

第5章　数据筛选实用技能与技巧

5.1.2 多行标题的自动筛选

案例 5-2

如果表格是有多行标题,那么建立自动筛选后,筛选标记只出现在第1行,如图5-4所示。

	客户	产品01		产品02		产品03		产品01		产品02		产品03	
		国内						国外					
		销售额	毛利	销售额	毛利	销售额	毛利	销售额	毛利	销售额	毛利	销售额	毛利
4	客户01	13943	10520	13181	3937	26853	22850	675	458	336	76	2653	664
5	客户02	32023	12500	24330	5802	30226	20606	1330	289	2201	569	2599	556
6	客户03	21408	10784	30616	30429	2268	93	2387	2174	1038	876	3051	2613
7	客户04	7316	4179	33583	12205	33300	7623	2548	409	1797	1713	1521	1084
8	客户05	15906	15802	9239	45	16505	8153	2967	1380	1571	1354	1631	9
9	客户06	19074	8504	11374	456	11785	4807	2704	2355	1193	442	1011	277

图 5-4　筛选标记在第 1 行

实际上,在这个表格中,需要将筛选标记建立在第3行,因此,需要先选择第3行,再建立自动筛选,第3行才能出现筛选标记,如图5-5所示。

	客户	国内						国外					
		产品01		产品02		产品03		产品01		产品02		产品03	
		销售额	毛利	销售额	毛利	销售额	毛利	销售额	毛利	销售额	毛利	销售额	毛利
4	客户01	13943	10520	13181	3937	26853	22850	675	458	336	76	2653	664
5	客户02	32023	12500	24330	5802	30226	20606	1330	289	2201	569	2599	556
6	客户03	21408	10784	30616	30429	2268	93	2387	2174	1038	876	3051	2613
7	客户04	7316	4179	33583	12205	33300	7623	2548	409	1797	1713	1521	1084
8	客户05	15906	15802	9239	45	16505	8153	2967	1380	1571	1354	1631	9

图 5-5　筛选标记在第 3 行

实际上,建立自动筛选时选择哪行,筛选标记就建立在哪行。

5.1.3 数据区域有空行时的自动筛选

案例 5-3

需要注意的是,如果数据区域有空行,那么建立的自动筛选区域就会选择到空行位置,空行以下的数据区域并没有包含在自动筛选区域之内,这样的筛选结果就会是错误的,如图5-6和图5-7所示。

因此,如果数据区域内有空行,应当予以删除。

如果要保留这些空行,那么可以选择数据区域的整列建立筛选,这样就可以把所有的空行包含在筛选区域之内,不过在筛选数据窗格中,会有"(空白)"项目,如图5-8所示。这很好理解,因为有空行存在。

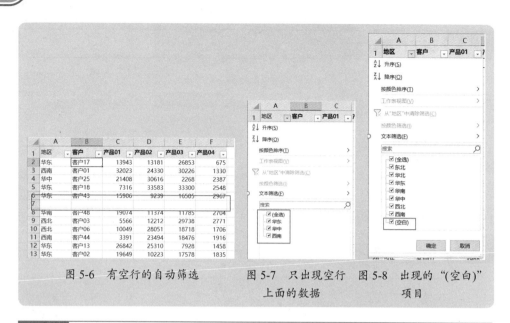

图 5-6　有空行的自动筛选　　图 5-7　只出现空行　　图 5-8　出现的 "(空白)"
　　　　　　　　　　　　　　　　上面的数据　　　　　　项目

5.1.4 为什么数据区域右侧没数据的列也出现了筛选标记

📈 案例 5-4

当选择标题行建立自动筛选时，就会发现，在没有数据的列，也出现了筛选标记，如图 5-9 所示，这是什么情况呢？

图 5-9　没有数据的列也出现了筛选标记

出现这样的情况，是因为在数据区域右侧输入过数据，后来又按 Delete 键清除了。

其解决方法是：不选择标题行，而是单击数据区域的任一单元格，再建立自动筛选。

但是，不论是删除右侧的几列（右击执行"删除"命令），还是仅仅对数据区域本身建立自动筛选，编辑过的这几列，似乎一直存在，无法彻底清除。其解决方法是：将这个数据区域复制到一个新表中，再把旧表删除。

之所以要把这个问题提出来，是因为很多人在 Excel 中操作习惯不好，会遗留下很多看不见的使用过的单元格区域，尽管没有数据，但实际上已经变为数据区域了。我们可以验证一下，按 Ctrl+End 键，看看定位到哪个单元格。

5.1.5 ▶ 当工作表有大量数据和计算公式时筛选数据

如果工作表中有大量计算公式，在这样的表格中进行筛选，速度是比较慢的。另外，如果表格非常庞大，有上万行甚至数十万行，筛选数据时就更卡顿。

究其原因，筛选是一个循环操作过程，会从数据区域第一行循环到最后一行，逐行判断是否满足筛选条件，是非常耗时的。

如果要从一个庞大的，并且有大量计算公式的表格中筛选满足条件的数据，就不建议使用自动筛选了，而是需要使用更高效的方法，例如使用 FILTER 函数、使用 Power Query 工具、使用 VBA 等。

5.1.6 ▶ 取消自动筛选

如果想取消自动筛选，再单击"筛选"命令按钮，标题单元格右侧的下拉箭头按钮就会消失。

如果又要建立自动筛选，则需要根据表格实际情况判断，是在数据区域直接单击"筛选"命令按钮，还是先选择标题行再单击"筛选"命令按钮，前者仅仅是一行标题，而后者主要是考虑多行标题。

✐ 本节知识回顾与测验

1. 建立自动筛选的基本方法是什么？要考虑哪些问题？
2. 为什么在有的表格里建立自动筛选，会有"(空白)"项目？
3. 对于有多行标题的表格，如何在指定的标题行建立自动筛选？
4. 为什么选择标题行建立自动筛选后，右侧没有数据的列也会出现筛选标记？
5. 如果数据区域存在很多空行，且不允许删除这些空行，那么如何对包含空行在内的整个数据区域建立自动筛选？

5.2 三类数据的筛选操作

不同类型数据的筛选有各自的特殊筛选方法。例如，日期数据的筛选项目较多，可以是具体的日期，也可以是某月、某周的数据；文本数据的筛选可以是精确值，也可以是关键词匹配的模糊值；数字筛选可以是精确值，也可以是大于多少、小于多少等的模糊值。下面将详细介绍这三类数据的筛选操作。

5.2.1 ▶ 日期数据筛选

日期是特殊的数据，含有丰富的日期信息，例如年、月、日、季度、星期、周等，因此在筛选日期数据时，也有很多的筛选内容。

案例 5-5

图 5-10 所示是对日期做筛选的菜单命令,可以做很多种类的筛选。

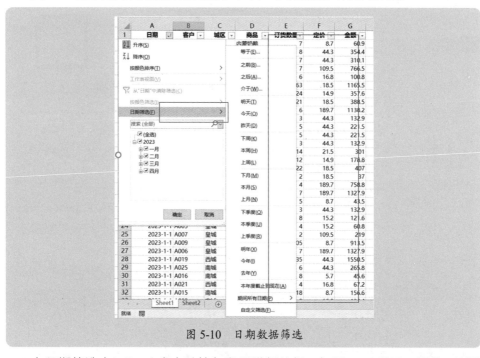

图 5-10　日期数据筛选

在日期筛选中,Excel 会自动按年和月进行分组,如图 5-11 所示。因此,当需要查看某年、某月的数据时,可以直接勾选该年或该月复选框,取消勾选其他年和其他月复选框即可。

图 5-11　自动按年和按月分组

日期筛选灵活多变,但操作起来并不难,需要多多练习。

5.2.2 文本数据筛选

前面说过，文本数据筛选可以是精确值，也可以是关键词匹配的模糊值，这样的筛选非常有用。

案例 5-6

例如，要将商品名称中所有含有"牛肉"的筛选出来，就在搜索框中输入"牛肉"，便立即出现所有含有"牛肉"的商品名称，如图 5-12 所示。

如果想要进一步缩小搜索范围，例如以什么开头、以什么结尾等，就展开文本筛选菜单，选择相应的筛选方式，如图 5-13 所示，在打开的"自定义自动筛选方式"对话框中，输入关键词，如图 5-14 所示。

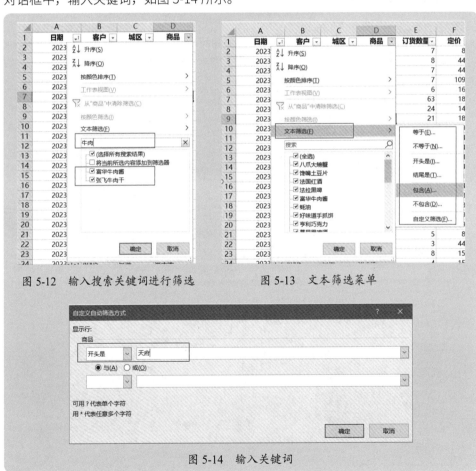

图 5-12　输入搜索关键词进行筛选　　　图 5-13　文本筛选菜单

图 5-14　输入关键词

5.2.3 数字筛选

数字筛选更加简单，一般是筛选大于多少、小于多少、在什么范围等，还可以筛选排名靠前或靠后的 N 个，平均值以上或平均值以下的等，如图 5-15 所示。

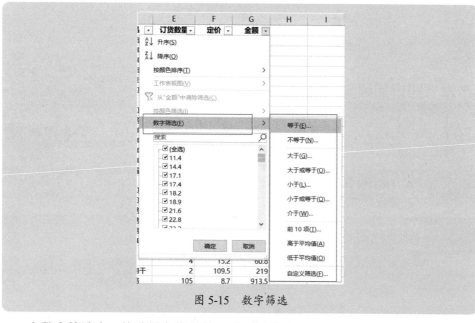

图 5-15 数字筛选

在数字筛选中，筛选排名靠前的 N 个（或排名靠后的 N 个）的数字更有意义，尤其是在数据透视表中，利用这个功能，可以快速将销售额排名前 10 的客户找出来。

执行数字筛选中的"前 10 项"命令，打开"自动筛选前 10 个"对话框，如图 5-16 所示，可以选择"最大"或"最小"，可以设置 N 个，也可以按照"项"或"百分比"筛选。

图 5-16 "自动筛选前 10 个"对话框

📊 **案例 5-7**

图 5-17 所示就是筛选出的销售额排名前 10 的订单。

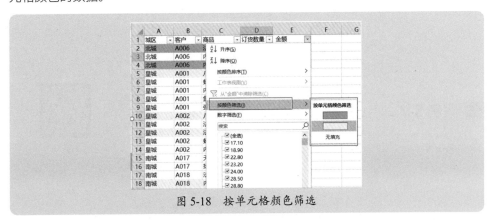

	A	B	C	D	E	F	G
1	日期	客户	城区	商品	订货数量	定价	金额
450	2023-1-8	A017	皇城	三顿半咖啡	400	44.3	17720
808	2023-1-15	A017	皇城	三顿半咖啡	400	44.3	17720
2110	2023-2-11	A024	皇城	三顿半咖啡	350	44.3	15505
2212	2023-2-12	A024	皇城	富华牛肉酱	300	75.5	22650
2387	2023-2-16	A017	皇城	八爪大螃蟹	120	189.7	22764
2823	2023-2-24	A017	皇城	八爪大螃蟹	175	189.7	33197.5
3095	2023-3-1	A017	皇城	八爪大螃蟹	200	189.7	37940
5085	2023-4-11	A017	皇城	八爪大螃蟹	140	189.7	26558
5356	2023-4-16	A005	皇城	蔬菜汤	1200	14.9	17880
5823	2023-4-25	A024	皇城	八爪大螃蟹	80	189.7	15176
5996							

图 5-17　销售额排名前 10 的订单

本节知识回顾与测验

　　1. 对于文本数据，如何快速筛选含有指定关键词的数据？请结合实际数据练习筛选。

　　2. 对于日期数据，如何快速筛选含有指定时间段的数据？如何快速筛选含有某年某月的数据？请结合实际数据练习筛选。

　　3. 对于数字，如何筛选排名前 10 的数据？如何筛选出所有在平均值以上的数据？请结合实际数据练习筛选。

5.3 按颜色筛选

　　如果为单元格设置了颜色格式，不论这些格式是常规格式，还是条件格式，都可以对颜色、字体进行筛选等，操作也很简单。

　　不过，通过自定义数字格式设置的字体颜色是不能按照颜色来筛选的。

5.3.1 按单元格颜色筛选

案例 5-8

　　例如，图 5-18 所示的表格数据已经设置了单元格颜色，那么就可以筛选某个单元格颜色的数据。

图 5-18　按单元格颜色筛选

5.3.2 按字体颜色筛选

案例 5-9

例如，图 5-19 所示的表格数据已经设置了字体颜色，那么就可以筛选某个字体颜色的数据。

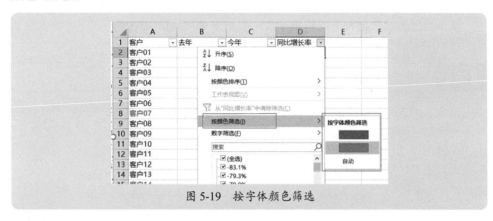

图 5-19　按字体颜色筛选

5.3.3 单元格颜色和字体颜色都存在情况下的筛选

案例 5-10

如果同时设置了单元格颜色和字体颜色，在筛选时，只能选择一种颜色来筛选，不能同时选择单元格颜色和字体颜色筛选，这点要特别注意，如图 5-20 所示。

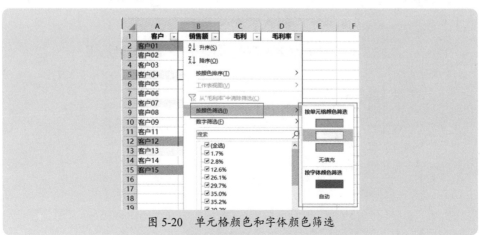

图 5-20　单元格颜色和字体颜色筛选

✎ **本节知识回顾与测验**

1. 如何按单元格颜色和字体颜色进行筛选？
2. 通过自定义数字格式设置的字体颜色，可以按颜色筛选吗？

5.4 自定义筛选

前面介绍的是数据筛选的常见操作，也就是使用筛选菜单里的固定功能进行筛选。也可以根据实际需要，做自定义筛选，或者做多条件筛选。

5.4.1 自定义筛选的运用

每个字段的筛选菜单最底部都有一个"自定义筛选"命令，执行此命令，
打开"自定义自动筛选方式"对话框，如图 5-21 所示。

在这个对话框中，可以做两个条件组合下的筛选，这两个条件要么是与条件（选择"与"选项），要么是或条件（选择"或"选项）。

图 5-21 "自定义自动筛选方式"对话框

在每个条件中，可以选择条件类别，包括下面几个选项：等于、不等于、大于、大于或等于、小于、小于或等于等，如图 5-22 所示。

图 5-22 条件类别

例如，在"案例 5-5.xlsx"的订单数据中，在商品中筛选出所有包含"奶贝"和"奶酪"的订单，就设置图 5-23 所示的自定义筛选条件。

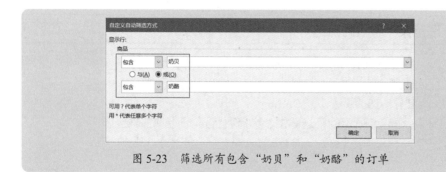

图 5-23　筛选所有包含"奶贝"和"奶酪"的订单

5.4.2 ▶ 在同一列中做多个项目筛选

前面介绍的是在同一列中，筛选一个指定的项目。其实，也可以选择筛选多个项目，展开筛选下拉列表，勾选某些项目即可，如图 5-24 所示。请使用"案例 5-5.xlsx"的数据进行练习。

图 5-24　在同一个字段中，选择多个项目

在同一列进行筛选，其实质是这列的"或"条件，也就是说，筛选结果是该列中所选择的这些项目数据。

如果要恢复默认的所有项目的选择，就选择列表顶部的"(全选)"。

5.4.3 ▶ 在不同列中做多次筛选

前面介绍的都是在指定的某列中进行筛选。实际数据处理中，需要在某几个列中进行多次筛选，这种筛选操作很简单，在每个指定的列进行筛选即可。

在不同列中进行筛选，其实质是这些列的"与"条件，也就是说，筛选的结果是这些列的条件都必须满足的数据。

请使用"案例 5-5.xlsx"的数据进行练习。

5.4.4 清除某个字段的筛选

当在某列进行筛选后，想取消该列的筛选，有以下两种方法。

方法 1：单击筛选下拉箭头按钮，展开下拉列表，执行"从 ** 中清除筛选"命令，如图 5-25 所示。

方法 2：在图 5-25 所示的筛选器中，选择项目列表顶部的"（全选）"选项。

图 5-25　清除某个新字段的筛选

✎ 本节知识回顾与测验

1. 如何在某列筛选出包含关键词"A"同时也包含关键词"B"的数据？

2. 如何取消某列的筛选，恢复该列的全部数据？

3. 假如有一个销售表，现在要求把销售额大于 10 万、毛利大于 3 万、毛利率大于 30% 的数据筛选出来，应该如何操作？

5.5　高级筛选

自动筛选可以在某列勾选项目以实现"或"条件的筛选，或者在多列进行多次筛选来实现"与"条件的筛选，如果这样的"与"条件和"或"条件很多，那么手动选择筛选就很麻烦了。此时，可以使用高级筛选。

5.5.1 高级筛选：设计筛选条件区域

高级筛选，就是先设计一个条件区域，然后根据这个条件区域里的条件组合，对数据进行筛选，得到满足指定条件的结果。

这里，条件区域的设置至关重要。不同列的条件是"与"条件，同一列的条件是"或"条件，这样，便可以任意组合条件。

图 5-26 所示的是 3 个条件组合的"与"条件，筛选出部门是财务部、学历是本科、年龄为 30 ～ 40 岁的员工。

	A	B	C	D	E
1					
2					
3		部门	学历	年龄	年龄
4		财务部	本科	>=30	<=40
5					

图 5-26　3 个条件组合的"与"条件：同一行的条件是"与"条件

图 5-27 所示的是 3 个条件组合的"或"条件，筛选出学历是博士、硕士和本科的员工。

	A	B	C
1			
2			
3		学历	
4		博士	
5		硕士	
6		本科	
7			

图 5-27　3 个条件组合的"或"条件：不同行的条件是"或"条件

图 5-28 所示的条件是筛选财务部学历为本科且年龄为 30 ～ 40 岁，以及销售部学历为本科且年龄为 20 ～ 45 岁的员工。

	A	B	C	D	E
1					
2					
3		部门	学历	年龄	年龄
4		财务部	本科	>=30	<=40
5		销售部	本科	>=20	<=45

图 5-28　更多条件："与"条件和"或"条件组合示例 1

图 5-29 所示的条件是筛选财务部学历为本科和硕士且年龄为 30 ～ 40 岁，以及销售部学历为本科和硕士且年龄为 20 ～ 45 岁的员工。

	A	B	C	D	E	F
1						
2						
3		部门	学历	年龄	年龄	
4		财务部	本科	>=30	<=40	
5		财务部	硕士	>=30	<=40	
6		销售部	本科	>=20	<=45	
7		销售部	硕士	>=20	<=45	
8						

图 5-29　更多条件："与"条件和"或"条件组合示例 2

图 5-30 所示的条件是筛选学历是硕士（对硕士学历，没有年龄限制）的全部员工，以及其他学历的年龄在 50 岁以上的员工。

	A	B	C	D
1				
2				
3		学历	年龄	
4		硕士		
5			>=50	
6				

图 5-30　两列的"与"条件和"或"条件组合

图 5-31 所示的条件是筛选后勤部年龄在 40 岁以上的男性员工，以及财务部年龄在 40 岁以上的女性员工。

	A	B	C	D	E	F
1						
2						
3		部门	性别	性别	年龄	
4		后勤部	男		>=40	
5		财务部		女	>=40	
6						

图 5-31 多列的"与"条件和"或"条件组合

设置条件区域时，要注意以下几个基本规则。

● 条件区域中，第一行必须是数据表格的标题名称；
● 条件区域中，同一行的各列条件是"与"条件；
● 条件区域中，同一列的各行条件是"或"条件；
● 条件区域中，不同行、不同列的条件，是更复杂的"与"条件与"或"条件的组合；
● 条件区域中，如果某个条件值单元格是空，表示不设任何条件。

5.5.2 高级筛选：基本操作方法

介绍了高级筛选中条件区域的逻辑结构及设计方法后，下面介绍一个高级筛选的综合应用案例，详细介绍高级筛选的具体操作方法和技能技巧。

 案例 5-11

图 5-32 所示是一个员工信息表，现在要求做以下筛选：

● 部门：财务部、销售部和技术部；
● 学历：硕士和本科；
● 工龄：10 年及以上（技术部硕士不限工龄，但技术部本科需要 10 年及以上工龄）；
● 基本薪资：1 万元以下。

	A	B	C	D	E	F	G	H	I	J	K
1	工号	姓名	部门	职务	学历	性别	出生日期	年龄	入职时间	工龄	基本薪资
2	G0001	A0062	后勤部	主管	本科	男	1969-12-15	53	1992-11-15	30	7300
3	G0002	A0081	生产部	经理	本科	男	1977-1-9	46	1999-10-16	23	10300
4	G0003	A0002	总经办	职员	硕士	男	1979-6-11	43	2005-1-8	18	5700
5	G0004	A0001	技术部	职员	博士	女	1970-10-6	52	1999-4-8	23	18200
6	G0005	A0016	财务部	经理	本科	男	1985-10-5	37	2012-4-28	10	6700
7	G0006	A0015	财务部	主管	本科	男	1976-11-8	46	2009-10-18	13	6100
8	G0007	A0052	销售部	主管	硕士	男	1980-8-25	42	2003-8-25	19	11700
9	G0008	A0018	财务部	职员	本科	女	1973-2-9	50	1995-7-21	27	8800
10	G0009	A0076	市场部	经理	大专	男	1979-6-22	43	1999-7-1	23	6000
11	G0010	A0041	生产部	职员	本科	女	1988-10-10	34	2018-7-19	4	6100
12	G0011	A0077	市场部	职员	本科	女	1981-9-13	41	2014-9-1	8	9700
13	G0012	A0073	市场部	经理	本科	男	1968-3-11	54	1997-8-26	25	7600
14	G0013	A0074	市场部	副经理	本科	男	1968-3-8	54	1997-10-28	25	10800
15	G0014	A0017	财务部	总监	本科	女	1970-10-6	52	1999-12-27	23	6400
16	G0015	A0057	信息部	总监	本科	男	1966-7-16	56	1999-12-20	23	6400
17	G0016	A0065	市场部	副总监	本科	男	1975-4-17	47	2000-7-1	22	14300
18	G0017	A0044	销售部	副经理	本科	男	1974-10-25	48	2000-10-15	22	6500
19	G0018	A0079	市场部	经理	高中	男	1973-6-6	49	2000-10-29	22	4000

基本信息 (+)

图 5-32 员工信息表

步骤1 根据筛选条件要求，设计图 5-33 所示的条件区域。

	N	O	P	Q	R	S
1						
2		条件区域				
3						
4		部门	学历	工龄	基本薪资	
5		财务部	硕士	>=10	<10000	
6		财务部	本科	>=10	<10000	
7		销售部	硕士	>=10	<10000	
8		销售部	本科	>=10	<10000	
9		技术部	硕士		<10000	
10		技术部	本科	>=10	<10000	

图 5-33 设计条件区域

步骤2 单击数据区域的任一单元格，然后在"数据"选项卡中单击"高级"命令按钮，如图 5-34 所示。

步骤3 打开"高级筛选"对话框，在"列表区域"中选择要筛选的原始数据区域（默认情况下，会自动选择），在"条件区域"中选择设置好的条件区域（注意要包含条件区域的标题），如图 5-35 所示。

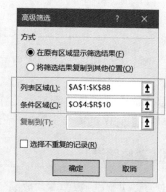

图 5-34 单击"高级"命令按钮　　　图 5-35 设置高级筛选区域

步骤4 单击"确定"按钮，得到筛选结果，如图 5-36 所示。

	A	B	C	D	E	F	G	H	I	J	K
1	工号	姓名	部门	职务	学历	性别	出生日期	年龄	入职时间	工龄	基本薪资
6	G0005	A0016	财务部	经理	本科	男	1985-10-5	37	2012-4-28	10	6700
7	G0006	A0015	财务部	主管	本科	男	1976-11-8	46	2009-10-18	13	6100
9	G0008	A0018	财务部	职员	本科	男	1973-2-9	50	1995-7-21	27	8800
15	G0014	A0017	财务部	总监	本科	女	1970-10-6	52	1999-12-27	23	6400
18	G0017	A0044	销售部	副经理	本科	男	1974-10-25	48	2000-10-15	22	6500
22	G0021	A0025	技术部	副总监	硕士	男	1973-7-21	49	2013-12-11	9	6300
24	G0023	A0051	销售部	总监	本科	男	1977-12-23	45	2002-7-6	20	7600
57	G0056	A0013	技术部	副经理	本科	男	1982-1-4	41	2008-10-12	14	4900
58	G0057	A0055	技术部	副总监	本科	男	1982-10-13	40	2008-12-19	14	9200
64	G0063	A0014	财务部	总监	硕士	女	1989-3-21	33	2010-12-21	12	5700
67	G0066	A0027	技术部	副总监	本科	男	1988-6-16	34	2011-8-16	11	7600
69	G0068	A0008	技术部	经理	本科	男	1985-4-17	37	2012-4-19	10	9400
73	G0072	A0084	财务部	职员	本科	男	1987-1-8	36	2012-10-19	10	8300
74	G0073	A0024	技术部	副经理	本科	女	1987-9-14	35	2012-11-15	10	6700
85	G0084	A0020	技术部	经理	硕士	男	1989-12-27	33	2016-1-15	7	8800

图 5-36 筛选结果

注意，高级筛选数据后，表格的标题单元格不会出现自动筛选的下拉箭头按钮。

第 5 章　数据筛选实用技能与技巧

5.5.3 高级筛选：将筛选结果显示到其他位置

在"高级筛选"对话框中，默认情况下，是在数据区域中显示筛选结果，如果要想将筛选结果复制到其他位置，就需要选择"将筛选结果复制到其他位置"选项，并指定要复制到的位置，如图 5-37 所示，就将筛选结果复制到了指定位置。

图 5-37　指定筛选结果复制位置

注意，这里的复制到指定位置，只能是当前活动工作表，不能是其他非活动工作表。

如果需要将筛选结果复制到其他工作表，可以先将筛选结果复制到本工作表的空白位置（参见图 5-37 的操作设置），筛选出数据后，再复制粘贴到其他工作表。

5.5.4 清除高级筛选

如果要取消高级筛选，需要在"数据"选项卡中单击"清除"命令按钮，如图 5-38 所示。

图 5-38　单击"清除"命令按钮

✏️ **本节知识回顾与测验**

1. 在高级筛选中，如何根据需求设计条件区域？

2. 在条件区域中，同列是什么条件？不同列是什么条件？

3. 高级筛选的具体操作步骤是什么？请结合实际数据，练习高级筛选。

4. 如何将高级筛选出来的数据，显示到其他区域，而不是在当前数据区域中显示？

5.6 筛选的其他操作

筛选是很简单，也是很频繁的数据处理操作。前面介绍了数据筛选的常用技能与技巧，下面介绍几个数据筛选的其他操作技能。

5.6.1 复制筛选结果

不论是自动筛选，还是高级筛选，当筛选出结果后，如果要将筛选结果复制到其他工作表中，最好采用以下的方法。

步骤1 选择筛选结果区域。

步骤2 按 Alt+;（分号）键，或者打开"定位条件"对话框，选择"可见单元格"选项，如图 5-39 所示。

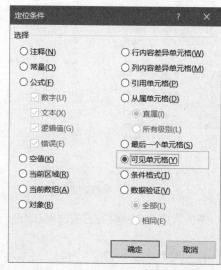

图 5-39　选择"可见单元格"选项

步骤3 按 Ctrl+C 快捷键。

步骤4 切换到要保存结果的工作表，选择指定保存位置，按 Ctrl+V 快捷键。

这个方法并不是万无一失的，因为在低版本 Excel 中，如果选择筛选结果后直接按 Ctrl+C 快捷键和 Ctrl+V 快捷键，有可能复制的是所有数据。不过，在高版本 Excel 中，一般不会出现这样的问题，可以直接按 Ctrl+C 快捷键和 Ctrl+V 快捷键。

5.6.2 清除所有筛选

如果对几列做了筛选操作，要将这些列的筛选全部取消，可以单击图 5-38 所示的"清除"命令按钮，就会清除所有列的自动筛选和高级筛选。

5.6.3 编辑筛选出来的数据和公式

当筛选出来数据后，可以对这些筛选出来的数据进行统一的编辑，包括修改数据、修改公式等。下面举例说明。

案例 5-12

图 5-40 所示是一个销售流水，现在要将客户 02 和客户 05 的产品 01 和产品 02 单价都下调 8%，那么怎么快速处理？

	A	B	C	D	E	F
1	日期	客户	产品	单价	销量	销售额
2	2024-1-9	客户06	产品02	123	915	112,545
3	2024-1-10	客户07	产品04	38	1020	38,760
4	2024-1-20	客户03	产品01	23	157	3,611
5	2024-1-27	客户08	产品02	123	912	112,176
6	2024-2-6	客户02	产品04	38	686	26,068
7	2024-2-7	客户10	产品04	38	660	25,080
8	2024-2-7	客户04	产品04	38	1063	40,394
9	2024-2-9	客户07	产品02	123	1145	140,835
10	2024-2-10	客户08	产品03	87	1196	104,052
11	2024-2-12	客户05	产品02	123	369	45,387
12	2024-2-17	客户01	产品05	221	799	176,579
13	2024-2-23	客户05	产品02	123	524	64,452
14	2024-2-26	客户10	产品03	87	1002	87,174
15	2024-3-7	客户02	产品01	23	170	3,910
16	2024-3-8	客户03	产品06	90	154	13,860
17	2024-3-12	客户03	产品05	221	497	109,837

Sheet1 Sheet2 ⊕

图 5-40 示例数据

步骤1 建立自动筛选，分别筛选客户 02 和客户 05 的产品 01 和产品 02，如图 5-41 所示。

	A	B	C	D	E	F
1	日期	客户	产品	单价	销量	销售额
11	2024-2-12	客户05	产品02	123	369	45,387
13	2024-2-23	客户05	产品02	123	524	64,452
15	2024-3-7	客户02	产品01	23	170	3,910
25	2024-4-7	客户05	产品01	23	1177	27,071
33						

图 5-41 筛选数据

步骤2 在工作表某个空白单元格中输入 0.92（单价下调 8%，实际上就是折扣为 0.92），按 Ctrl+C 快捷键。

步骤3 选择 D 列的可见单元格区域（参见图 5-39 的方法）。

步骤4 打开"选择性粘贴"对话框，选择"数值"和"乘"选项，如图 5-42 所示，对单价进行统一修改。

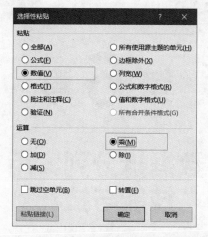

图 5-42　选择"数值"和"乘"选项

这样，就对客户 02 和客户 05 的产品 01 和产品 02 的价格进行了统一修改。将客户的筛选取消，可以看到，修改是正确的，如图 5-43 所示。

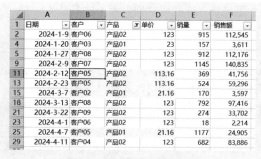

	A	B	C	D	E	F
1	日期	客户	产品	单价	销量	销售额
2	2024-1-9	客户06	产品02	123	915	112,545
4	2024-1-20	客户03	产品01	23	157	3,611
5	2024-1-27	客户08	产品02	123	912	112,176
9	2024-2-9	客户07	产品02	123	1145	140,835
11	2024-2-12	客户05	产品02	113.16	369	41,756
13	2024-2-23	客户05	产品02	113.16	524	59,296
15	2024-3-7	客户02	产品01	21.16	170	3,597
18	2024-3-13	客户08	产品02	123	792	97,416
21	2024-3-22	客户09	产品02	123	274	33,702
23	2024-4-1	客户06	产品02	123	18	2,214
25	2024-4-7	客户05	产品01	21.16	1177	24,905
29	2024-4-11	客户04	产品02	123	682	83,886

图 5-43　查看验证修改结果

本节知识回顾与测验

1. 如何快速准确地将筛选出来的数据复制到其他工作表？

2. 如何清除所有列的筛选，但仍保留筛选状态？

3. 如何统一修改筛选出来的数据？

第6章

数据拆分列实用
技能与技巧

　　在很多情况下，从系统导出的数据表，可能会出现不同类型
数据保存在同一列的现象。这种情况下，是无法进行数据分析的。
要想进行数据分析，需要将这列数据，依据具体情况，分成几列
保存，这就是数据分列问题。

　　数据分列有很多方法，例如使用快速填充、分列工具、函数、
Power Query 工具等，具体使用什么方法，需要根据实际表格来
选择，甚至同一个分列问题可以有多种解决方法。本章介绍实际
数据分列中常用工具的使用技能技巧，以及实际应用案例。

6.1 使用 Excel 快速填充工具拆分列

对于高版本 Excel，在"数据"选项卡中，有一个快速填充工具，如图 6-1 所示，其对应的快捷键是 Ctrl+E。利用这个工具，可以快速分列填充数据。不过，使用这个工具来分列填充数据，需要数据有明显的可以让 Excel 辨识出来的逻辑和规律。

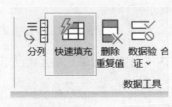

图 6-1 "快速填充"命令按钮

6.1.1 明显规律情况下的快速填充

如果数据规律很明显，那么使用快速填充工具就可以快速完成数据的拆分操作。下面举例说明这个工具的使用方法。

📈 **案例 6-1**

例如，对于图 6-2 所示的数据，科目字符的左侧是以数字表示的科目编码，科目字符的右侧是以汉字表示的科目名称（汉字之间的横杠是全角），使用快速填充工具将科目编码和科目名称拆分列保存的方法和步骤如下。

	A	B	C
1	科目	科目编码?	科目名称?
2	1001现金		
3	1002银行存款		
4	100201银行存款—招行		
5	100202银行存款—工行		
6	217101应交增值税		
7	21710102应交增值税—销项税额		
8	21710104应交增值税—转出未交增值税		
9	21710105应交增值税—减免税款		
10	21710107应交增值税—进项税额转出		
11	21710108应交增值税—转出多交增值税		

图 6-2 示例数据

步骤1 在 B2 单元格手动输入（复制即可）科目编码（注意要以文本格式输入，因为科目编码是文本型数字），如图 6-3 所示。

图 6-3 在 B2 单元格输入科目编码

步骤2 选择包含 B2 单元格在内的要填充的单元格区域，如图 6-4 所示。

图 6-4 选择包括 B2 单元格在内的要填充的单元格区域

步骤3 按 Ctrl+E 快捷键，在"数据"选项卡中单击"快速填充"命令按钮，就可以快速得到图 6-5 所示的科目编码。

图 6-5 分列填充的科目编码

步骤4 科目名称也依此方法来快速填充。

6.1.2 存在特殊数据情况下的快速填充

如果某些单元格数据的规律不可识别，或者数据格式比较特殊，那么使用快速填充工具后，某些单元格就会得到错误结果。

案例 6-2

例如，对于图 6-6 所示的数据，使用快速填充工具进行分列，材料编码的某几个单元格数据就是错误的，但材料名称是正确的。

	A	B	C
1	物料编码名称	材料编码	材料名称
2	6.02.9.9.9.049不锈钢弯头卡	6.02.9.9.9.049	不锈钢弯头卡
3	6.02.9.9.08.053高级防水涂料贴膜	6.02.9.9.08.053	及防水涂料贴膜
4	6.02.02.02.09.008聚酯薄膜	6.02.02.02.09.008	聚酯薄膜
5	6.11.02.9.014一级黄沙	6.11.02.9	一级黄沙
6	6.11.02.9.92太行牌速干水泥	6.11.02.9	太行牌速干水泥
7	6.11.04.9.9.013防冻速干剂	6.11.04.9.9.013	防冻速干剂
8	6.04.11.112山水风选机制砂粗砂	6.04.11.112	山水风选机制砂粗砂
9	6.05.111高效防冻泵送剂	6.05	高效防冻泵送剂
10	6.05.046.117粉煤灰	6.05.046.117	粉煤灰
11	6.05.049聚羧酸构件专用	6.05	聚羧酸构件专用

图 6-6　某些单元格数据是错误的

本节知识回顾与测验

1. 快速填充的快捷键是什么？

2. 什么情况下，可以使用快速填充工具来拆分列？

3. 请使用快速填充工具，将下图的 A 列数据拆分成产品名称和规格两列。这种拆分会出现什么问题？

	A	B	C
1	产品名称及规格	产品名称	规格
2	圆钢50mm		
3	方钢10mm*2000mm		
4	加厚胶版原纸15000mm*8mm*400mm		
5	拉伸器控制阀AH-200		

6.2　使用 Excel 分列工具拆分列

当需要将某列数据拆分成数列，并且各列数据之间有明显的分隔规律（例如分隔符号、长度固定等），此时，可以使用 Excel 的分列工具快速完成拆分列工作。

Excel 的分列工具在"数据"选项卡中，如图 6-7 所示。单击"分列"命令按钮，打开文本分列向导对话框，然后按照向导操作，即可快速将一列数据拆分成 N 列。

图 6-7　"分列"命令按钮

6.2.1 根据单个分隔符进行分列

如果数据之间有特定的分隔符，例如空格、竖线、逗号、分号、横杠、斜杠，甚至一个特殊符号或汉字，那么就可以使用分列工具来快速分列。

📈 **案例 6-3**

图 6-8 所示是一个示例，数据之间是用斜杠"/"分隔的，现在需要将它们分成几列保存，同时也要将八位数字日期转换为真正的日期。下面是主要步骤。

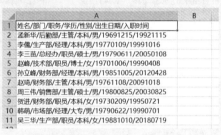

图 6-8　数据用斜杠"/"分隔

步骤1 选择 A 列（因为全部数据保存在 A 列）。

步骤2 在"数据"选项卡中单击"分列"命令按钮，打开"文本分列向导—第 1 步，共 3 步"对话框，选择"分隔符号"选项，如图 6-9 所示。

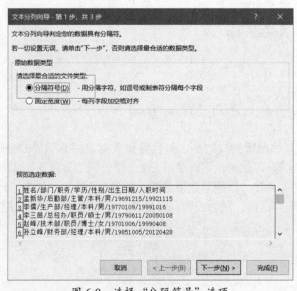

图 6-9　选择"分隔符号"选项

步骤3 单击"下一步"按钮，打开"文本分列向导—第 2 步，共 3 步"对话框。

在这个对话框中，要根据实际情况来选择或输入分隔符号，可以多个分隔符号并存。

本案例中，数据是用斜杠"/"分隔的，因此在"其他"输入框中输入斜杠"/"，如图 6-10 所示，可以在数据预览中看到各列数据已经被分割开来。

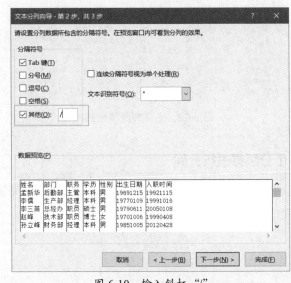

图 6-10　输入斜杠"/"

步骤4 单击"下一步"按钮，打开"文本分列向导—第 3 步，共 3 步"对话框，这一步主要是根据实际情况，设置列数据格式，也就是改变数据的类型属性。

在本案例中，出生日期和入职时间是 8 位数字的日期，并不是真正的日期，需要变成能够计算的数值型日期。因此，分别选择这两列日期，再选择"日期"选项，就将日期格式进行了转换，如图 6-11 所示。

图 6-11　转换日期格式

步骤5 单击"完成"按钮，就得到了各列依次保存的规范表单，如图 6-12 所示。

	A	B	C	D	E	F	G
1	姓名	部门	职务	学历	性别	出生日期	入职时间
2	孟新华	后勤部	主管	本科	男	1969-12-15	1992-11-15
3	李儒	生产部	经理	本科	男	1977-1-9	1999-10-16
4	李三苗	总经办	职员	硕士	男	1979-6-11	2005-1-8
5	赵峰	技术部	职员	博士	女	1970-10-6	1999-4-8
6	孙立峰	财务部	经理	本科	男	1985-10-5	2012-4-28
7	赵琦	财务部	主管	本科	男	1976-11-8	2009-10-18
8	周三伟	销售部	主管	硕士	男	1980-8-25	2003-8-25
9	贺进	财务部	职员	本科	女	1973-2-9	1995-7-21
10	韩萌	市场部	经理	大专	男	1979-6-22	1999-7-1
11	吴三华	生产部	职员	本科	女	1988-10-10	2018-7-19

图 6-12　完成的数据分列

6.2.2 根据多个分隔符进行分列

在"文中分列向导—第 2 步，共 3 步"对话框中，可以指定多个不同分隔符号进行拆分，下面举例说明。

案例 6-4

图 6-13 所示是另一个示例，要求把科目编码、科目名称分开，它们之间的分隔符号不同（空格和斜杠）。下面是主要步骤。

	A	B
1	摘要	
2	科目 1001/现金	
3	科目 1002/银行存款	
4	科目 100201/银行存款-工行	
5	科目 100202/银行存款-招行	
6	科目 5602/管理费用	
7	科目 5602001/管理费用-工资	
8	科目 5602002/管理费用-业务招待费	
9	科目 5602003/管理费用-办公费	
10		

图 6-13　示例数据

步骤1 选择 A 列，在"文本分列向导—第 1 步，共 3 步"对话框中选择"分隔符号"选项，在"文本分列向导—第 2 步，共 3 步"对话框中同时选择空格及输入斜杠"/"，如图 6-14 所示。

步骤2 在"文本分列向导—第 3 步，共 3 步"对话框中，选择第二列的科目编码，将其设置为"文本"，如图 6-15 所示。这样就得到了图 6-16 所示的结果。

步骤3 将 A 列删除，输入标题，就是需要的结果了，如图 6-17 所示。

图 6-14　选择"空格"，输入斜杠"/"

图 6-15　设置科目编码格式

	A	B	C
1	摘要		
2	科目	'1001	现金
3	科目	'1002	银行存款
4	科目	'100201	银行存款-工行
5	科目	'100202	银行存款-招行
6	科目	'5602	管理费用
7	科目	'5602001	管理费用-工资
8	科目	'5602002	管理费用-业务招待费
9	科目	'5602003	管理费用-办公费
10			

图 6-16　初步分列结果

	A	B	C
1	科目编码	科目名称	
2	'1001	现金	
3	'1002	银行存款	
4	'100201	银行存款-工行	
5	'100202	银行存款-招行	
6	'5602	管理费用	
7	'5602001	管理费用-工资	
8	'5602002	管理费用-业务招待费	
9	'5602003	管理费用-办公费	
10			

图 6-17　删除第一列，整理表格

6.2.3 根据固定宽度进行分列

某些情况下，数据的宽度相对固定，但是数据结构可能比较复杂，此时，可以使用固定宽度进行分列。

案例 6-5

图 6-18 所示是一个简单的示例，邮编和地址保存在一个单元格，但邮编是固定的 6 位数，因此可以使用固定宽度来分列（当然也可以使用 LEFT 函数、MID 函数、RIGHT 函数进行分列）。

	A
1	地址
2	100083北京市海淀区学院路
3	055150河北省邢台市信都区龙岗路
4	100711北京市东城区东四西大街
5	200070上海市闸北区
6	215103江苏省苏州市吴中区横泾镇木东路
7	215132江苏省苏州市相城区黄桥街道

图 6-18　邮编和地址

步骤1 选择 A 列，在"文本分列向导—第 1 步，共 3 步"对话框中，选择"固定宽度"选项，如图 6-19 所示。

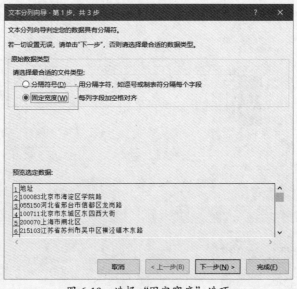

图 6-19　选择"固定宽度"选项

步骤2 单击"下一步"按钮，在"文本分列向导—第 2 步，共 3 步"对话框中，在标尺处单击要分列的位置，插入分列线，如图 6-20 所示。

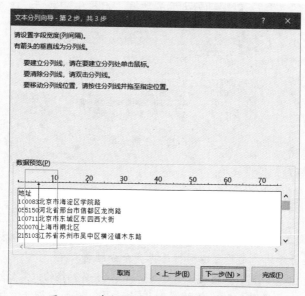

图 6-20　单击要分列的位置，插入分列线

对话框上有三段说明文字，说明如何设置分列线，这三句话很重要。

- 要建立分列线，请在要建立分列线处单击。
- 要清除分列线，请双击分列线。
- 要移动分列线位置，请拖动分列线至指定位置。

步骤3 单击"下一步"按钮，在"文本分列向导—第 3 步，共 3 步"对话框中，选择第 1 列邮编，将数据格式设置为"文本"，如图 6-21 所示。

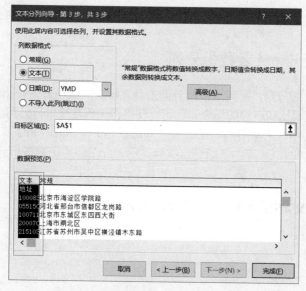

图 6-21　将邮编数据格式设置为"文本"

步骤4 单击"确定"按钮，就得到分列后的数据，如图 6-22 所示。

	A	B
1	地址	
2	100083	北京市海淀区学院路
3	055150	河北省邢台市信都区龙岗路
4	100711	北京市东城区东四西大街
5	200070	上海市闸北区
6	215103	江苏省苏州市吴中区横泾镇木东路
7	215132	江苏省苏州市相城区黄桥街道
8		

图 6-22　分列结果

步骤5 修改表格标题，整理表格。

本节知识回顾与测验

1. Excel 分列工具主要用来将一列数据拆分成数列，有几种拆分方法？

2. 利用分隔符分列，是否可以同时选择多个分隔符？

3. 利用固定宽度分列时，如何插入分列线？如何调整分列线的位置？如何删除分列线？

4. 如何在分列数据时，对数据的类型进行设置，例如，将纯数字转换为文本型数字，将文本型日期转换为数值型日期？

5. 请使用分列工具，将下图 A 列的数据拆分成姓名和项目两列。

	A	B	C	D
1	摘要		姓名	项目
2	张三报差旅费		张三	差旅费
3	孟新华报业务招待费		孟新华	业务招待费
4	刘欣欣报医疗费		刘欣欣	医疗费
5	欧阳雨欣报交通费		欧阳雨欣	交通费
6	孙晓晓报网络费		孙晓晓	网络费
7				

6.3　使用 Excel 函数拆分列

大部分的数据分列，都可以使用分列工具来解决，但也有一些比较复杂的情况，或者使用分列工具比较麻烦的场合，则可以使用相关函数来进行分列。

在数据分列中，常常使用的函数有文本函数 LEFT、MID、RIGHT、FIND 等，查找函数 MATCH、INDEX 等。下面结合实际案例，介绍使用函数进行分列的基本方法和实用技巧。

6.3.1　使用文本函数进行分列的基本方法

案例 6-6

例如，在"案例 6-5.xlsx"中，可以使用 LEFT 函数和 MID 函数进行分列，因为邮编是固定的 6 位数字，因此，分列公式如下，结果如图 6-23 所示。

邮编公式：

```
=LEFT(A2,6)
```

地址公式：

```
=MID(A2,7,100)
```

关于 LEFT 函数和 MID 函数的使用方法和技巧，将在本书后面的有关章节进行详细介绍。

在 MID 函数公式中，把字符个数设置为 100，一般地址字符不会超过 100 个，这么做是为了简化公式。

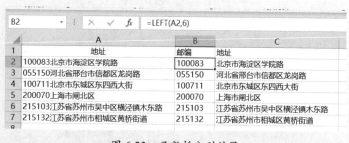

图 6-23　函数拆分列结果

6.3.2　拆分全角字符和半角字符

📈 案例 6-7

图 6-24 所示是一个示例，材料编码和材料名称保存在了一个单元格，但是材料编码长度不固定。此时，如何将材料编码和材料名称分成两列保存？

图 6-24　示例数据

在这个例子中，有一个明显的特征：材料编码是由数字和句点构成的文本，材料名称都是汉字。数字和句点都是半角字符，汉字是全角字符，每个半角字符是一个字节，每个全角字符是两个字节，这样，全角字符就比半角字符多了一个字节，根据这个规律，可以得出汉字个数的公式为：

汉字个数 = 字节数 - 字符数

计算字节数使用 LENB 函数，计算字符数使用 LEN 函数，因此，就可以使用下面的公式来提取字符了。

全角字符（材料名称）的个数：

汉字个数 = LENB - LEN

半角字符（材料编码）的个数：

半角字符个数 = 2*LEN - LENB

在本案例中，分列材料编码和材料名称的公式如下，分列结果如图 6-25 所示。

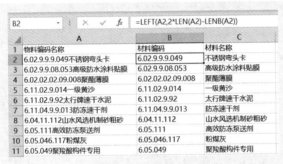

图 6-25　分列结果

单元格 B2，材料编码：

=LEFT(A2,2*LEN(A2)-LENB(A2))

单元格 C2，材料名称：

=RIGHT(A2,LENB(A2)-LEN(A2))

材料编码在左侧，所以用 LEFT 函数提取；材料名称在右侧，所以用 RIGHT 函数提取。

本节知识回顾与测验

1. 在拆分列时，常用的文本函数有哪些？如何使用？

2. 如果一列数据由字母和汉字组成，字母在左，汉字在右，如何将它们拆分成两列？

3. 如果使用函数将数据"100083 北京市海淀区"拆分成两列，可以使用什么函数？

4. 下图是发放说明，姓名和金额在同一列，如何把它们拆分成两列保存？

	A	B	C
1	发放说明	姓名?	金额?
2	韩梦华1200元		
3	刘欣欣800元		
4	孟辉5100元		
5	欧阳姗姗700元		

6.4 使用 Power Query 工具拆分列

对于一些复杂的数据分列问题，Excel 的常用工具（不论是分列工具还是函数）已无法高效解决，此时，可以使用 Power Query 工具。Power Query 工具不仅可以将一列数据拆分成几列，而且可以随时刷新拆分结果数据，不像 Excel 分列工具那样，数据拆分好后，如果源数据发生变化，又得重新拆分一遍。

实际上，几乎所有的拆分列问题，都可以使用 Power Query 工具来解决。下面结合实际案例，介绍使用 Power Query 工具拆分列的方法和技巧。

6.4.1 将一列拆分成多列保存（拆分列工具）

使用 Power Query 工具拆分列时，主要是使用 Power Query 的拆分列工具，根据具体数据特征，使用相关的拆分列命令。

案例 6-8

图 6-26 的左侧 A 列是品名和规格在一起的数据，现在要求把品名和规格拆分成两列保存，品名是汉字、括号及字母等组成的字符串，而规格则是以数字开头的字符串。

	A	B	C	D	E
1	品名规格		需要的结果→	品名	规格
2	华信牌富硒康口服液250ml*2瓶			华信牌富硒康口服液	250ml*2瓶
3	脑白金0.25g*20S+250ml*2瓶			脑白金	0.25g*20S+250ml*2瓶
4	养生堂牌天然维生素E软胶囊250mg*160S			养生堂牌天然维生素E软胶囊	250mg*160S
5	碧生源牌常润茶2.5g*20袋(加赠品5袋)			碧生源牌常润茶	2.5g*20袋(加赠品5袋)
6	养生堂牌天然维生素C咀嚼片0.85g*90T			养生堂牌天然维生素C咀嚼片	0.85g*90T
7	甘草片0.2g*100T			甘草片	0.2g*100T
8	新乐康片0.25g*12T*3板			新乐康片	0.25g*12T*3板
9	祛风止痒口服液120ml			祛风止痒口服液	120ml
10	丁桂儿脐贴1.6g*2贴			丁桂儿脐贴	1.6g*2贴
11	感冒灵颗粒10g*9袋			感冒灵颗粒	10g*9袋
12	板蓝根颗粒10g			板蓝根颗粒	10g
13	板蓝根颗粒10g*20小袋			板蓝根颗粒	10g*20小袋
14	川芎茶调颗粒(无蔗糖)4g*10袋(无蔗糖)			川芎茶调颗粒(无蔗糖)	4g*10袋(无蔗糖)
15	感冒退热颗粒18g*20袋			感冒退热颗粒	18g*20袋

图 6-26　拆分品名和规格

对于这个问题，使用 Excel 分列工具是无法解决的，如果使用函数，就需要构建很复杂的数组公式，这对大多数人来说是极其困难的。但是，如果使用 Power Query 工具，就不会这么麻烦，只需几步或使用几个简单的功能，就能迅速搞定。

使用 Power Query 工具进行分列的具体步骤如下，更加具体的操作过程请观看录制的视频。

步骤1 单击数据区域的任一单元格。

步骤2 在“数据”选项卡中单击“来自表格 / 区域”命令按钮，如图 6-27 所示。说明：有的版本里，这个命令按钮叫“自表格”。

步骤3 打开“创建表”对话框，如图 6-28 所示。

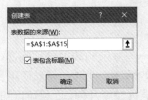

图 6-27　单击"来自表格/区域"命令按钮　　图 6-28　"创建表"对话框

步骤4 保持默认设置，单击"确定"按钮，打开 Power Query 编辑器，如图 6-29 所示。

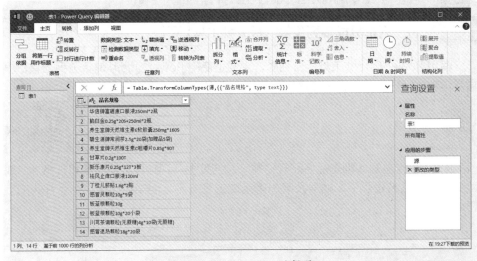

图 6-29　Power Query 编辑器

步骤5 选择 A 列数据，在"主页"或者"转换"选项卡中执行"拆分列"→"按照非数字到数字的转换"命令，如图 6-30 所示。

图 6-30　执行"按照非数字到数字的转换"命令

步骤6 执行该命令后，就将该列拆分成了图 6-31 所示的结果。

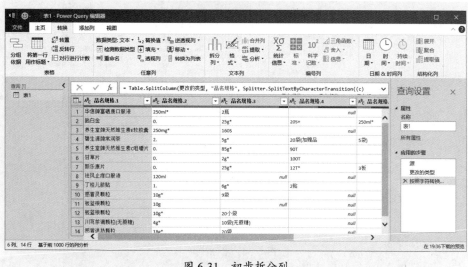

图 6-31　初步拆分列

步骤7 选择从第二列开始的所有列,在"转换"选项卡中执行"合并列"命令,如图 6-32 所示。该操作是要把被拆散的规格重新组合到一起。

图 6-32　执行"合并列"命令

步骤8 打开"合并列"对话框,分隔符选择"无",新列名保持默认,如图 6-33 所示。

图 6-33　分隔符选择"无"

步骤9 单击"确定"按钮,就得到合并后的列,也就是规格数据了,如图 6-34 所示。

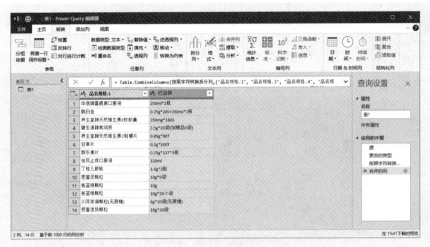

图 6-34　合并列

步骤10 将两列的列标题名称分别修改为"品名"和"规格",如图 6-35 所示。

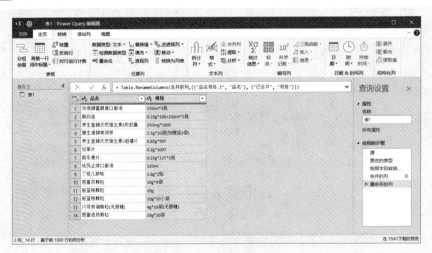

图 6-35　修改列标题名称

步骤11 执行"文件"→"关闭并上载"命令,如图 6-36 所示,将处理好的数据导入一个新工作表,如图 6-37 所示。

图 6-36　执行"关闭并上载"命令

图 6-37　导出处理结果

6.4.2 将一列拆分成多列保存（自定义列工具）

一般来说，在 Power Query 中直接使用拆分列命令就可以解决大部分问题，但也有一些特殊问题需要使用 M 函数添加自定义列来解决。M 函数就是 Power Query 的函数，很多 M 函数的用法与 Excel 函数一样。

以"案例 6-7.xlsx"的数据为例，使用 M 函数拆分列的步骤如下。

步骤1 单击数据区域的任一单元格，在"数据"选项卡中单击"来自表格 / 区域"命令按钮，打开 Power Query 编辑器后，在"添加列"选项卡中单击"自定义列"命令按钮，如图 6-38 所示。

图 6-38　单击"自定义列"命令按钮

步骤2 打开"自定义列"对话框，如图 6-39 所示，输入新列名"物料编码"，公式如下：

```
= Text.Select([ 物料编码名称 ],{"0".."9","."})
```

这里的 Text.Select 就是 M 函数，用于处理文本数据（Text），其功能是从文本字符串中提取指定的字符。由于物料编码是由数字和句点组成的，因此使用了一个字符数组 {"0".."9","."}，其中 "0".."9" 表示 0 至 9 这 10 个数字。

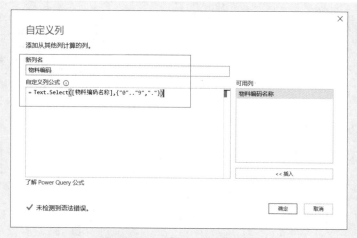

图 6-39　自定义列"物料编码"

步骤3 这样，就得到了物料编码列，如图 6-40 所示。

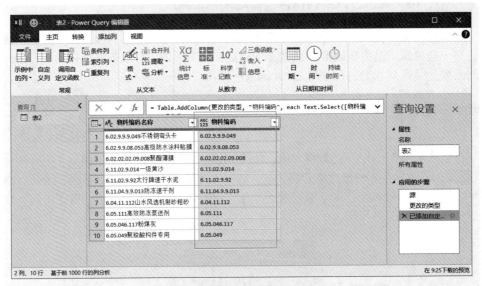

图 6-40　拆分出的物料编码

步骤4 采用相同的方法，再添加一个自定义列"物料名称"，如图 6-41 所示，公式如下：

```
= Text.Remove([物料编码名称],{"0".."9","."})
```

这里的 Text.Remove 也是 M 函数，其功能是从文本字符串中将指定的字符移除。这个公式就是将组成物料编码的数字和句点移除，剩下的就是物料名称了。

图 6-41　自定义列"物料名称"

步骤5 这样，就得到了物料名称，如图 6-42 所示。

图 6-42 拆分出的物料名称

步骤6 将拆分完成的表导出到 Excel 工作表中。

6.4.3 将一列拆分成多行保存

前面介绍的是利用 Power Query 工具对数据进行分列，并把分列的结果保存在每一列中。有时候，需要把分列后的结果保存到各行中，这时，使用 Power Query 工具无疑是最简单高效的。

📈 **案例 6-10**

图 6-43 所示是一个示例，要求把左侧的 2 列数据，整理成右侧的 3 列数据，也就是日期、车牌号和发货数量按行保存。具体操作步骤如下。

	A	B	C	D	E	F	G
1	日期	发货记录			日期	车牌号	发货数量
2	2024-2-27	京P-47589/30吨，京D-23AP0/12吨，京N-93856/18吨			2024-2-27	京P-47589	30吨
3	2024-2-28	京E-86411/15吨，京P-47589/5吨			2024-2-27	京D-23AP0	12吨
4	2024-2-29	京R-312S3/25吨			2024-2-27	京N-93856	18吨
5					2024-2-28	京E-86411	15吨
6					2024-2-28	京P-47589	5吨
7					2024-2-29	京R-312S3	25吨

图 6-43 示例数据及要求的结果

步骤1 单击数据区域的任一单元格，在"数据"选项卡中单击"来自表格/区域"命令按钮，打开 Power Query 编辑器，如图 6-44 所示。

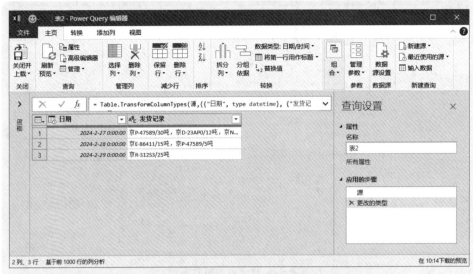

图 6-44 Power Query 编辑器

步骤2 单击第 1 列标题"日期"左侧的数据类型按钮，展开数据类型列表，选择"日期"选项，将第 1 列数据类型设置为日期（目前的数据类型是"日期/时间"，因此带有时间数字 0:00:00，不太美观），如图 6-45 所示。

步骤3 选择第 2 列，在"转换"选项卡中执行"拆分列"→"按分隔符"命令，如图 6-46 所示。

图 6-45 设置日期数据类型　　图 6-46 执行"按分隔符"命令

步骤4 打开"按分隔符拆分列"对话框，选择自定义分隔符，分隔符为中文逗号，然后单击"高级选项"展开按钮，展开选项列表，选择"行"选项，如图 6-47 所示。

图 6-47　设置拆分选项

步骤5 单击"确定"按钮，就得到图 6-48 所示的结果。

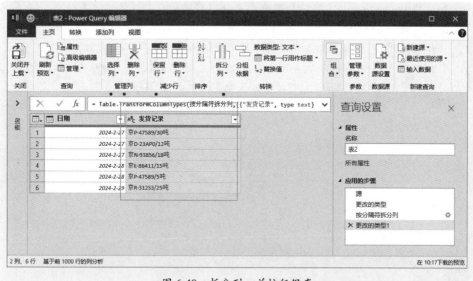

图 6-48　拆分列，并按行保存

步骤6 选择第 2 列，执行"拆分列"→"按分隔符"命令，按斜杠"/"将车牌号和发货数量拆分成两列，如图 6-49 所示。

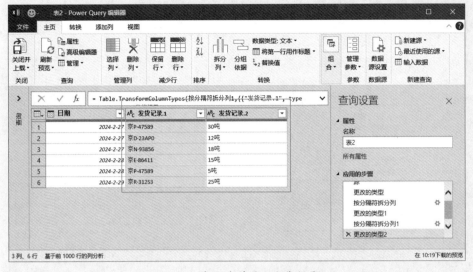

图 6-49　拆分车牌号和发货数量

步骤7 修改表格标题，然后将数据导出到工作表中，就得到需要的表格。

✎ 本节知识回顾与测验

　　1. 使用 Power Query 工具拆分列命令来分列数据的基本操作步骤是什么？

　　2. 如何使用 M 函数 Text.Select 将字符串中的所有数字提取出来？

　　3. 如何使用 M 函数 Text.Select 将字符串中的所有大小写字母提取出来？

　　4. 如何将一列数据拆分成多行？例如，单元格中有数据"1003/ABC/ 电话费"，如何将数据中的 1003、ABC 和电话费分 3 个单元格按行保存？

第7章

分类汇总与分级显示
实用技能与技巧

　　Excel 提供的分类汇总与分级显示已经是一个很古老的工具了，使用起来也比较方便，因此很受 Excel 初学者的喜爱。

　　但是，这种分类汇总与分级显示并不是很好用的。例如，分类汇总是建立在原始数据表单上的，在建立分类汇总前，必须先进行排序（目的就是要将相同的项目排列在一起），这样就改变了原始表的顺序。不过，对于大型表格来说，建立分级显示，可以很方便地折叠或展开表格，增强表格阅读性。

7.1 创建分类汇总

分类汇总，就是将字段下相同项目进行分组，并进行汇总计算（求和、计数、最大值、最小值、平均值等）。

分类汇总是对指定字段做分组汇总，可以指定某一字段，也可以指定几个字段，就生成了相应的单级分类汇总和多级分类汇总。

创建分类汇总的方法是在"数据"选项卡中单击"分类汇总"命令按钮，如图 7-1 所示。

图 7-1　单击"分类汇总"命令按钮

7.1.1 创建单级分类汇总

创建单级分类汇总，就是对一个指定字段，创建一个分组计算的汇总，下面举例说明。

案例 7-1

我们以图 7-2 所示的数据为例，来介绍创建分类汇总的方法和技巧。本案例中，需要创建每个供应商的分类汇总表。

	A	B	C	D	E	F	G
1	日期	供应商	物料名称	规格型号	数量	单价	金额
2	2024-3-1	供应商01	CLO01	12*666*6000	134,534	3.10	416,382.73
3	2024-3-1	供应商02	CLO12	0.04*395	807	142.26	114,803.82
4	2024-3-1	供应商02	CLO12	0.105*395	1,596	373.44	596,013.43
5	2024-3-7	供应商03	CLO16	0.63*395	179	5,291.42	947,163.46
6	2024-3-7	供应商03	CLO58	0.64*395	30	2,910.28	87,308.37
7	2024-3-7	供应商04	CLO32	0.63*395	48	4,973.93	238,748.69
8	2024-3-7	供应商05	CLO33	0.63*395	149	4,973.93	741,115.72
9	2024-3-10	供应商04	CLO52	18*1535*958	11,959	39.16	468,266.60
10	2024-3-10	供应商04	CLO52	14.3*1575*958	20,928	35.72	747,485.38
11	2024-3-10	供应商03	CLO52	14.3*667*958	5,979	35.72	213,551.94
12	2024-3-13	供应商01	CLO91	1568*566	29,897	2.99	89,392.03
13	2024-3-14	供应商05	CLO52	14.3*1575*958	3,961	35.41	140,278.91
14	2024-3-14	供应商02	CLO12	0.04*395	103	148.26	15,270.78
15							

图 7-2　示例数据

步骤1 对数据区域，按照供应商进行排序，如图 7-3 所示。

日期	供应商	物料名称	规格型号	数量	单价	金额
2024-3-1	供应商01	CLO01	12*666*6000	134,534	3.10	416,382.73
2024-3-13	供应商01	CLO91	1568*566	29,897	2.99	89,392.03
2024-3-1	供应商02	CLO12	0.04*395	807	142.26	114,803.82
2024-3-1	供应商02	CLO12	0.105*395	1,596	373.44	596,013.43
2024-3-14	供应商02	CLO12	0.04*395	103	148.26	15,270.78
2024-3-7	供应商03	CLO16	0.63*395	179	5,291.42	947,163.46
2024-3-7	供应商03	CLO58	0.64*395	30	2,910.28	87,308.37
2024-3-10	供应商03	CLO52	14.3*667*958	5,979	35.72	213,551.94
2024-3-7	供应商04	CLO32	0.63*395	48	4,973.93	238,748.69
2024-3-10	供应商04	CLO52	18*1535*958	11,959	39.16	468,266.60
2024-3-10	供应商04	CLO52	14.3*1575*958	20,928	35.72	747,485.38
2024-3-7	供应商05	CLO33	0.63*395	149	4,973.93	741,115.72
2024-3-14	供应商05	CLO52	14.3*1575*958	3,961	35.41	140,278.91

图 7-3　对供应商进行排序

步骤2 在"数据"选项卡中单击"分类汇总"命令按钮，打开"分类汇总"对话框，如图 7-4 所示，然后做如下的设置：

- 分类字段选择"供应商"，因为要对供应商进行分类汇总计算；
- 汇总方式选择"求和"，因为要计算每个供应商的合计数；
- 选定汇总项分别勾选"数量"和"金额"选项，也就是计算每个供应商的数量合计数和金额合计数；
- 其他设置保持默认。

图 7-4　设置分类汇总

步骤3 单击"确定"按钮，就得到图 7-5 所示的分类汇总表。

日期	供应商	物料名称	规格型号	数量	单价	金额
2024-3-1	供应商01	CLO01	12*666*6000	134,534	3.10	416,382.73
2024-3-13	供应商01	CLO91	1568*566	29,897	2.99	89,392.03
	供应商01 汇总			164,431		505,774.76
2024-3-1	供应商02	CLO12	0.04*395	807	142.26	114,803.82
2024-3-1	供应商02	CLO12	0.105*395	1,596	373.44	596,013.43
2024-3-14	供应商02	CLO12	0.04*395	103	148.26	15,270.78
	供应商02 汇总			2,506		726,088.03
2024-3-7	供应商03	CLO16	0.63*395	179	5,291.42	947,163.46
2024-3-7	供应商03	CLO58	0.64*395	30	2,910.28	87,308.37
2024-3-10	供应商03	CLO52	14.3*667*958	5,979	35.72	213,551.94
	供应商03 汇总			6,188		1,248,023.77
2024-3-7	供应商04	CLO32	0.63*395	48	4,973.93	238,748.69
2024-3-10	供应商04	CLO52	18*1535*958	11,959	39.16	468,266.60
2024-3-10	供应商04	CLO52	14.3*1575*958	20,928	35.72	747,485.38
	供应商04 汇总			32,935		1,454,500.67
2024-3-7	供应商05	CLO33	0.63*395	149	4,973.93	741,115.72
2024-3-14	供应商05	CLO52	14.3*1575*958	3,961	35.41	140,278.91
	供应商05 汇总			4,110		881,394.63
	总计			210,170		4,815,781.86

图 7-5　创建的分类汇总表

创建分类汇总表后，会在工作表左侧边界条上显示几个分级按钮以及折叠展开按钮，可以单击这些按钮，快速查看表格数据。

例如，单击按钮 ②，就是查看每个供应商的合计数表，如图 7-6 所示。

		A	B	C	D	E	F	G
	1	日期	供应商	物料名称	规格型号	数量	单价	金额
+	4		供应商01 汇总			164,431		505,774.76
+	8		供应商02 汇总			2,506		726,088.03
+	12		供应商03 汇总			6,188		1,248,023.77
+	16		供应商04 汇总			32,935		1,454,500.67
+	19		供应商05 汇总			4,110		881,394.63
-	20		总计			210,170		4,815,781.86
	21							

图 7-6　每个供应商的合计数

7.1.2　创建多级分类汇总

也可以创建多级分类汇总。例如，第一级汇总是日期，第二级汇总是供应商，这样，可以快速查看每天的合计数，以及每个供应商的合计数，效果如图 7-7 所示。

		A	B	C	D	E	F	G
	1	日期	供应商	物料名称	规格型号	数量	单价	金额
	2	2024-3-1	供应商01	CLO01	12*666*6000	134,534	3.10	416,382.73
	3		供应商01 汇总			134,534		416,382.73
	4	2024-3-1	供应商02	CLO12	0.04*395	807	142.26	114,803.82
	5	2024-3-1	供应商02	CLO12	0.105*395	1,596	373.44	596,013.43
	6		供应商02 汇总			2,403		710,817.25
	7	2024-3-1 汇总				136,937		1,127,199.98
	8	2024-3-7	供应商03	CLO16	0.63*395	179	5,291.42	947,163.46
	9	2024-3-7	供应商03	CLO58	0.64*395	30	2,910.28	87,308.37
	10		供应商03 汇总			209		1,034,471.83
	11	2024-3-7	供应商04	CLO32	0.63*395	48	4,973.93	238,748.69
	12		供应商04 汇总			48		238,748.69
	13	2024-3-7	供应商05	CLO33	0.63*395	149	4,973.93	741,115.72
	14		供应商05 汇总			149		741,115.72
	15	2024-3-7 汇总				406		2,014,336.24
	16	2024-3-10	供应商03	CLO52	14.3*667*958	5,979	35.72	213,551.94
	17		供应商03 汇总			5,979		213,551.94
	18	2024-3-10	供应商04	CLO52	18*1535*958	11,959	39.16	468,266.60
	19	2024-3-10	供应商04	CLO52	14.3*1575*958	20,928	35.72	747,485.38
	20		供应商04 汇总			32,887		1,215,751.98
	21	2024-3-10 汇总				38,866		1,429,303.92
	22	2024-3-13	供应商01	CLO91	1568*566	29,897	2.99	89,392.03
	23		供应商01 汇总			29,897		89,392.03

图 7-7　多级分类汇总

创建这种多级分类汇总，有以下几个点要注意。

要点 1：对要分类汇总的字段进行排序，这里就是先对日期排序，再对供应商排序。

要点 2：在“分类汇总”对话框中，要取消勾选对话框底部的“替换当前分类汇总”选项，如图 7-8 所示。

要点 3：每个字段的分类汇总，都要单击“分类汇总”命令按钮，打开“分类汇总”对话框再做一次。

图 7-8　取消勾选"替换当前分类汇总"选项

7.1.3　删除分类汇总

如果不再需要创建的分类汇总表，就在"数据"选项卡中单击"分类汇总"命令按钮，打开"分类汇总"对话框，单击对话框左下角的"全部删除"按钮，如图7-9所示，那么就删除了创建的分类汇总，恢复为排序后的表格。

图 7-9　删除分类汇总

✏ **本节知识回顾与测验**

1. 创建分类汇总的基本方法是什么？要先做哪些准备工作？
2. 如何创建多个字段的分类汇总？
3. 如何对一个字段创建多层分类汇总（例如同时显示计数与求和）？
4. 如何删除创建的分类汇总，恢复为正常表格？
5. 请比较分类汇总与数据透视表的优缺点，分析哪个工具更好用？

对于大型表格，以及某些有层级数据的表格，可以建立分级显示，这样通过对表格进行折叠或展开操作，方便对表格的阅读和浏览。

建立分级显示有两种方法，自动建立分级显示和手动建立分级显示（手动组合）。

7.2.1 自动建立分级显示

自动建立分级显示的前提是表格中有合计行和合计列，这样 Excel 会自动判断在何处建立分级显示。

案例 7-3

图 7-10 所示是一个示例，每个地区下有合计行，使用 SUM 函数求和；每个季度也有合计列，使用 SUM 函数求和。

	A	B	C	D	E	F	G	H	I	J	K	L	M	N	O	P	Q	R
1	地区	产品	1月	2月	3月	1季度	4月	5月	6月	2季度	7月	8月	9月	3季度	10月	11月	12月	4季度
2	华北	产品1	628	238	1111	1977	1123	712	378	2213	1029	1155	1222	3406	771	870	373	2014
3		产品2	555	957	1229	2741	1108	1058	1104	3270	1014	638	889	2541	915	135	1091	2141
4		产品3	759	737	196	1692	209	254	1071	1534	1211	1015	640	2866	228	125	1207	1560
5		合计	1942	1932	2536	6410	2440	2024	2553	7017	3254	2808	2751	8813	1914	1130	2671	5715
6	华东	产品1	671	451	1169	2291	995	434	467	1896	477	195	613	1285	202	352	176	730
7		产品2	407	101	1142	1650	1169	977	1093	3239	1252	934	614	2800	351	382	1150	1883
8		产品3	732	1033	1081	2846	1112	104	375	1591	534	799	999	2332	684	732	116	1532
9		产品4	1212	1057	1189	3458	1105	673	611	2389	1038	414	551	2003	513	1010	1179	2702
10		产品5	273	1061	264	1598	553	1052	747	2352	994	691	147	1832	452	593	1109	2154
11		合计	3295	3703	4845	11843	4934	3240	3293	11467	4295	3033	2924	10252	2202	3069	3730	9001
12	华南	产品1	115	284	403	802	882	1169	350	2401	831	1260	1193	3284	838	949	1023	2810
13		产品2	1136	793	1189	3118	1124	1051	641	2816	888	993	543	2424	551	1094	116	1761
14		产品3	807	1120	1143	3070	362	508	293	1163	453	1005	375	1833	549	773	1083	2405
15		产品4	138	1169	117	1424	1215	1300	332	2847	465	1094	482	2041	132	1102	1137	2371
16		合计	2196	3366	2852	8414	3583	4028	1616	9227	2637	4352	2593	9582	2070	3918	3359	9347
17	华中	产品3	594	900	361	1855	181	1296	999	2476	283	991	337	1611	1137	922	579	2638
18		产品4	888	309	353	1550	626	455	781	1862	376	238	1216	1830	1080	150	1168	2398
19		合计	1482	1209	714	3405	807	1751	1780	4338	659	1229	1553	3441	2217	1072	1747	5036

图 7-10　示例数据

单击数据区域的任一单元格，在"数据"选项卡中执行"组合"→"自动建立分级显示"命令，如图 7-11 所示。

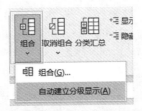

图 7-11　执行"自动建立分级显示"命令

那么，就对该表格建立了自动分级显示，如图 7-12 所示。

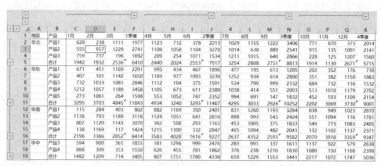

图 7-12　自动建立的分级显示

7.2.2　手动建立分级显示

手动建立分级显示更加灵活，可以根据实际情况，进行各种组合，得到不同层次更加清晰的分级显示效果。

手动建立分级显示的命令是选择要组合的行或列，在"数据"选项卡中单击"组合"命令按钮，如图 7-13 所示。

图 7-13　单击"组合"命令按钮

案例 7-4

例如，图 7-14 的左侧是一个有地区、省份和城市的数据汇总表，但地区、省份

地区	1季度	2季度	上半年	3季度	4季度	下半年	全年
华南	2542	2814	5356	2037	1310	3347	8703
广东	949	1081	2030	1676	1742	3418	5448
广州	406	837	1243	1020	375	1395	2638
中山	543	244	787	656	1367	2023	2810
福建	1187	1121	2308	570	4265	4835	7143
福州	566	989	1555	133	2561	2694	4249
厦门	621	132	753	437	1704	2141	2894
华东	4029	2399	6428	2532	2196	4728	11156
上海	1272	678	1950	2146	520	2666	4616
江苏	1321	1769	3090	2781	2316	5097	8187
苏州	177	799	976	530	285	815	1791
南京	576	744	1320	1138	1098	2236	3556
无锡	568	226	794	1113	933	2046	2840
浙江	1264	790	2054	1632	1551	3183	5237
杭州	422	182	604	1173	607	1780	2384
温州	842	608	1450	459	944	1403	2853
安徽	1584	2352	3936	1484	1632	3116	7052
合肥	506	1021	1527	724	548	1272	2799
芜湖	962	716	1678	348	831	1179	2857
马鞍山	116	615	731	412	253	665	1396

图 7-14　左侧为明细数据，右侧为分级显示

和城市名称都在一列中显示，这样的表格阅读性较差，为其建立分级显示，方便查看每个地区、每个省份等的合计数。注意，这是一个纯数字表格，没有计算公式。

步骤1 组合最内层的城市。

例如，选择广东下面的两个城市行，在"数据"选项卡中单击"组合"命令按钮，就将选择的行组合在了一起，如图 7-15 所示。

	A	B	C	D	E	F	G	H
1	地区	1季度	2季度	上半年	3季度	4季度	下半年	全年
2	华南	2542	2814	5356	2037	1310	3347	8703
3	广东	949	1081	2030	1676	1742	3418	5448
4	广州	406	837	1243	1020	375	1395	2638
5	中山	543	244	787	656	1367	2023	2810
6	福建	1187	1121	2308	570	4265	4835	7143
7	福州	566	989	1555	133	2561	2694	4249

图 7-15　手动组合第 3 行和第 4 行

步骤2 依此方法，将各个省份下的城市组合到一起，就得到图 7-16 所示的表格。

	A	B	C	D	E	F	G	H
1	地区	1季度	2季度	上半年	3季度	4季度	下半年	全年
2	华南	2542	2814	5356	2037	1310	3347	8703
3	广东	949	1081	2030	1676	1742	3418	5448
4	广州	406	837	1243	1020	375	1395	2638
5	中山	543	244	787	656	1367	2023	2810
6	福建	1187	1121	2308	570	4265	4835	7143
7	福州	566	989	1555	133	2561	2694	4249
8	厦门	621	132	753	437	1704	2141	2894
9	华东	4029	2399	6428	2532	2196	4728	11156
10	上海	1272	678	1950	2146	520	2666	4616
11	江苏	1321	1769	3090	2781	2316	5097	8187
12	苏州	177	799	976	530	285	815	1791
13	南京	576	744	1320	1138	1098	2236	3556
14	无锡	568	226	794	1113	933	2046	2840
15	浙江	1264	790	2054	1632	1551	3183	5237
16	杭州	422	182	604	1173	607	1780	2384
17	温州	842	608	1450	459	944	1403	2853
18	安徽	1584	2352	3936	1484	1632	3116	7052
19	合肥	506	1021	1527	724	548	1272	2799
20	芜湖	962	716	1678	348	831	1179	2857
21	马鞍山	116	615	731	412	253	665	1396
22								

图 7-16　城市组合完毕

步骤3 单击按钮 1，将表格折叠，然后再选择每个地区下的省份进行组合，得到省份一级的组合表，如图 7-17 所示。

	A	B	C	D	E	F	G	H
1	地区	1季度	2季度	上半年	3季度	4季度	下半年	全年
2	华南	2542	2814	5356	2037	1310	3347	8703
3	广东	949	1081	2030	1676	1742	3418	5448
6	福建	1187	1121	2308	570	4265	4835	7143
9	华东	4029	2399	6428	2532	2196	4728	11156
10	上海	1272	678	1950	2146	520	2666	4616
11	江苏	1321	1769	3090	2781	2316	5097	8187
15	浙江	1264	790	2054	1632	1551	3183	5237
18	安徽	1584	2352	3936	1484	1632	3116	7052
22								

图 7-17　省份组合完毕

步骤4 依此方法，在列方向，分别组合上半年和下半年两列数据，如图 7-18 所示。

地区	1季度	2季度	上半年	3季度	4季度	下半年	全年
华南	2542	2814	5356	2037	1310	3347	8703
广东	949	1081	2030	1676	1742	3418	5448
福建	1187	1121	2308	570	4265	4835	7143
华东	4029	2399	6428	2532	2196	4728	11156
上海	1272	678	1950	2146	520	2666	4616
江苏	1321	1769	3090	2781	2316	5097	8187
浙江	1264	790	2054	1632	1551	3183	5237
安徽	1584	2352	3936	1484	1632	3116	7052

图 7-18 组合上半年和下半年

这就是一个手动建立分级显示的报表，可以任意展开省份、地区、季度，查看各级明细数据和合计数。

本节知识回顾与测验

1. 建立分级显示的目的是什么？
2. 自动建立分级显示的条件是什么？如果不满足这些条件，应当做哪些工作？
3. 如何手动建立分级显示？这种分级显示，适合什么表格？

7.3 分类汇总和分级显示的其他操作

前面介绍了创建分类汇总和分级显示的基本方法和技能技巧，下面再补充几个分类汇总和分级显示的其他操作。

7.3.1 复制分类汇总和分级显示数据

当建立了分类汇总和分级显示后，就可以把分类汇总数据复制到一个新工作表中。但是，我们不能按照常规的方法选择全部的分类汇总数据进行复制粘贴，因为这样会把隐藏的明细数据也一并复制。要复制分类汇总数据，需要按照下面的步骤进行操作。

步骤1 选择整个数据区域。

步骤2 按 Alt+ 分号组合键，选择可见单元格。因为这些可见单元格才是要复制的分类汇总数据，所以复制分类汇总数据之前，必须先选择这些可见单元格。

步骤3 按 Ctrl+C 快捷键进行复制。

步骤4 指定保存位置，按 Ctrl+V 快捷键进行粘贴。

7.3.2 取消分类汇总和分级显示

如果不想再要分类汇总报表了，可以先打开"分类汇总"对话框，然
后再单击该对话框左下角的"全部删除"按钮即可。

取消分级显示也是很简单的，在"数据"选项卡中执行"取消组合"→"清
除分级显示"命令即可，如图 7-19 所示。

图 7-19　执行"清除分级显示"命令

✎ 本节知识回顾与测验

1. 如何正确复制分类汇总和分级显示后的数据？

2. 如何清除整个表的分级显示？

3. 如何清除某层的某个组合？

第 **8** 章

合并计算工具实用
技能与技巧

Excel 提供了一个合并计算工具，用来对多个表格进行合并计算。尽管这个工具不如数据透视表或者 Power Query 使用灵活，但在某些特殊结构表格的合并汇总方面，合并计算工具就显示出其优越性来了。本节介绍合并计算工具的一些实际应用技能与技巧。

8.1 合并计算工具的基本使用方法

合并计算工具使用是很简单的,在"数据"选项卡中单击"合并计算"命令按钮,然后按照操作向导操作,就可以快速将多个工作表合并汇总。

图 8-1 单击"合并计算"命令按钮

8.1.1 仅获取合计数的合并计算

合并计算工具的一个最简单的应用,是将几个二维表格数据进行求和,得到一个合计表。下面举例说明。

📈 案例 8-1

图 8-2 所示是一个简单的示例,有左右两个二维表格,现在的任务是,把这两个表合并汇总为一张表。

▲	A	B	C	D	E	F	G	H	I	J
1										
2		表1					表2			
3		地区	产品1	产品2	产品3		地区	产品3	产品1	产品2
4		华北	565	497	545		华中	314	238	110
5		华南	614	151	535		华南	317	624	662
6		华东	182	258	881		西南	682	473	316
7		华中	863	687	924		华北	547	123	668
8		西北	650	295	609		华东	330	366	203
9		西南	350	896	904					

图 8-2 两个表格

步骤1 单击要保存合并结果的某个单元格。

步骤2 在"数据"选项卡中单击"合并计算"命令按钮,打开"合并计算"对话框,鼠标分别点选添加要合并的两个表(注意要带标题区域),并选择"首行"和"最左列"两个选项,如图 8-3 所示。

步骤3 单击"确定"按钮,就得到合并结果,如图 8-4 所示。

图 8-3　添加两个表区域

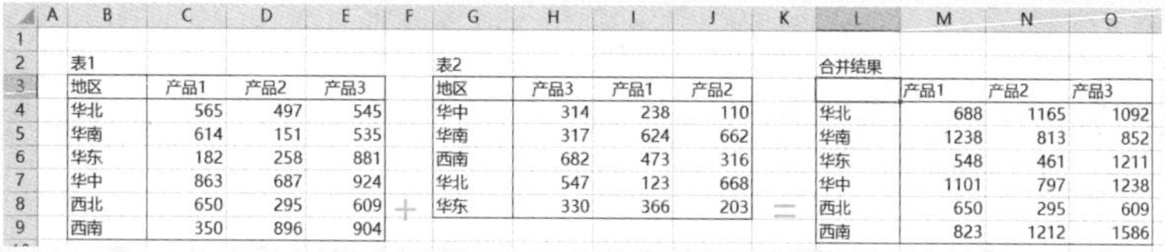

	A	B	C	D	E	F	G	H	I	J	K	L	M	N	O
1															
2		表1					表2						合并结果		
3		地区	产品1	产品2	产品3		地区	产品3	产品1	产品2			产品1	产品2	产品3
4		华南	565	497	545		华中	314	238	110		华北	688	1165	1092
5		华南	614	151	535		华南	317	624	662		华南	1238	813	852
6		华东	182	258	881		西南	682	473	316		华东	548	461	1211
7		华中	863	687	924		华北	547	123	668		华中	1101	797	1238
8		西北	650	295	609		华东	330	366	203		西北	650	295	609
9		西南	350	896	904							西南	823	1212	1586

图 8-4　合并结果

8.1.2　与每个表格链接的合并计算

8.1.1 节介绍的合并表，仅仅是得到了一个各个地区各个产品的合计数，与源表没有关联，也就是说，如果源表数据变化了，合并表的数据并不能更新。

如果要将合并表与源表建立链接，那么就需要在"合并计算"对话框中，勾选底部的"创建指向源数据的链接"复选框，如图 8-5 所示。此时，合并表就会自动生成有分级显示效果的合并表。

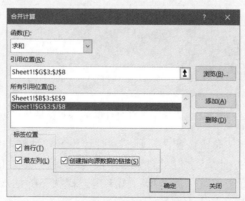

图 8-5　勾选"创建指向源数据的链接"复选框

需要注意的是，与源数据链接的合并表，不能保存在源工作表中，而是必须保存在一个新工作表中。并且，每个工作表的结构必须相同。

案例 8-2

图 8-6 所示是一个实际案例，要求把各个部门的数据汇总到一个新工作表，并建立分级显示效果。这里每个部门工作表结构一样。

项目	1月	2月	3月	4月	5月	6月	7月	8月	9月	10月	11月	12月	合计
折旧费	836	1552	298	318	624	475	1119	1292	1341	166	1241	1167	10429
业务招待费	1006	1558	759	324	1897	1275	1722	260	1302	1934	404	1525	13966
差旅费	173	113	1743	1778	956	1902	1411	705	1497	1734	250	707	12969
网络费	1536	1194	1178	1074	331	456	1565	1753	1359	1917	1892	583	14838
水电费	300	1088	469	754	521	983	446	110	599	1885	677	387	8219
电话费	1439	1367	154	1825	910	223	1170	695	164	1220	836	1590	11593
合计	5290	6872	4601	6073	5239	5314	7433	4815	6262	8856	5300	5959	72014

汇总　办公室　人力资源部　销售部　技术部　生产部　财务部

图 8-6　各个部门工作表数据

步骤1 设计汇总表结构，最简单的方法是将某个部门数据复制一份，然后删除数据，如图 8-7 所示。

项目	1月	2月	3月	4月	5月	6月	7月	8月	9月	10月	11月	12月	合计
折旧费													
业务招待费													
差旅费													
网络费													
水电费													
电话费													
合计													

图 8-7　设计汇总表结构

步骤2 选择汇总表中要保存合计数的单元格区域，如图 8-8 所示。

项目	1月	2月	3月	4月	5月	6月	7月	8月	9月	10月	11月	12月	合计
折旧费													
业务招待费													
差旅费													
网络费													
水电费													
电话费													
合计													

图 8-8　选择要保存合计数的单元格区域

步骤3 单击"合并计算"命令按钮，打开"合并计算"对话框，分别从每个部门工作表中选择并添加要合并计算的数据区域（注意不要选择标题，因为汇总表已经有标题了），然后取消"标签位置"的选项（如果是选择状态的话），再勾选"创建指向源数据的链接"复选框，如图 8-9 所示。

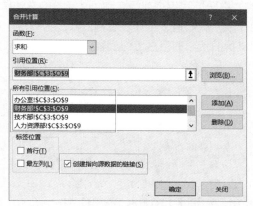

图 8-9　添加各个工作表要合并的数据区域

这里请注意，添加完各个工作表数据区域后，在对话框的"引用位置"列表中，可以看到，各个工作表顺序与工作簿的顺序不见得一样了。因为在对话框中，会自动按照工作表名称（拼音）进行升序排列，例如，办公室在财务部前面，财务部在技术部前面等。

步骤4 单击"确定"按钮，就得到图 8-10 所示的合并结果。

		项目	1月	2月	3月	4月	5月	6月	7月	8月	9月	10月	11月	12月	合计
+	9	折旧费	6551	7439	5150	5908	5992	5751	4898	3523	9761	3222	6405	6814	71414
+	16	业务招待费	9498	5731	4636	4413	8512	7560	8538	4330	7503	7057	6373	6406	80557
+	23	差旅费	7155	4843	6108	7675	3075	6934	7781	6369	8714	6627	6073	6514	77868
+	30	网络费	5483	6309	5178	4336	6116	6104	5023	6429	8096	7646	6697	4638	72055
+	37	水电费	4304	6599	4098	5252	5023	7509	4621	6412	5168	6140	5471	7337	67934
+	44	电话费	8179	7909	6860	5637	7076	5660	6107	4881	4879	5888	6799	7788	77663
+	51	合计	41170	38830	32030	33221	35794	39518	36968	31944	44121	36580	37818	39497	447491

图 8-10　合并结果

步骤5 这种合并结果，会自动创建分级显示，如工作表左侧的两个分级按钮 1 2，以及每个项目左侧的折叠展开按钮 +。单击左上角的按钮 2，展开合并表，如图 8-11 所示。

		项目	1月	2月	3月	4月	5月	6月	7月	8月	9月	10月	11月	12月	合计
	3		836	1552	298	318	624	475	1119	1292	1341	166	1241	1167	10429
	4		1666	1474	777	1420	1484	1219	106	242	1225	1128	727	654	12122
	5		429	1576	903	905	208	1981	1897	819	1607	669	1772	1764	14530
	6		1586	1495	1670	1475	556	1276	107	157	1852	265	720	1229	12388
	7		382	963	1047	655	1446	128	1337	590	1858	472	929	1284	11091
	8		1652	379	455	1135	1674	672	332	423	1878	522	1016	716	10854
	9	折旧费	6551	7439	5150	5908	5992	5751	4898	3523	9761	3222	6405	6814	71414
	10		1006	1558	759	324	1897	1275	1722	260	1302	1934	404	1525	13966
	11		1354	641	1044	1186	911	1844	1362	933	503	1721	258	1035	12792
	12		1723	472	1146	595	1215	1342	1333	887	1729	1926	1953	707	15028
	13		1576	1164	1183	1903	1912	1694	1790	298	1094	674	1220	1041	15558
	14		1932	1575	252	259	1945	1014	1930	1786	1943	217	1416	1171	15440
	15		1907	321	252	146	632	391	401	166	932	585	1113	927	7773
	16	业务招待费	9498	5731	4636	4413	8512	7560	8538	4330	7503	7057	6373	6406	80557
	17		173	113	1743	1778	956	1902	1411	705	1497	1734	250	707	12969
	18		227	1422	1346	1750	378	377	1631	1500	1412	848	325	1087	12303
	19		1954	384	203	331	688	207	1070	1932	1672	990	1231	1168	11830
	20		1465	1058	789	257	421	1316	1844	718	1029	948	1001	552	11398
	21		1346	453	444	1960	180	1850	1032	1319	1247	1056	1478	1265	13630
	22		1990	1413	1583	1599	452	1282	793	195	1857	1051	1788	1735	15738
	23	差旅费	7155	4843	6108	7675	3075	6934	7781	6369	8714	6627	6073	6514	77868
	24		1536	1194	1178	1074	331	456	1565	1753	1359	1917	1892	583	14838
	25		208	1796	463	1152	1786	412	365	1327	1745	1495	1516	1327	13592
	26		609	569	589	176	995	633	422	270	1260	664	1539	1106	8832

汇总　办公室　人力资源部　销售部　技术部　生产部　财务部

图 8-11　展开合并表

步骤6 B 列的空单元格，需要填写每个部门名称，最简单的方法是单击 C 列的单元格，看看是引用的哪个工作表，就知道了工作表名称（部门名称）。

先在第一个项目（折旧费）的空白工作表输入各个部门名称，如图 8-12 所示。

	项目	1月
	办公室	836
	财务部	1666
	技术部	429
	人力资源部	1586
	生产部	382
	销售部	1652
	折旧费	6551
		1006
		1354
		1723

图 8-12　输入各个部门名称

步骤7 选择这个输入完毕的部门名称区域，将其复制到下面各个项目的空单元格中，得到一个信息完成的合并表，如图 8-13 所示。

项目	1月	2月	3月	4月	5月	6月	7月	8月	9月	10月	11月	12月	合计
办公室	836	1552	298	318	624	475	1119	1292	1341	166	1241	1167	10429
财务部	1666	1474	777	1420	1484	1219	106	242	1225	1128	727	654	12122
技术部	429	1576	903	905	208	1981	1897	819	1607	669	1772	1764	14530
人力资源部	1586	1495	1670	1475	556	1276	107	157	1852	265	720	1229	12388
生产部	382	963	1047	655	1446	128	1337	590	1858	472	929	1284	11091
销售部	1652	379	455	1135	1674	672	332	423	1878	522	1016	716	10854
折旧费	6551	7439	5150	5908	5992	5751	4898	3523	9761	3222	6405	6814	71414
办公室	1006	1558	759	324	1897	1275	1722	260	1302	1934	404	1525	13966
财务部	1354	641	1044	1186	911	1844	1362	933	503	1721	258	1035	12792
技术部	1723	472	1146	595	1215	1342	1333	887	1729	1926	1953	707	15028
人力资源部	1576	1164	1183	1903	1912	1694	1790	298	1094	674	1229	1041	15558
生产部	1932	1575	252	259	1945	1014	1930	1786	1943	217	1416	1171	15440
销售部	1907	321	252	146	632	391	401	166	932	585	1113	927	7773
业务招待费	9498	5731	4636	4413	8512	7560	8538	4330	7503	7057	6373	6406	80557
办公室	173	113	1743	1778	956	1902	1411	705	1497	1734	250	707	12969
财务部	227	1422	1346	1750	378	377	1631	1500	1412	848	325	1087	12303
技术部	1954	384	203	331	688	207	1070	1932	1672	990	1231	1168	11830
人力资源部	1465	1058	789	257	421	1316	1844	718	1029	948	1001	552	11398
生产部	1346	453	444	1960	180	1850	1032	1319	1247	1056	1478	1265	13630
销售部	1990	1413	1583	1599	452	1282	793	195	1857	1051	1788	1735	15738
差旅费	7155	4843	6108	7675	3075	6934	7781	6369	8714	6627	6073	6514	77868
办公室	1536	1194	1178	1074	331	456	1565	1753	1359	1917	1892	583	14838
财务部	208	1796	463	1152	1786	412	365	1327	1745	1495	1516	1327	13592
技术部	609	569	589	176	995	633	422	270	1260	664	1539	1106	8832

图 8-13　合并结果

这个表格显得比较凌乱，可以将每个项目所在行及合计行设置颜色，结果如图 8-14 所示，这样的表格看起来就很清晰了。

项目	1月	2月	3月	4月	5月	6月	7月	8月	9月	10月	11月	12月	合计
办公室	836	1552	298	318	624	475	1119	1292	1341	166	1241	1167	10429
财务部	1666	1474	777	1420	1484	1219	106	242	1225	1128	727	654	12122
技术部	429	1576	903	905	208	1981	1897	819	1607	669	1772	1764	14530
人力资源部	1586	1495	1670	1475	556	1276	107	157	1852	265	720	1229	12388
生产部	382	963	1047	655	1446	128	1337	590	1858	472	929	1284	11091
销售部	1652	379	455	1135	1674	672	332	423	1878	522	1016	716	10854
折旧费	6551	7439	5150	5908	5992	5751	4898	3523	9761	3222	6405	6814	71414
办公室	1006	1558	759	324	1897	1275	1722	260	1302	1934	404	1525	13966
财务部	1354	641	1044	1186	911	1844	1362	933	503	1721	258	1035	12792
技术部	1723	472	1146	595	1215	1342	1333	887	1729	1926	1953	707	15028
人力资源部	1576	1164	1183	1903	1912	1694	1790	298	1094	674	1229	1041	15558
生产部	1932	1575	252	259	1945	1014	1930	1786	1943	217	1416	1171	15440
销售部	1907	321	252	146	632	391	401	166	932	585	1113	927	7773
业务招待费	9498	5731	4636	4413	8512	7560	8538	4330	7503	7057	6373	6406	80557
办公室	173	113	1743	1778	956	1902	1411	705	1497	1734	250	707	12969
财务部	227	1422	1346	1750	378	377	1631	1500	1412	848	325	1087	12303
技术部	1954	384	203	331	688	207	1070	1932	1672	990	1231	1168	11830
人力资源部	1465	1058	789	257	421	1316	1844	718	1029	948	1001	552	11398
生产部	1346	453	444	1960	180	1850	1032	1319	1247	1056	1478	1265	13630
销售部	1990	1413	1583	1599	452	1282	793	195	1857	1051	1788	1735	15738
差旅费	7155	4843	6108	7675	3075	6934	7781	6369	8714	6627	6073	6514	77868
办公室	1536	1194	1178	1074	331	456	1565	1753	1359	1917	1892	583	14838
财务部	208	1796	463	1152	1786	412	365	1327	1745	1495	1516	1327	13592
技术部	609	569	589	176	995	633	422	270	1260	664	1539	1106	8832

图 8-14　格式化的合并表

本节知识回顾与测验

1. 合并计算的基本使用方法是什么？有哪些注意事项？

2. 合并计算能不能合并几个行数和列数不同的表格？如果可以，这些表格必须满足什么条件？

3. 如何使合并计算得到的合并表与源表链接，并具有分级显示效果？

4. 合并计算后，如何快速填充空白单元格为具体的源表信息？

5. 如何快速把合并表的汇总数行设置不同的格式？如何快速定位这样的汇总行？

6. 如何快速将多个行数和列数不一样的二维表进行汇总？例如有下面两个表，要求将它们按照客户和产品合并到一起，并且要求合并表与源表链接，以便能够更新结果。

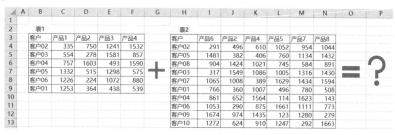

8.2 复杂情况下的合并计算

前面介绍的是在当前工作簿中对几个标准二维表的合并计算，实际数据处理中，这些工作表可能结构比较复杂，也可能在不同的工作簿上，此时，汇总方法与前面介绍的大同小异，本节介绍两个经典应用案例。

8.2.1 复杂结构表格合并

📈 案例 8-3

图 8-15 所示是当前工作簿的四个季度工作表，保存的是各个地区各个城市的加盟店和自营店汇总数据，现在要把这四个工作表合并起来，并且还要有分级显示。

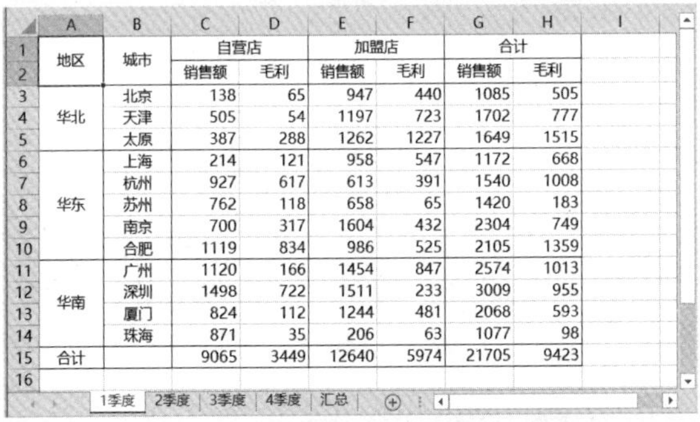

地区	城市	自营店		加盟店		合计	
		销售额	毛利	销售额	毛利	销售额	毛利
华北	北京	138	65	947	440	1085	505
	天津	505	54	1197	723	1702	777
	太原	387	288	1262	1227	1649	1515
华东	上海	214	121	958	547	1172	668
	杭州	927	617	613	391	1540	1008
	苏州	762	118	658	65	1420	183
	南京	700	317	1604	432	2304	749
	合肥	1119	834	986	525	2105	1359
华南	广州	1120	166	1454	847	2574	1013
	深圳	1498	722	1511	233	3009	955
	厦门	824	112	1244	481	2068	593
	珠海	871	35	206	63	1077	98
合计		9065	3449	12640	5974	21705	9423

图 8-15　当前工作簿的四个季度工作表

这个案例的汇总方法与 8.1.1 节介绍完全相同，详细操作过程请观看视频，图 8-16 所示是汇总结果。

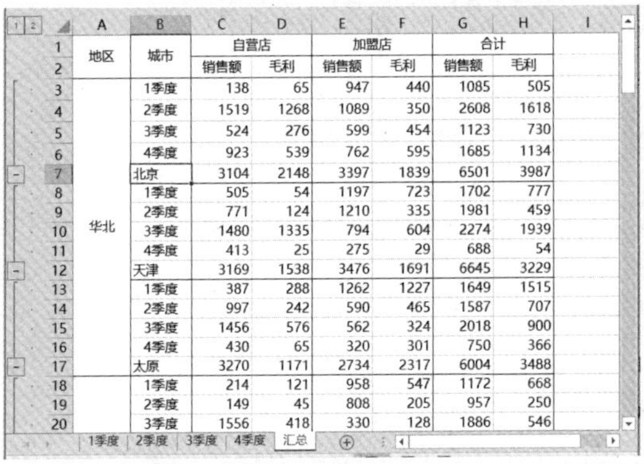

地区	城市	自营店		加盟店		合计	
		销售额	毛利	销售额	毛利	销售额	毛利
华北	1季度	138	65	947	440	1085	505
	2季度	1519	1268	1089	350	2608	1618
	3季度	524	276	599	454	1123	730
	4季度	923	539	762	595	1685	1134
	北京	3104	2148	3397	1839	6501	3987
	1季度	505	54	1197	723	1702	777
	2季度	771	124	1210	335	1981	459
	3季度	1480	1335	794	604	2274	1939
	4季度	413	25	275	29	688	54
	天津	3169	1538	3476	1691	6645	3229
	1季度	387	288	1262	1227	1649	1515
	2季度	997	242	590	465	1587	707
	3季度	1456	576	562	324	2018	900
	4季度	430	65	320	301	750	366
	太原	3270	1171	2734	2317	6004	3488
	1季度	214	121	958	547	1172	668
	2季度	149	45	808	205	957	250
	3季度	1556	418	330	128	1886	546

图 8-16　合并汇总表

要特别注意的是，合并汇总之前，需要先将 A 列的合并单元格取消并填充，并取消所有单元格格式，然后再开始合并汇总，汇总完毕后再重新合并单元格，设置格式，所以过程比较烦琐一点。

8.2.2 跨工作簿的合并计算

如果要合并的工作表在不同的工作簿中，使用合并计算工具进行汇总的方法基本一样，不过要先打开这些工作簿，然后分别引用添加各个工作簿的数据区域。

案例 8-4

图 8-17 所示是文件夹“部门预算表”，保存有财务部和营销部的 2024 年预算工作簿，表格数据如图 8-18 所示。现在的任务是将这两个工作簿数据汇总到新工作簿中，如图 8-19 所示。

下面是汇总要点，详细操作过程请观看视频。

01
02
03
04
05
06
07
08
09
10
11
12

要点 1：打开两个工作簿。

要点 2：新建一个工作簿，设计汇总表结构。

要点 3：打开"合并计算"对话框，分别添加两个工作簿数据区域。

要点 4：整理合并表中的部门名称。

图 8-17　文件夹"部门预算表"的两个工作簿

图 8-18　部门预算表

项目/部门	1月	2月	3月	4月	5月	6月	7月	8月	9月	10月	11月	12月	合计
部门人员编制	8	8	8	8	8	8	8	8	8	8	8	8	
费用合计	39,752.38	48,192.38	53,772.38	46,518.38	39,961.38	45,541.38	41,664.00	60,468.00	40,938.00	46,518.00	42,054.00	46,518.00	551,898
工资	30,166	30,166	30,166	30,166	30,166	30,166	31,004	31,004	31,004	31,004	31,004	31,004	367,022
基本工资	24,552	24,552	24,552	24,552	24,552	24,552	24,552	24,552	24,552	24,552	24,552	24,552	294,624
社保费	4,603	4,603	4,603	4,603	4,603	4,603	5,162	5,162	5,162	5,162	5,162	5,162	58,590
公积金	1,011	1,011	1,011	1,011	1,011	1,011	1,290	1,290	1,290	1,290	1,290	1,290	13,808
福利费	893	3,544	14,983	1,870	1,172	893	1,870	14,843	1,172	893	2,288	893	45,314
伙食费	670	670	670	670	670	670	670	670	670	670	670	670	8,040
培训费	-	-	13,950	-	-	-	-	13,950	-	-	-	-	27,900
团队建设费用	223	223	223	223	223	223	223	223	223	223	223	223	
其他	-	2,651	140	977	279	-	977	-	223	-	223	223	2,676
办公费	3,880	3,810	3,810	3,810	3,810	3,810	3,977	3,949	3,949	3,949	3,949	3,949	46,652
文具办公费	112	42	42	42	42	42	70	42	42	42	42	42	602
复印、打印费	140	140	140	140	140	140	140	140	140	140	140	140	1,680
快递费	140	140	140	140	140	140	279	279	279	279	279	279	2,514
电话费	698	698	698	698	698	698	698	698	698	698	698	698	8,376
租赁费	2,790	2,790	2,790	2,790	2,790	2,790	2,790	2,790	2,790	2,790	2,790	2,790	33,480
交通费	4,813	10,672	4,813	10,672	4,813	10,672	4,813	10,672	4,813	10,672	4,813	10,672	92,910
车辆费用	4,813	4,813	4,813	4,813	4,813	4,813	4,813	4,813	4,813	4,813	4,813	4,813	57,756

财务部

图 8-19　部门预算合并表

项目/部门	1月	2月	3月	4月	5月	6月	7月	8月	9月	10月	11月	12月	合计
财务部	8	8	8	8	8	8	8	8	8	8	8	8	
营销部	13	13	13	13	13	13	13	14	14	14	14	14	
部门人员编制	21	21	21	21	21	21	21	22	22	22	22	22	
财务部	39,752.38	48,192.38	53,772.38	46,518.38	39,961.38	45,541.38	41,664.00	60,468.00	40,938.00	46,518.00	42,054.00	46,518.00	551,898
营销部	120,155.49	140,001.06	131,985.01	161,963.11	136,253.71	132,151.31	138,063.61	141,565.11	165,559.11	144,465.71	144,746.21	138,328.21	
费用合计	159,907.86	188,193.44	185,757.39	208,481.49	176,215.09	177,692.69	179,727.61	202,033.11	206,497.11	190,983.71	186,800.21	184,846.21	551,898
财务部	30,166	30,166	30,166	30,166	30,166	30,166	31,004	31,004	31,004	31,004	31,004	31,004	551,898
营销部	95,514	99,608	99,832	102,594	102,705	102,817	104,686	109,569	109,569	109,680	112,610	112,610	367,022
工资	125,680	129,775	129,998	132,760	132,872	132,983	135,690	140,573	140,573	140,684	143,614	143,614	367,022
财务部	24,552	24,552	24,552	24,552	24,552	24,552	24,552	24,552	24,552	24,552	24,552	24,552	294,624
营销部	80,995	82,571	82,795	84,571	84,571	83,966	84,190	89,072	89,072	89,184	90,160	90,160	
基本工资	105,547	107,123	107,347	108,295	108,407	108,518	108,742	113,624	113,624	113,736	114,712	114,712	294,624
财务部	4,603	4,603	4,603	4,603	4,603	4,603	5,162	5,162	5,162	5,162	5,162	5,162	58,590
营销部	11,818	13,886	13,886	15,281	15,281	15,281	16,438	16,438	16,438	16,438	17,833	17,833	
社保费	16,421	18,489	18,489	19,884	19,884	19,884	21,600	21,600	21,600	21,600	22,995	22,995	58,590
财务部	1,011	1,011	1,011	1,011	1,011	1,011	1,290	1,290	1,290	1,290	1,290	1,290	13,808
营销部	2,701	3,151	3,151	3,570	3,570	3,570	4,058	4,058	4,058	4,058	4,616	4,616	
公积金	3,712	4,163	4,163	4,581	4,581	4,581	5,348	5,348	5,348	5,348	5,906	5,906	13,808
财务部	893	3,544	14,983	1,870	1,172	893	1,870	14,843	1,172	893	2,288	893	45,314
营销部	1,535	18,205	2,735	36,089	1,898	5,608	9,012	2,177	32,030	11,523	2,177	2,316	
福利费	2,428	21,749	17,718	37,959	3,070	6,501	10,882	17,020	33,202	12,416	4,465	3,209	45,314
财务部	670	670	670	670	670	670	670	670	670	670	670	670	8,040
营销部	1,200	1,200	1,200	1,200	1,200	1,200	1,200	1,200	1,200	1,200	1,200	1,200	

Sheet1

📖 本节知识回顾与测验

  1. 存在多列多行且有合并单元格标题的表格，能否使用合并计算工具来合并？应该注意哪些问题？

  2. 如何使用合并计算工具快速汇总不同工作簿中的数据？有什么条件要求吗？

  3. 如果要汇总的工作簿不在一个文件里，能否使用合并计算工具快速合并汇总？

第9章

表格数据整理加工
技能与技巧

无论是系统导出的数据，还是自己设计的表格，都会存在这样或那样不规范的问题，因此必须根据实际情况和实际要求，对数据进行整理加工，使之规范化，提升数据处理和统计分析效率。本章结合实际案例，介绍工作中常见的数据整理加工技能与技巧。

9.1 数据填充

有些情况下，需要对数据区域内的特定单元格进行填充，例如将空单元格填充为零、将空单元格填充为上一行数据、将某行数据快速往下复制 N 行等，这就是数据填充问题。数据填充有几个非常实用的方法，下面结合实际案例介绍这些方法。

9.1.1 将空单元格填充零

如果数据区域内有很多空单元格，很多情况下需要将这些空单元格输入数字 0，以免影响以后的数据统计分析。

案例 9-1

将空单元格填充零的实用方法有两种，一种方法是使用"查找和替换"对话框，如图 9-1 所示，但这种方法速度较慢，尤其是大型表格。

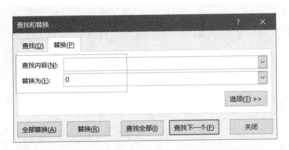

图 9-1 "查找和替换"工具

另一种方法是使用定位工具，先定位出所有空单元格，然后批量填充零，这种方法最高效。以图 9-2 所示为例，使用定位工具填充零的主要方法和步骤如下。

	A	B	C	D	E	F	G	H	I	J
1	姓名	应发合计	实发合计	岗位工资	岗位津贴	基础津贴	薪级工资	绩效工资	考核工资	所得税扣款
2	AA2	3,666.00	3,144.91	680	315	35	506	120	2010	7.63
3	AA3	5,000.00	4,450.96						5,000.00	133.44
4	AA4	3,603.00	3,173.89	590	220	35	302	97	2,359.00	9.15
5	AA6	3,718.00	3,277.85	590	220	35	324	102	2,447.00	14.62
6	AA7	2,908.00	2,504.06	590	200	35	240	93	1,750.00	
7	AA8	3,856.00	3,326.93	680	295	35	506	120	2,220.00	17.21
8	AA9	4,000.00	3,495.57						4,000.00	27.29
9	AA10	3,154.00	2,659.88	615	275	35	563	116	1,550.00	
10	AA11	3,000.00	2,550.03						3,000.00	
11	AA16	2,966.00	2,495.88	590	220	35	222		1,899.00	
12	AA17	3,405.00	2,928.86	590	220	35	204	86	2,270.00	
13	AA19	3,063.00	2,586.75	680	275	35	348	115	1,610.00	
14	AA20	4,000.00	3,518.96						4,000.00	29.89
15	AA22	2,932.00	2,526.34	590	220	35	240	97	1,750.00	
16	AA23	4,002.00	3,494.00	680	275	35	372	115	2,525.00	27.11
17										

图 9-2 示例数据

步骤1 选择数据区域。

步骤2 按 Ctrl+G 快捷键，或者按 F5 键，打开"定位"对话框，如图 9-3 所示，再单击对话框左下角的"定位条件"按钮，打开"定位条件"对话框，选择"空值"选项，如图 9-4 所示。

图 9-3 "定位"对话框

图 9-4 选择"空值"选项

步骤3 单击"确定"按钮，就将数据区域的所有空单元格选中，如图 9-5 所示。

	A	B	C	D	E	F	G	H	I	J
1	姓名	应发合计	实发合计	岗位工资	岗位津贴	基础津贴	薪级工资	绩效工资	考核工资	所得税扣款
2	AA2	3,666.00	3,144.91	680	315	35	506	120	2010	7.63
3	AA3	5,000.00	4,450.96						5,000.00	133.44
4	AA4	3,603.00	3,173.89	590	220	35	302	97	2,359.00	9.15
5	AA6	3,718.00	3,277.85	590	220	35	324	102	2,447.00	14.62
6	AA7	2,908.00	2,504.06	590	200	35	240	93	1,750.00	
7	AA8	3,856.00	3,326.93	680	295	35	506	120	2,220.00	17.21
8	AA9	4,000.00	3,495.57						4,000.00	27.29
9	AA10	3,154.00	2,659.88	615	275	35	563	116	1,550.00	
10	AA11	3,000.00	2,550.03						3,000.00	
11	AA16	2,966.00	2,495.88	590	220	35	222		1,899.00	
12	AA17	3,405.00	2,928.86	590	220	35	204	86	2,270.00	
13	AA19	3,063.00	2,586.75	680	275	35	348	115	1,610.00	
14	AA20	4,000.00	3,518.96						4,000.00	29.89
15	AA22	2,932.00	2,526.34	590	220	35	240	97	1,750.00	
16	AA23	4,002.00	3,494.00	680	275	35	372	115	2,525.00	27.11

图 9-5 选中全部空单元格

步骤4 在当前状态下，键入数字 0，然后按 Ctrl+Enter 快捷键，就将全部空单元格填充了数字 0，如图 9-6 所示。

	A	B	C	D	E	F	G	H	I	J
1	姓名	应发合计	实发合计	岗位工资	岗位津贴	基础津贴	薪级工资	绩效工资	考核工资	所得税扣款
2	AA2	3,666.00	3,144.91	680	315	35	506	120	2010	7.63
3	AA3	5,000.00	4,450.96	0	0	0	0	0	5,000.00	133.44
4	AA4	3,603.00	3,173.89	590	220	35	302	97	2,359.00	9.15
5	AA6	3,718.00	3,277.85	590	220	35	324	102	2,447.00	14.62
6	AA7	2,908.00	2,504.06	590	200	35	240	93	1,750.00	0
7	AA8	3,856.00	3,326.93	680	295	35	506	120	2,220.00	17.21
8	AA9	4,000.00	3,495.57	0	0	0	0	0	4,000.00	27.29
9	AA10	3,154.00	2,659.88	615	275	35	563	116	1,550.00	0
10	AA11	3,000.00	2,550.03	0	0	0	0	0	3,000.00	0
11	AA16	2,966.00	2,495.88	590	220	35	222	0	1,899.00	0
12	AA17	3,405.00	2,928.86	590	220	35	204	86	2,270.00	0
13	AA19	3,063.00	2,586.75	680	275	35	348	115	1,610.00	0
14	AA20	4,000.00	3,518.96	0	0	0	0	0	4,000.00	29.89
15	AA22	2,932.00	2,526.34	590	220	35	240	97	1,750.00	0
16	AA23	4,002.00	3,494.00	680	275	35	372	115	2,525.00	27.11

图 9-6 全部空单元格填充数字 0

9.1.2 将空单元格填充为上一行数据

如果数据区域的空单元格并不是真的空，而是一种阅读格式的表格，这些空单元格实际上应该是上一行的数据，那么，为了数据分析，就必须将这些空单元格填充为上一行数据。

 案例 9-2

例如，图 9-7 所示就是一个示例，这种表格大多发生在从系统导出的数据中，现在要求把空单元格填充为上一行数据。

	A	B	C	D	E
1	施工单位	工程名称	材料	工地签收量	实际生产方量
2	CCCC	GC-195-2986	CLOP031	16	15.6
3	DDDD	GC888	CLOP031	179	175.2
4		GC9109-49-11	LERT-A30-1	175	173
5			LERT-A30-2	118	120.8
6			LERT-A30-3	11	10.8
7	QQQQ	QLDX	LERT-A30	2	1.8
8	AAAA	DJ-JM	CL0218	20	19.8
9			CRT0185	18	17.8
10			VGT-222	62	61.2
11			GYTP30	32	31.6
12	GGGG	KSH-299	CLOP031	60	58.5
13	HHHH	GDJT-2958	LPO0194	13	12.8
14			LERT-A30-2	57	56.4
15			CRT0185	40	38
16	KKKK	GDJT-10498	CL0218	91	88.5
17			LERT-A30-3	22	21.8
18			VGT-222	3	2.8

图 9-7 示例数据

这种空单元格的填充，也是使用前面介绍的定位填充方法，下面是主要步骤。

步骤1 选择要填充数据的单元格区域。

步骤2 利用"定位条件"对话框来定位选择空单元格（参见图 9-4）。

步骤3 在键盘上输入等号（=），观察等号在哪个单元格，然后鼠标引用上一个单元格。本案例中，当前活动单元格是 A4，就在单元格 A4 中输入公式"=A3"，如图 9-8 所示。

	A	B
1	施工单位	工程名称
2	CCCC	GC-195-2986
3	DDDD	GC888
4	=A3	GC9109-49-11
5		
6		
7	QQQQ	QLDX

图 9-8 输入引用上一行的公式

步骤4 按 Ctrl+Enter 快捷键，就在所有选中的空单元格输入了引用上一行数据的公式，也就将上一行的数据引用到了下一行，如图 9-9 所示。

	A	B	C	D	E
1	施工单位	工程名称	材料	工地签收量	实际生产方量
2	CCCC	GC-195-2986	CLOP031	16	15.6
3	DDDD	GC888	CLOP031	179	175.2
4	DDDD	GC9109-49-11	LERT-A30-1	175	173
5	DDDD	GC9109-49-11	LERT-A30-2	118	120.8
6	DDDD	GC9109-49-11	LERT-A30-3	11	10.8
7	QQQQ	QLDX	LERT-A30	2	1.8
8	AAAA	DJ-JM	CL0218	20	19.8
9	AAAA	DJ-JM	CRT0185	18	17.8
10	AAAA	DJ-JM	VGT-222	62	61.2
11	AAAA	DJ-JM	GYTP30	32	31.6
12	GGGG	KSH-299	CLOP031	60	58.5
13	HHHH	GDJT-2958	LPO0194	13	12.8
14	HHHH	GDJT-2958	LERT-A30-2	57	56.4
15	HHHH	GDJT-2958	CRT0185	40	38
16	KKKK	GDJT-10498	CL0218	91	88.5
17	KKKK	GDJT-10498	LERT-A30-3	22	21.8
18	KKKK	GDJT-10498	VGT-222	3	2.8

图 9-9　批量输入引用公式，引用上一行数据

步骤5 选择数据区域，将单元格区域粘贴为数值，目的就是去掉公式。

9.1.3　将空单元格填充为下一行数据

有些表格的项目名称可以在底部，需要将项目名称上面的单元格填充为项目名称，也就是将空单元格填充为下一行数据。

案例 9-3

图 9-10 就是一个这样的示例数据，要求把 A 列的部门名称往上填充空单元格。

这种空单元格的填充，仍然采用 9.1.2 节介绍的定位填充方法，区别是输入引用公式时，要引用下一个单元格，如图 9-11 所示。

	A	B	C
1	部门	摘要	人数
2		年初人数	11
3		本年新进	5
4		半年离职	3
5	财务部	年末人数	13
6		年初人数	7
7		本年新进	2
8		半年离职	1
9	人力资源部	年末人数	8
10		年初人数	28
11		本年新进	7
12		半年离职	12
13	营销部	年末人数	23
14		年初人数	16
15		本年新进	9
16		半年离职	10
17	采购部	年末人数	15

图 9-10　空单元格在数据的上面

	A	B	C
1	部门	摘要	人数
2	=A3	年初人数	11
3		本年新进	5
4		半年离职	3
5	财务部	年末人数	13
6		年初人数	7
7		本年新进	2

图 9-11　引用下面的单元格

9.1.4 将空单元格填充为左一列数据

这种情况常常发生在要将左侧一列数据往右复制一列，或者从左侧一列数据中提取数据并填充到右侧一列。

如果要将左侧数据往右复制一列，方法有很多，最简单的方法是复制粘贴，也可以使用 Ctrl+R 快捷键；具体的方法是选择要填充的列区域（该区域必须是紧邻左侧要填充的数据列），然后按 Ctrl+R 快捷键。

从左侧一列数据中提取数据并填充到右侧一列，可以使用 Ctrl+E 快捷键。具体的方法是，先在紧邻的右侧一列第一个单元格手动输入提取的数据，然后选择包括该单元格在内的要填充的列区域，最后按 Ctrl+E 快捷键。

还有一种情况是处理合并单元格，因为在存在合并单元格情况下，只有左上角的第一个单元格有数据，而我们认为这些合并单元格都应该是同一个数据。当存在合并单元格的情况下，会影响数据处理分析，甚至得到错误的结果，因此需要取消合并单元格并填充数据。

案例 9-4

例如，对于图 9-12 所示的表格，分析数据是比较难的，一方面这是一个二维表，无法建立灵活的数据分析模型；另一方面第 1 行和第 2 行是合并单元格的两行标题，因此需要整理该表格。

	A	B	C	D	E	F	G	H	I	J	K
1	产品	一季度		二季度		三季度		四季度		全年	
2		目标	完成	目标	完成	目标	完成	目标	完成	目标	完成
3	产品1	395	1500	1960	919	1819	925	1176	572	5350	3916
4	产品2	1555	1661	1615	1370	1409	603	1367	1013	5946	4647
5	产品3	1178	1568	423	1197	1538	1708	545	1182	3684	5655
6	产品4	1924	895	1892	1777	927	1109	1519	1585	6262	5366
7	产品5	706	1721	1450	974	500	1175	1670	444	4326	4314
8	合计	5758	7345	7340	6237	6193	5520	6277	4796	25568	23898

图 9-12　合并单元格标题的表格

整理的第一步是取消合并单元格，方法很简单，下面是主要操作步骤。

步骤1 选择第 1 行和第 2 行。

步骤2 单击功能区的"合并后居中"按钮，取消合并单元格，如图 9-13 所示。

	A	B	C	D	E	F	G	H	I	J	K
1	产品	一季度		二季度		三季度		四季度		全年	
2		目标	完成	目标	完成	目标	完成	目标	完成	目标	完成
3	产品1	395	1500	1960	919	1819	925	1176	572	5350	3916
4	产品2	1555	1661	1615	1370	1409	603	1367	1013	5946	4647

图 9-13　取消合并单元格

步骤3 按 Ctrl+G 快捷键，定位空单元格。

步骤4 在当前活动单元格中，输入引用左侧单元格的公式（这里是 "=B1"），如图 9-14 所示。

B1			⋮	× ✓ fx	=B1	

	A	B	C	D	E	F	G	H
1	产品	一季度	=B1	二季度		三季度		四季度
2		目标	完成	目标	完成	目标	完成	目标
3	产品1	395	1500	1960	919	1819	925	1176
4	产品2	1555	1661	1615	1370	1409	603	1367

图 9-14　输入引用左侧单元格的公式

步骤5　按 Ctrl+Enter 快捷键，就得到图 9-15 所示的填充数据后的结果。

	A	B	C	D	E	F	G	H	I	J	K
1	产品	一季度	一季度	二季度	二季度	三季度	三季度	四季度	四季度	全年	全年
2	#REF!	目标	完成	目标	完成	目标	完成	目标	完成	目标	完成
3	产品1	395	1500	1960	919	1819	925	1176	572	5350	3916
4	产品2	1555	1661	1615	1370	1409	603	1367	1013	5946	4647

图 9-15　填充数据后

步骤6　单独处理 A 列的错误值单元格，再将公式选择性粘贴为数值，得到数据完整的标题，如图 9-16 所示，然后就可以使用其他工具对表格进行进一步整理加工了。

	A	B	C	D	E	F	G	H	I	J	K
1	产品	一季度	一季度	二季度	二季度	三季度	三季度	四季度	四季度	全年	全年
2	产品	目标	完成	目标	完成	目标	完成	目标	完成	目标	完成
3	产品1	395	1500	1960	919	1819	925	1176	572	5350	3916
4	产品2	1555	1661	1615	1370	1409	603	1367	1013	5946	4647
5	产品3	1178	1568	423	1197	1538	1708	545	1182	3684	5655
6	产品4	1924	895	1892	1777	927	1109	1519	1585	6262	5366
7	产品5	706	1721	1450	974	1175	1670	500	444	4326	4314
8	合计	5758	7345	7340	6237	6193	5520	6277	4796	25568	23898

图 9-16　合并单元格处理后的表格

9.1.5　将空单元格填充为右一列数据

如果要将不规律的空单元格填充为右一列数据，可以采用前面介绍的先定位再输入引用公式的方法。

案例 9-5

示例数据如图 9-17 所示，要求将空单元格填充为该单元格右侧单元格的数据。详细操作步骤请观看视频。

	A	B	C	D
1	项目	数据1	数据2	数据3
2	项目01	827	629	219
3	项目02		888	618
4	项目03	340		666
5	项目04	548		444
6	项目05		111	791
7	项目06		222	206
8	项目07	816	764	832
9	项目08	876		555
10	项目09		333	598

图 9-17　右侧单元格数据需要填充到左侧紧邻单元格

如果要把右侧一列数据填充到左侧一列，可以采用复制粘贴的方法，也可以使用快速填充工具（或者快捷键 Ctrl+E）。

9.1.6　将某行数据往下复制填充 N 行

当需要将某行数据往下复制填充 N 行时，最基本的方法是复制粘贴，也可以使用 Ctrl+D 快捷键，方法是：先选择包括该行数据在内的 N 行区域，然后再按 Ctrl+D 快捷键。

9.1.7　将某列数据往右复制填充 N 列

当需要将某列数据往右复制填充 N 列，最基本的方法是复制粘贴，也可以使用 Ctrl+R 快捷键，方法是：先选择包括该列数据在内的 N 列区域，然后再按 Ctrl+R 快捷键。

✎ 本节知识回顾与测验

1. 如果数据区域中有很多空单元格，如何将这些空单元格快速填充数字 0？

2. 如果数据区域中有很多空单元格，如何将这些空单元格快速填充为上一个单元格数据？

3. 如果数据区域中有很多空单元格，如何将这些空单元格快速填充为下一个单元格数据？

4. 如何快速将某行数据往下复制 N 行？

5. 如何快速将某列数据往右复制 N 列？

9.2　数据去重

表单中的重复数据会影响数据分析，就需要将重复数据删除。在某些场合，我们也希望获取一个不重复数据列表，例如，从销售明细表中，获取不重复客户名称，获取不重复产品名称等。这些问题，就是数据去重。

数据去重的最简单方法是在"数据"选项卡中单击"删除重复值"命令按钮，如图 9-18 所示。

图 9-18　单击"删除重复值"命令按钮

如果要制作一个自动化的数据模型，从基础表单动态中获取不重复数据，则需要使用 UNIQUE 函数，关于这个函数的应用，在函数专著中再进行介绍。

9.2.1　从某列中获取不重复数据列表

在设计报表时，往往需要先从基础数据表单中获取不重复客户名称、不重复产品名称等，这个工作很简单，先从基础表中将这列数据复制到新位置，然后执行"删除重复值"命令即可。

9.2.2　删除表单中的重复数据

案例 9-6

所谓重复数据，是指某行数据出现了多次，如图 9-19 所示。如果表单中有很多重复数据，那么就需要将重复的数据删除，留下唯一数据。方法很简单，选择数据区域，执行"删除重复值"命令即可，如图 9-20 所示。

	A	B	C	D	E
1	数据1	数据2	数据3	数据4	数据5
2	AAA	1206	467	816	1417
3	BBB	705	444	1112	351
4	CCC	1474	213	660	996
5	DDD	1508	1405	992	1571
6	CCC	1474	213	660	996
7	GGG	1308	852	1183	917
8	KKK	1275	982	1576	1379
9	CCC	1474	213	660	996
10	AAA	1206	467	816	1417

图 9-19　有重复数据

图 9-20　删除了重复数据

✎ 本节知识回顾与测验

1. 如何快速删除数据清单中的重复数据，留下唯一不重复数据？
2. 如何从有重复数据的某列，获取一个不重复项目列表？

数字在单元格中的保存方式有两种：数值型数字和文本型数字，前者是数值，如金额、数量、价格等数字；后者是文本，如邮政编码、身份证号码、科目编码等。

9.3.1 将文本型数字转换为数值型数字

一般情况下，从系统导出的表单，如数量、金额、价格之类的数字，往往并不是数值型数字，而是文本型数字，这样就无法进行统计分析了，因此需要将文本型数字转换为数值型数字。

将文本型数字转换为数值型数字有很多方法，最简单的方法是使用智能标记和分列工具，下面我们将分别进行介绍。

 案例 9-7

图 9-21 所示是一个系统导出的采购数据，F 列至 H 列的数量、单价和金额是文本型数字（其实 B 列的日期也是文本型日期）。

	A	B	C	D	E	F	G	H
1	供应商	日期	物料名称	规格型号	单位	数量	单价	金额
2	AAAAA	2023-3-1	CLOO1	12*666*6000	M	134534	3.095	416,382.73
3	AAAAA	2023-3-1	CLOO5		万个	603	396.856	239,304.17
4	BBBBB	2023-3-1	CLO12	0.04*395	桶	807	142.26	114,803.82
5	BBBBB	2023-3-1	CLO12	0.105*395	桶	1596	373.442	596,013.43
6	CCCCC	2023-3-7	CLO16	0.63*395	桶	179	5291.416	947,163.46
7	CCCCC	2023-3-7	CLO58	0.64*395	桶	30	2910.279	87,308.37
8	EEEEE	2023-3-7	CLO32	0.63*395	桶	48	4973.931	238,748.69
9	EEEEE	2023-3-7	CLO33	0.63*395	桶	149	4973.931	741,115.72
10	GGGGG	2023-3-10	CLO52	18*1535*958	KG	11959	39.156	468,266.60
11	GGGGG	2023-3-10	CLO52	14.3*1575*958	KG	20928	35.717	747,485.38
12	GGGGG	2023-3-10	CLO52	14.3*667*958	KG	5979	35.717	213,551.94
13	HHHHH	2023-3-13	CLO91	1568*566	M	29897	2.99	89,392.03

图 9-21　系统导出的是文本型数字

如果是文本型数字，一个明显的标志是单元格左上角有一个绿色小三角，单击单元格，就在单元格右侧出现一个黄底色感叹号标记，单击该标记，展开菜单列表，可以看到第一行是说明文字"以文本形式存储的数字"，这表示单元格保存的是文本型数字，如图 9-22 所示。

图 9-22　标记展开的菜单列表

将文本型数字转换为数值型数字，最简单的方法是：选择要转换的单元格区域，然后在图 9-22 所示的菜单列表中单击"转换为数字"选项。

如果数据量很大，有上万行甚至数十万行，那么这种利用标记菜单命令转换速度就比较慢了，因为这种转换是循环每个单元格进行转换的，此时，可以使用一个更快的方法：分列工具。

使用分列工具将文本型数字转换为数值型数字很简单，选择要转换的某列（注意只能选择一列来操作，如果有多列数据要转换，就需要分开操作多次），在"开始"选项卡中执行"分列"命令，打开"文本分列向导—第1步，共3步"中直接单击"完成"按钮即可。详细操作步骤，请观看视频。

还有一个更快的转换方法，就是使用选择性粘贴，主要步骤是：先在一个空白单元格输入数字1，复制这个单元格，然后选择要转换的区域，打开"选择性粘贴"对话框，选择"乘"或"除"选项，如图9-23所示，就可以快速转换。

图9-23　选择"乘"或"除"选项

当然，也可以在一个空白单元格输入数字0，复制这个单元格，然后选择要转换的区域，打开"选择性粘贴"对话框，选择"加"或"减"选项。

选择性粘贴这种转换方法，是利用了Excel的一个规则：对于文本型数字，可以进行四则运算（加、减、乘、除）。

9.3.2　将数值型数字转换为文本型数字

如果是编码类的数字，则必须将这样的数字处理为文本型数字；如果要转换为文本型数字，是不能通过设置单元格格式的方法来完成的，因为设置单元格格式并不改变单元格里的数据本质（数据类型属性）。

如果要把数值型数字转换为文本型数字，可以使用TEXT函数，也可以使用分列工具，后者可以在原位置进行转换，而前者需要单独做一列公式来完成。

案例9-8

例如，对于图9-24所示的数据，数值型数字和文本型数字混杂，现在要求将数值型数字转换为文本型数字，如果是文本型数字，则仍为文本。

	A	B	C
1		编码	
2		1001	
3		1002	
4		100201	
5		100202	
6		100203	
7		6652	
8		665201	
9		66520101	
10		66520102	
11		2963	
12		40601	

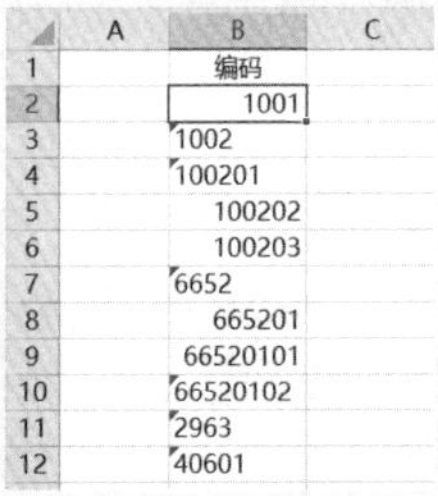

图 9-24　数值型数字和文本型数字混杂

使用分列工具将数值型数字转换为文本型数字是很简单的，首先选择该列，在“文本分列向导一第 3 步，共 3 步”对话框中选择“文本”选项，如图 9-25 所示。

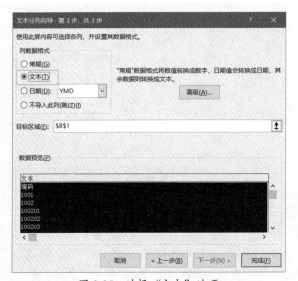

图 9-25　选择“文本”选项

那么，就将数值型数字转换为了文本型数字，如图 9-26 所示。

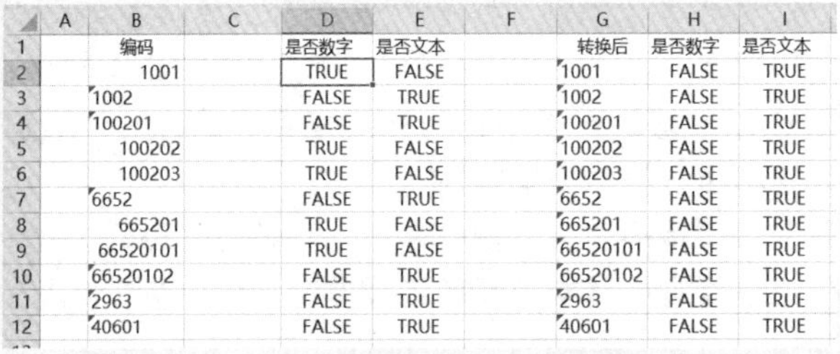

	A	B	C	D	E	F	G	H	I
1		编码		是否数字	是否文本		转换后	是否数字	是否文本
2		1001		TRUE	FALSE		1001	FALSE	TRUE
3		1002		FALSE	TRUE		1002	FALSE	TRUE
4		100201		FALSE	TRUE		100201	FALSE	TRUE
5		100202		TRUE	FALSE		100202	FALSE	TRUE
6		100203		TRUE	FALSE		100203	FALSE	TRUE
7		6652		FALSE	TRUE		6652	FALSE	TRUE
8		665201		TRUE	FALSE		665201	FALSE	TRUE
9		66520101		TRUE	FALSE		66520101	FALSE	TRUE
10		66520102		FALSE	TRUE		66520102	FALSE	TRUE
11		2963		FALSE	TRUE		2963	FALSE	TRUE
12		40601		FALSE	TRUE		40601	FALSE	TRUE

图 9-26　数值型数字转换为文本型数字

为了观察转换前后的对比，将原始数据复制一列，在复制列上进行转换，并使用函数判断是数字还是文本。

✏ **本节知识回顾与测验**

1. 文本型数字与数值型数字有什么区别？从外观上如何初步判断？

2. 假如文本型数字的单元格区域是 B2:B100，那么公式"=SUM(B2:B100)"结果是什么？

3. 如何快速将很多列、很多行的单元格区域内的文本型数字转换为数值型数字？

4. 如何快速将上万行数据的某列文本型数字转换为数值型数字？

9.4 特殊字符处理

从系统导出的数据，有可能在数据的前后存在着眼睛看不见的特殊字符。所谓特殊字符，就是无法在键盘上正常键入的字符。这种特殊字符的存在，必然会影响数据统计分析，应当予以清除。

如果是文本数据，也可能在文本的前面或后面存在着诸如空格、星号等正常字符，这些字符也会影响数据统计分析，也是要予以清除的。

9.4.1 清除字符前后的空格

清除空格是很简单的，利用"查找和替换"对话框就可以快速替换掉所有空格。

但是，这种查找和替换的方法，也会将字符中间的空格替换掉，这样，对于英文名称、规格型号等这类的文本就不适合了，此时，需要使用 TRIM 函数做辅助列进行处理，然后再将处理后的数据选择性粘贴到原位置。

TRIM 函数的功能就是替换掉字符前面和后面的空格，对于字符中间存在的空格，会保留一个空格（多余一个的空格会被清除）。

例如，下面的公式结果是："北京市 海淀区"

```
=TRIM("     北京市        海淀区          ")
```

9.4.2 清除字符中的星号

也许从系统导出的数据前面或后面有星号（*），此时，如果直接键入星号（*）进行查找和替换，就会将工作表所有数据清除，因为在查找和替换操作中，星号（*）代表所有数据。

📈 **案例 9-9**

为了真正清除掉字符前后或者中间的星号（注意，一些规格型号文本字符串可能会有星号，例如 14.3*1575*958，这样的星号是不能清除的），需要使用波浪号（~）

来屏蔽星号的字符通配功能，也就是在"查找内容"输入框中输入"~*"，如图 9-27 所示。

图 9-27 替换字符前后或中间的星号

9.4.3 清除字符中的特殊字符

字符中的特殊字符是经常遇到的数据垃圾。从系统导出的数据、从网上下载的数据，经常会存在特殊字符，影响数据统计分析。

案例 9-10

图 9-28 所示就是这样的一个例子，B 列的金额使用 SUM 函数求和的结果是 0，说明 B 列金额肯定是文本，而不是数值型数字。

	A	B
1	业务编号	金额
2	0401212	4,476.32
3	0401211	17,620.00
4	0401210	4,665.60
5	0401207	5080.00
6	0401205	59411.00
7	0401204	10000.00
8	0401203	10500.00
9	0401201	6517.50
10	0401200	9589.00
11		
12	合计	0

图 9-28 数据前后存在特殊字符

如果是文本型数字，一般情况下单元格左上角会有一个绿色小三角，但这里并没有出现，也就是说，B 列数据十有八九不是文本型数字，而是在数字前面或后面存在特殊字符，导致 B 列数据是文本字符串。

那么，怎么知道数据前后有特殊字符呢？一个最简单的方法是，将单元格的字体设置为 Symbol，我们可以看到，数据的前后显示出了数目不等的方块，如图 9-29 所示。

图 9-29 设置字体 Symbol

　　显示出这样的方块后，就可以使用"查找和替换"工具，将特殊字符清除掉。其方法是：复制一个这样的小方块，然后粘贴到"查找和替换"对话框中，单击"全部替换"按钮即可。详细操作步骤，请观看视频。

✎ 本节知识回顾与测验

　　1. 删除汉字前后空格及中间空格的基本方法是什么？

　　2. 删除英文单词和英文语句前后空格及中间多余空格的基本方法是什么？

　　3. 如何快速清除数据前后隐藏的特殊字符？

第 **10** 章

数据验证实用
技能与技巧

　　所谓数据验证（又称数据有效性），就是为单元格设置的一个条件验证规则，只有满足这个条件规则的数据才是有效的，才能键入到单元格，否则就是无效的，不允许键入到单元格。

　　注意这里的用词：键入，是指在键盘上键入数据，而不是复制粘贴。

　　数据验证应用非常广泛，利用它，可以限制规定输入指定规则的数据，例如在单元格设计下拉列表中，只能输入规定序列的数据，只能输入某个区间的日期，只能输入正数等。本节介绍数据验证在数据管理中的一些实用技能与技巧，以及一些实际应用案例。

10.1 数据验证的设置方法与注意事项

数据验证的设置并不复杂，但也有一些注意事项，下面介绍数据验证的常规设置方法和注意事项。

10.1.1 数据验证的设置方法

对单元格设置数据验证是很简单的，首先选择要设置数据验证的单元格或单元格区域，在"数据"选项卡中单击"数据验证"命令按钮，如图10-1所示，打开"数据验证"对话框，如图10-2所示。

图 10-1 单击"数据验证"命令按钮　　　图 10-2 "数据验证"对话框

设置数据验证的核心是设置验证条件，也就是在"设置"选项卡中进行设置，在允许下拉列表中可以选择某个条件，如图10-3所示，然后对该条件进行具体设置即可。

图 10-3 允许下拉列表中的验证条件

例如，限制只能在单元格输入 8 位材料编码，在"允许"下拉列表中选择"文本长度"，在"数据"下拉列表中选择"等于"，在"长度"输入框中输入数字"8"，如图 10-4 所示。

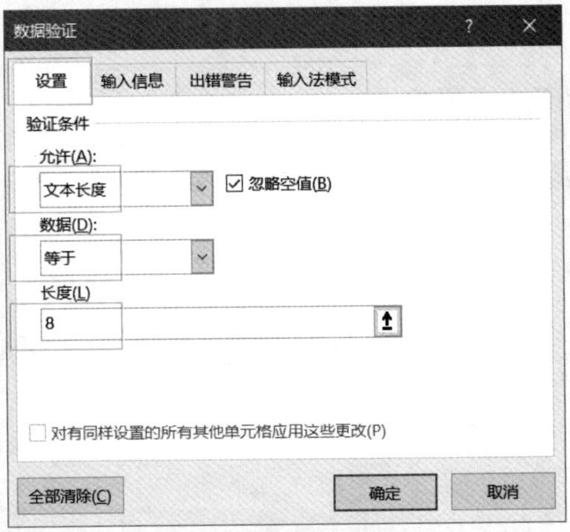

图 10-4　设置验证条件

　　如果要设置提醒信息，也就是当单击单元格时，出现一个提醒信息框，说明输入数据的注意事项，可以切换到"输入信息"选项卡，再输入提示信息即可，如图 10-5 所示。

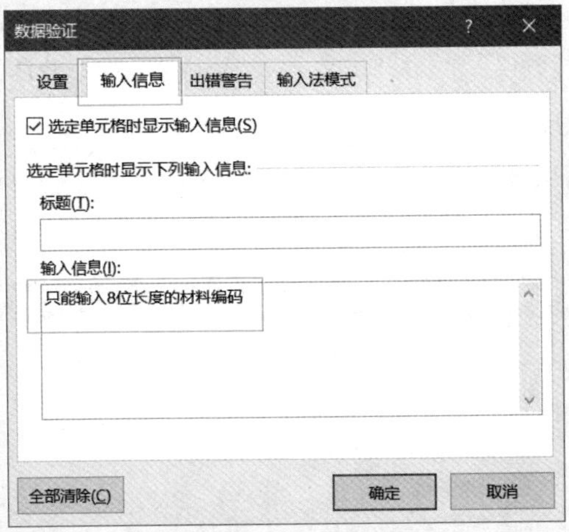

图 10-5　设置"输入信息"

　　当输入数据不满足条件时，如果希望弹出一个有详细说明信息的警告框，可以切换到"出错警告"选项卡，然后设置出错警告信息，如图 10-6 所示。

图 10-6　设置"出错警告"信息

这样，在该单元格，就只能输入长度为 8 的文本了，如果不满足这个要求，就会弹出警告信息，如图 10-7 所示。

图 10-7　数据验证使用效果

10.1.2　复制粘贴会破坏设置的数据验证

数据验证只能控制在键盘上键入数据，不能控制复制粘贴。如果往设置有数据验证的单元格复制粘贴数据，那么就会破坏掉设置的数据验证，单元格就可以输入任意数据了。

10.1.3　清除数据验证

当不再需要数据验证时，可以将其清除，方法很简单：先选择设置有数据验证的单元格区域，打开"数据验证"对话框，单击对话框左下角的"全部清除"按钮。

✏ **本节知识回顾与测验**

1. 什么是数据验证？它主要用来做什么？
2. 设置数据验证的基本步骤是什么？
3. 如果只能在单元格输入正整数，如何设置数据验证？
4. 如果单元格设置了数据验证，能否把其他单元格数据复制粘贴到该单元格？
5. 如何快速选择所有设置有相同数据验证的单元格？

10.2 设置数据验证来控制输入日期

在 Excel 表格中，日期是一类重要的数据，几乎所有的表格都有日期。但是，很多人输入日期数据时，由于不了解 Excel 处理日期的基本规则，以至于输入了这样的错误日期"2024.4.8""20240408"等。为了避免一开始就输入错误的日期，可以设置数据验证来控制规范日期数据输入。

10.2.1 只允许输入指定时间段的日期

案例 10-1

例如，在 A 列只允许输入 2024 年日期，就可以设置如图 10-8 所示的数据验证条件。

- 允许：选择"日期"；
- 数据：选择"介于"；
- 开始日期：输入"2024-1-1"；
- 结束日期：输入"2024-12-31"。

图 10-8　设置验证条件

10.2.2 不允许输入指定时间段的日期

案例 10-2

例如，在 A 列不允许输入 2024 年 3 月份日期，就可以设置如图 10-9 所示的数据验证条件。

- 允许：选择"日期"；
- 数据：选择"未介于"；
- 开始日期：输入"2024-3-1"；
- 结束日期：输入"2024-3-31"。

图 10-9 设置验证条件

10.2.3 | 只允许输入指定日期之前或之后的日期

📈 **案例 10-3**

例如，在 A 列只能输入 2023 年年底之前的日期，就可以设置如图 10-10 所示的数据验证条件。

- 允许：选择"日期"；
- 数据：选择"小于或等于"；
- 结束日期：输入"2023-12-31"。

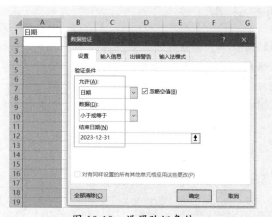

图 10-10 设置验证条件

10.2.4 只允许输入当天日期

案例 10-4

如果只能在 A 列输入当天日期，也就是哪天输入数据，就输入哪天的日期，那么就需要使用 TODAY 函数了，数据验证设置如图 10-11 所示。

- 允许：选择"日期"；
- 数据：选择"等于"；
- 日期：输入公式"=TODAY()"。

图 10-11 设置验证条件

注意不能只输入"TODAY()"，这样输入的是文本字符串，不是函数。由于是使用单个函数，因此在函数名称前必须加等号（=）。

📌 本节知识回顾与测验

1. 如何使用数据验证来控制规范日期数据的输入？
2. 如何设置数据验证，控制只能输入当天日期？
3. 如何设置数据验证，控制只能输入过去一周的日期？
4. 单独使用 TODAY 函数时，应当怎么设置公式？

10.3 设置数据验证来控制输入数字

数字的输入一般不会出现问题，但是，在某些表格中，对数据的输入有着比较严格的要求，例如销售记录表中的单价只能输入正数，发货记录表中的发货数量只能是正整数或负整数（因为会存在退货发生）等，可以设置数据验证来控制规范数字的输入。

10.3.1　只允许输入整数

案例 10-5

如果要控制在单元格中输入正整数，可以设置如图 10-12 所示的数据验证。

- 允许：选择"整数"；
- 数据：选择"大于"；
- 最小值：输入"0"。

图 10-12　设置验证条件

10.3.2　只允许输入小数

案例 10-6

例如，只能输入纯小数（材料损耗率等数据就是这样的要求），就可以设置如图 10-13 所示的数据验证。

- 允许：选择"小数"；
- 数据：选择"介于"；
- 最小值：输入"0"；
- 最大值：输入"1"。

图 10-13　设置验证条件

本节知识回顾与测验

1.如何使用数据验证来控制规范数字的输入？例如，只能输入正整数？

2.如何设置数据验证，控制只能输入百分比数字，这个百分比数字可以是正数，也可以是负数，但最小值不小于 -500%，最大值不大于 500%？

3.思考一下，如何设置数据验证，控制只能输入两位以内的正小数或者负小数？

10.4　设置数据验证来控制输入文本

文本数据的输入，一般不会出现什么严重问题，但在某些表格中，对文本数据的输入则有一些要求，例如，只能输入固定长度的文本（邮政编码是 6 位、身份证号码是 18 位），只能输入汉语名称（并且不能有空格），只能输入英文名称等。

10.4.1　只能输入固定长度的文本

案例 10-7

例如，只能输入 18 位身份证号码，则可以设置图 10-14 所示的数据验证：

- 允许：选择"文本长度"；
- 数据：选择"等于"；
- 长度：输入"18"。

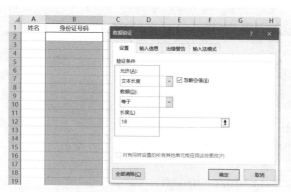

图 10-14　设置验证条件

为了保证输入的身份证号码是文本型数字，可以在设置数据验证之前把单元格格式设置为"文本"，也可以不设置格式。在输入身份证号码时，在身份证号码数字前面加单引号""，这个单引号不占用字符长度，仅仅是标识输入的数字是文本型数字。

10.4.2　只能输入中文名称，并且不允许有空格

案例 10-8

如果在单元格中只能输入中文名称，并且不允许有空格，不能有数字、字母、标点符号之类的字符存在，那么就需要使用自定义验证规则了，设置数据验证如图10-15所示：

- 允许：选择"自定义"；
- 公式：输入"=2*LEN(A2)=LENB(A2)"。

图 10-15　设置验证条件

这里的核心是公式判断，使用 LEN 函数统计字符数，使用 LENB 函数统计字节数。汉字的特征就是：1 个汉字有 2 个字节，因此将字符数乘以 2；如果等于字节数，就表示输入的是完完全全的汉字，没有数字、字母、标点符号之类的字符存在。

第 10 章　数据验证实用技能与技巧

10.4.3　只能输入英文名称

案例 10-9

如果在单元格中只能输入英文名称，并且不允许汉字等全角字符出现，也是需要使用自定义验证规则了，设置数据验证如图 10-16 所示：

- 允许：选择"自定义"；
- 公式：输入 "=LEN(B2)=LENB(B2)"。

图 10-16　设置验证条件

这里的核心是公式判断，使用 LEN 函数统计字符数，使用 LENB 函数统计字节数。英文的特征就是：1 个英文字母有 1 个字节，因此，如果输入的字符是字母，那么字符数就等于字节数，就能够输入。

当然，这个条件是不完整的，因为输入标点符号、数字等也是半角字符。这里仅仅是练习一下这个用法，更复杂的限制条件，我们在后面进行介绍。

✎ 本节知识回顾与测验

1. 如何使用数据验证，来控制只能输入 6 位数字的邮政编码？

2. 如何设置数据验证，控制只能输入半角字符（不限制是数字、字母或符号），但不能输入汉字？

3. 如何设置数据验证，控制只能输入汉字，并且汉字中不能有空格、字母、数字等？

10.5　使用序列规则在单元格设置下拉列表

如果要在单元格输入规定的序列数据，例如只能在单元格输入规定的部门名称、产品名称、月份名称等，可以使用数据验证的序列规则。

序列规则有两种使用方法，一种是将序列项目输入到数据验证中，另一种是引用工作表上的已有序列列表。

10.5.1　序列项目固定情况下的下拉列表

案例 10-10

很多情况下，需要往单元格输入规定的几个名称。例如，在单元格输入规定的几个已知的部门名称：办公室、财务部、营销部、技术部、采购部、生产部、品管部，此时，可以为单元格设置下拉列表，快速选择输入部门名称。

数据验证设置如下，如图 10-17 所示。

- 允许：选择"序列"；
- 来源：输入各个部门名称，用英文逗号隔开。

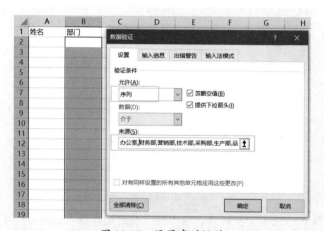

图 10-17　设置序列规则

这样，单击单元格，就在单元格右侧出现下拉箭头，单击该箭头，就展开一个下拉列表，从而可以快速选择输入数据，如图 10-18 所示。

图 10-18　单元格的下拉菜单

10.5.2 序列项目不固定情况下的下拉列表

如果序列很长，例如有数十个长短不一的产品名称，那么在"来源"输入框中输入这些名称是不现实的，可以在一个基本资料工作表中，先输入好这些产品名称，然后将该名称区域引入数据验证的"来源"输入框中即可。

案例 10-11

例如，在工作表"基本资料"的 B 列有产品名称，那么就可以将该产品列表直接引入数据验证中，如图 10-19 所示。

图 10-19　直接引用工作表的数据作为序列的来源

📝 本节知识回顾与测验

1. 如何为单元格设置下拉列表，以便能够快速选择输入数据？

2. 如果是手动输入序列的来源，各个项目之间用什么符号隔开？

3. 为什么有的时候，明明是几个项目，但是下拉列表中这些项目都连在一起？

4. 如何引用其他工作表的某个序列区域数据作为下拉列表项目的来源？

5. 如果引用工作表的某个序列数据作为下拉列表项目的来源，这个序列区域必须是一列吗？可以是一行吗？能不能是几列几行的区域？请验证。

10.6 设置自定义规则的数据验证

前面介绍的是使用 Excel 提供的一些标准规则来设置数据验证。在实际数据处理中，往往还需要根据自己的特殊要求，来设置一些更加复杂的自定义数据验证规则。

自定义数据验证，需要使用函数公式来构建条件，并且公式的结果必须是 TRUE 或者 FALSE，前者表示条件满足，可以输入数据；后者表示条件不满足，不允许输入数据。

10.6.1　只能输入 18 位不重复身份证号码

案例 10-12

例如，在单元格中，只能输入不重复的、长度必须是 18 位的身份证号码，这里就是两个条件的组合：(1) 不能重复；(2) 长度是 18 位。

数据验证设置如下，如图 10-20 所示。

- 允许：选择"自定义"；
- 公式：输入下面的公式：

```
=AND(COUNTIF($B$2:B2,B2)=1,LEN(B2)=18)
```

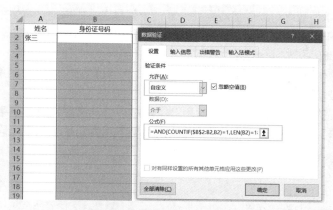

图 10-20　设置自定义验证条件

注意单元格的引用，要引用区域的第一个单元格 B2，因为是从单元格 B2 往下设置数据验证的。

在公式中，使用 AND 函数对以下两个条件进行组合。

条件 1：判断输入的数据是否为第一次输入，使用 COUNTIF 函数进行统计判断：

```
COUNTIF($B$2:B2,B2)=1
```

条件 2：判断输入的数据是否为 18 位，使用 LEN 函数统计判断位数：

```
LEN(B2)=18
```

这样，在选定的单元格中，我们只能按照要求，输入不重复的 18 位身份证号码，如图 10-21 所示。

图 10-21　输入不重复的 18 位身份证号码

10.6.2　只能输入位数不定的文本型数字编码

案例 10-13　　　　　　　　　　　　　　　

有一个表格，A 列是科目编码，编码是文本型数字，不允许有汉字、标点符号、字母等，这样的要求，如何设置数据验证？

这里就有一个条件的问题：输入的必须全是数字组成的文本型数字编码。在 Excel 中，文本型数字可以做加减乘除计算，也就是说，如果是文本型数字，将其乘以 1，或者除以 1，就转换为了数字。这样，我们可以利用这个规则来转换，转换后再用 ISNUMBER 函数判断是否为数字。

不过，这里有一个问题需要处理：如果是 1.02 这样的文本型数字编码，乘以 1 就是数字 1.02，这样就不满足要求了。

这个问题的解决也不难，可以使用 INT 函数取整，然后判断原数字与取整后的数字是否一样，如果一样，就表示输入的文本型数字编码是全数字编码，没有其他符号。

如图 10-22 所示，数据验证设置如下。

● 允许：选择"自定义"；

● 公式：输入下面的公式：

　=AND(ISNUMBER(A2*1),INT(A2)=A2*1)

在公式中，使用 AND 函数对以下两个条件进行组合。

条件 1：判断输入的数据是否为数字：

　ISNUMBER(A2*1)

条件 2：判断输入的数据是否为全数字组成的：

　INT(A2)=A2*1

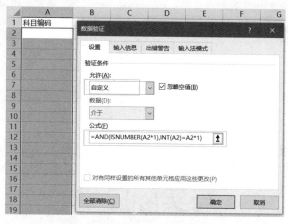

图 10-22　设置自定义验证条件

✏️ **本节知识回顾与测验**

1. 如何设置单元格的数据验证，只能输入长度为 6 位的邮政编码？注意邮政编码必须是全数字组成。

2. 如何设置单元格的数据验证，只能输入英文名称，要求必须都是英文字母，单词之间只能是一个空格间隔？

3. 请设计一个数据表单，在这个表单中，各列输入数据的要求如下：

　a）A 列是日期，只能输入 2025 年日期；

　b）B 列是客户名称，只能选择输入指定的客户名称（客户名称列表已经指定）；

　c）C 列是产品名称，只能输入指定的产品名称（产品名称已经指定）；

　d）D 列是销售量，只能输入正整数；

　e）E 列是销售额，只能输入数字（可以是任意的正数）。

第11章

Excel 常用函数公式与实际应用

无论是日常的数据处理,还是基本的数据统计分析,或者是更深层次的数据分析,都离不开函数公式。Excel 提供了数百个函数,其中常用的函数也就十几个,本章重点介绍日常数据处理与统计分析中的常用函数公式及其实际应用案例。

11.1 公式基本知识和操作技能与技巧

设计函数公式的目的是要计算数据，而计算的对象可以是具体的数值常量，但更多的是对工作表单元格的引用。不论是某个函数的应用，还是具体公式的运算，我们必须了解和掌握有关函数和公式的一些最基本的知识和技能。

11.1.1 公式运算规则及运算符

公式就是对一些元素按照指定的运算规则进行计算的表达式。这里，首先要了解运算规则及运算符号。

在公式中，常见的运算规则及运算符号如下。

算术运算：对数值进行运算，包括加（+）、减（-）、乘（*）、除（/），它们是最常见的算术运算。百分号（%）也是一种运算，就是把一个数字除以 100 的意思。负号（-）是置于数字前面的符号，表示该数字是负数。算术运算仅仅用于有数字的场合，包括数值型数字和文本型数字。算术运算的结果是数值。

逻辑运算：对数据进行逻辑比较，包括等于（=）、大于（>）、大于或等于（>=）、小于（<）、小于或等于（<=）、不等于（<>）。逻辑运算可以用于任何数据，但大于或小于的规则只能用于数值。逻辑运算的结果是逻辑值。

连接运算：将几个字符连接为一个新字符，主要是使用连接运算符（&）。连接运算的结果是文本字符串。

11.1.2 单元格引用

如果引用当前工作表的某个单元格或单元格区域，就直接表示为单元格地址，例如：A1，A1:C20 等。

如果引用另外一个工作表的某个单元格或单元格区域，则引用规则是：

工作表名！单元格地址

例如，要引用工作表"Sheet3"的单元格 A1 和 A1:C20，则引用表达式如下：

```
Sheet3!A1
Sheet3!A1:C20
```

了解这个规则是非常重要的，当需要建立间接引用（例如使用 INDIRECT 函数），就必须能够构建这样的引用地址字符串。

当复制公式时，需要了解和正确运用相对引用和绝对引用。

所谓相对引用，就是复制公式时，公式引用的单元格也跟着相对移动。例如，在单元格 B2 输入公式"=A2"，当把这个公式复制到单元格 G5 时，公式就变为"=F5"。

所谓绝对引用，就是复制公式时，公式引用的单元格是固定不变的。例如，在单元格 B2 输入公式"=\$A\$2"，当把这个公式复制到单元格 G5 时，公式仍然为"=\$A\$2"。

相对引用和绝对引用的区别，就是看列标字母前面和行号数字前面有没有符号 \$，

有符号 $ 表示绝对引用，没有符号 $ 的表示相对引用。

公式复制方向可以是左右（列的位置）或者上下（行的位置）方向，因此在设置单元格的绝对引用和相对引用时，要考虑复制方向对单元格引用位置的变化。

例如，单元格引用有：完全相对引用（如 A2）、列绝对行相对引用（如 $A2）、列相对行绝对引用（如 A$2）、完全绝对引用（如 $A$2）。

案例 11-1

图 11-1 所示是一个简单的例子，要在右侧设计公式，将各个项目的合计数分别填到每个项目列中。

	A	B	C	D	E	F	G	H	I	J	K
								=IF($B2=H$1,$G2,"")			
1	日期	项目	费用1	费用2	费用3	费用4	合计	A	B	C	D
2	2024-1-7	B				389	389		389		
3	2024-1-7	D		344			344				344
4	2024-1-13	B	200		234		434		434		
5	2024-2-2	C			123		123			123	
6	2024-2-14	A	122				122	122			
7	2024-2-21	A		100			100	100			
8	2024-3-3	D	123				123				123
9	2024-3-14	C		500			500			500	

图 11-1　相对引用和绝对引用示例

在单元格 H2 输入下面的公式：

```
=IF($B2=H$1,$G2,"")
```

往右往下复制，就得到需要的结果。

在这个公式中，项目名称在 B 列，是固定的，但每个项目在不同的行，因此公式里引用 B 列单元格时，要列绝对、行相对：$B2。

黄色区域的项目名称标题在第 1 行，是固定的，但每个项目名称在不同的列，因此公式里引用第 1 行的项目名称标题时，要行绝对、列相对：H$1。

要填写的是 G 列的合计数，是固定的，但每行是不同项目的合计数，是变化的，因此公式里引用 G 列单元格时，要列绝对、行相对：$G2。

有些人觉得相对引用和绝对引用很绕，很麻烦，其实，如果你充分了解工作表行列结构，清楚公式引用单元格的固定与不固定，就很容易入门了。

11.1.3　在公式中输入固定值

如果要在公式中输入固定值（又称常量），那么必须依据数据类型的不同，做相应的处理。

如果是输入数字，直接键入就可以了，如下所示的 100、2000：

```
=A1+100*A2-2000
```

如果是输入文本字符串，则必须用双引号（""）括起来，否则就会出现 #NAME?

错误。例如，下面就是输入文本字符串常量"2023 年"和"经营分析报告"公式：

    ="2023 年 "&A1&" 经营分析报告 "

如果是输入固定的日期，也必须用双引号（""）括起来，否则就会变为算术运算了。例如，下面就是计算两个指定日期之间的天数，输入了两个日期常量"2023-10-31"和"2023-6-15"：

    ="2023-10-31"-"2023-6-15"

如果不用双引号将日期括起来，那么公式的结果就是 -62，因为这样表示的是几个数字的减法：

    =2023-10-31-2023-6-15

在某个单元格输入公式后，经常要复制公式、移动公式或者查看公式的部分计算结果，以及根据需要对公式进行保护，下面介绍几个公式的基本操作技能和技巧。

11.1.4 复制公式的基本方法

复制和移动公式是常见的操作，尤其是在需要输入大量计算公式的场
合。复制和移动公式有很多方法和小窍门，可以根据自己的喜好和实际情
况采用某种方法。

复制公式的基本方法是在一个单元格输入公式后，将鼠标指针对准该单元格右下角的黑色小方块，按住左键向下、向右、向上或者向左拖曳鼠标，从而完成其他单元格相应的计算公式。

11.1.5 复制公式的快捷方法

除了上面介绍的通过拖动单元格右下角的黑色小方块来复制公式，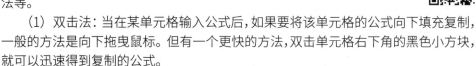
还可以采用一些小技巧来实现公式的快速复制。例如双击法、快速复制
法等。

（1）双击法：当在某单元格输入公式后，如果要将该单元格的公式向下填充复制，一般的方法是向下拖曳鼠标。但有一个更快的方法，双击单元格右下角的黑色小方块，就可以迅速得到复制的公式。

不过，这种方法只能快速向下复制公式，无法向上、向左或向右快速复制公式。这种方法也不适用于中间有空行的场合。如果中间有空行，复制公式就会停止在空行处。

（2）快速复制法：如果复制公式的单元格区域很大，例如有很多行和很多列，采用上述的拖曳鼠标的方法就比较笨拙了。

此时，可以先在单元格区域的第一个单元格输入公式，然后再选取包括第一个单元格在内的要输入公式的全部单元格区域，按 F2 键，然后再按 Ctrl+Enter 快捷键，可迅速得到所有的计算公式。

这种方法，尤其适用于不连续的单元格区域批量输入公式。

11.1.6　移动公式的基本方法

移动公式就是将某个单元格的计算公式移动到其他单元格中，基本方法是：选择要移动公式的单元格区域，按 Ctrl+X 快捷键，再选取目标单元格区域的第一个单元格，按 Ctrl+V 快捷键。需要注意的是，这种方法只能移动连续单元格区域，不能操作不连续单元格区域。

11.1.7　移动公式的快捷方法

如果你觉得按 Ctrl+X 快捷键和 Ctrl+V 快捷键麻烦，也可以采用下面的快速方法：选择要移动公式的单元格区域，将鼠标指针移动到选定区域的边框上，按住左键，拖动鼠标到目的单元格区域的左上角单元格。不过，这种方法只能移动连续单元格区域，不能操作不连续单元格区域。

11.1.8　复制公式本身字符串或公式的一部分字符串

在一般情况下，复制公式时会引起公式中对单元格引用的相对变化，除非采用的是绝对引用。但是，有时候我们却希望将单元格的公式本身复制到其他的单元格区域，且不改变公式中单元格的引用。此时，就需要采用特殊的方法了。

如果要把公式本身从一个单元格复制到另一个单元格，而不改变公式中单元格的引用位置，那么最基本的方法是将公式作为文本进行复制，基本方法和步骤如下。

（1）选择要复制公式本身的单元格。

（2）在编辑栏中或者单元格里选择整个公式文本，按 Ctrl+C 快捷键，将选取的公式文本复制到剪切板。

（3）按 Esc 键，退出单元格编辑。

（4）然后双击目标单元格，再按 Ctrl+V 快捷键。

另一个复制公式本身的方法是先将单元格公式前面的等号删除，然后再将该单元格复制到其他单元格，最后再将这个单元格的公式字符串前面加上等号。

利用上述介绍的方法，还可以复制公式文本的一部分，只要在单元格内和公式编辑栏中选取公式的一部分，然后再进行复制粘贴就可以了。

11.1.9　用 F9 键查看公式的计算结果

如果要查看公式中的某部分表达式计算结果，便于检查公式各个部分计算结果的正确性，则可以利用编辑栏的计算器功能和 F9 键，具体方法如下。

（1）先在公式编辑栏或者单元格内选择公式中的某部分表达式。

（2）然后按 F9 键查看其计算结果。

（3）检查完计算结果后不要按 Enter 键，否则就会将表达式替换为计算结果数值，而是按 Esc 键放弃计算，恢复公式。

11.1.10 将公式转换为值

当利用公式将数据进行计算和处理后，如果公式结果不再变化，可以将公式转换为值，这样可以防止一不小心把公式的引用数据删除所造成公式的错误。

将公式转换为值可以采用选择性粘贴的方法：先选择公式区域，按 Ctrl+C 快捷键，在原位置打开"选择性粘贴"对话框，选择"数值"选项即可。

11.1.11 显示公式计算结果和显示公式表达式

按 Ctrl+` 组合键可以在显示计算结果和显示公式之间进行切换。按一次 Ctrl+` 组合键，会显示公式，再次按该组合键，则会显示计算结果。

但是，这种方法，要么看公式，要么看结果，两者只能是其一，很不方便。

如果想要在公式单元格的旁边单元格内显示公式字符串，可以使用 FORMULATEXT 函数，如图 11-2 所示。

图 11-2　利用函数 FORMULATEXT 将公式字符串显示在旁边的单元格

11.1.12 将公式分行输入，以便使公式更加容易理解和查看

当输入的公式非常复杂又很长时，我们希望能够将公式分成几部分并分行显示，以便查看公式。Excel 允许将公式分行输入，这种处理并不影响公式的计算结果。

要将公式分行输入，应在需要分行处按 Alt+Enter 组合键进行强制分行，当所有部分输入完毕后再按 Enter 键。图 11-3 所示就是将公式分行输入后的情形。

图 11-3　将公式各个部分分行输入

11.1.13 在公式表达式中插入空格,编辑起来更加方便

Excel 也允许在运算符和表达式之间添加空格,但是不能在函数名的字母之间以及函数名与函数的括号之间插入空格。插入空格后的公式查看起来更加清楚,便于对公式进行分析和编辑。图 11-4 所示就是在公式的表达式和运算符之间插入空格后的情形。

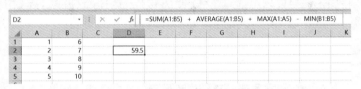

图 11-4　在公式的表达式和运算符之间插入空格

11.1.14 保护公式不被修改或查看

当辛辛苦苦地将工作表的一些单元格输入好计算公式后,要注意将公式保护起来(但其他没有公式的单元格不进行保护),如果需要保密的话,还可以将公式隐藏起来,使任何人看不见单元格的公式。

保护并隐藏公式的具体步骤如下。

步骤1 选择数据区域。

步骤2 打开"设置单元格格式"对话框,在"保护"选项卡中取消勾选"锁定"复选框,如图 11-5 所示。

图 11-5　取消勾选"锁定"复选框

这一步的操作是为了解除单元格区域内的全部单元格的锁定。否则,当保护工作表后,就会保护这个区域内的全部数值、公式或单元格。

步骤3 按 Ctrl+G 快捷键，或者按 F5 键，打开"定位条件"对话框，在此对话框中选择"公式"选项，以选择要保护的含有计算公式的单元格区域，如图 11-6 所示。

图 11-6 选择"公式"选项

步骤4 打开"设置单元格格式"对话框，在"保护"选项卡中勾选"锁定"复选框。如果要隐藏计算公式，则需要勾选"隐藏"复选框，如图 11-7 所示。

图 11-7 准备保护和隐藏公式

步骤5 在"审阅"选项卡中单击"保护工作表"命令按钮，如图 11-8 所示。

图 11-8 单击"保护工作表"命令按钮

步骤6 打开"保护工作表"对话框，输入保护密码，并进行有关设置，如图 11-9 所示。

图 11-9　设置工作表保护密码及允许操作选项

步骤7 单击"确定"按钮，关闭对话框。

这样，就将含有计算公式的所有单元格进行了保护，并且也隐藏了计算公式，任何用户无法操作这些单元格，也看不见这些单元格的计算公式。但其他的单元格还是可以进行正常操作的。

11.1.15　公式和函数中的字母不区分大小写

在公式中，大写字母和小写字母都是一样的。当输入函数时，既可以输入小写字母比如 sum，也可以输入大写字母比如 SUM。如果要严格区分字母的大小写，那么就需要使用函数来匹配了。

11.1.16　公式和函数中的标点符号都必须是半角字符

不论是在公式输入框中直接输入，还是在函数里作为参数，当用到单引号、双引号、逗号、冒号等标点符号时，都必须是英文半角字符，不能是汉字状态下的全角字符。这点在输入公式时要特别注意，尽管有时候输入了全角字符，Excel 能够自动转换为半角字符，但大多数情况下是会出现错误的。

✐ **本节知识回顾与测验**

1. 四则运算（加、减、乘、除），能否对文本型数字进行计算？

2. 什么是单元格引用？什么是绝对引用？什么是相对引用？如何区分它们？如何快速转换？

3. 在复制公式时，应该如何合理设置绝对引用和相对引用，才能得到正确公式？

4. 在函数和公式中，如何正确输入文本字符串常量？

5. 在函数和公式中，如何正确输入日期和时间常量？

6. 通过双击单元格右下角的小方块，可以快速往下复制公式，那么，能不能也通过双击单元格右下角的小方块往右快速复制公式？

7.如果公式的单元格区域有数万行，如何快速将第一个单元格的公式往下复制到最后一行单元格？

8.如何将某个单元格的公式复制到新单元格，但公式的单元格引用不变？

9.如何检查公式的某部分表达式计算结果，以便检查公式？

10.如何醒目标识公式引用了哪些单元格，或者某单元格被哪些公式引用了？

11.如何单独保护工作表的公式单元格，而没有公式的单元格可以编辑？

12.在公式中输入标点符号时，要注意什么？

11.2　函数基本知识和操作技能与技巧

函数就是在公式中使用的一种 Excel 内置工具，用来迅速完成简单的或复杂的计算，并得到一个计算结果。

大多数函数的计算结果是由指定的参数值计算出来的，比如公式"=SUM(A1:A10,100)"就是加总单元格区域 A1:A10 的数值并再加上 100。也有一些函数不需要指定参数而直接得到计算结果，比如公式"=TODAY()"就是得到系统当前的日期。

我们也可以利用宏和 VBA 来设计自定义函数，并像工作表函数那样使用，从而解决一些复杂的计算问题。

11.2.1　函数的基本语法

在使用函数时，必须遵循一定的规则，即函数都有自己的基本语法。函数的基本语法为：

　= 函数名（参数 1，参数 2，…，参数 n）

在使用函数时，应注意以下几个问题。

● 函数也是公式，所以当公式中只有一个函数时，函数前面必须有等号符号（＝）。

● 函数也可以作为公式中表达式的一部分，或者作为另外一个函数的参数，此时在函数名前就不能输入等号了。

● 函数名与其后的小括号"（"之间不能有空格。

● 函数参数列表的前后必须用小括号"（"和"）"括起来。如果函数没有参数，则函数名后面必须带有小括号"（）"。

● 当有多个参数时，参数之间要用逗号","分隔。如果是手动在单元格键入函数，那么必须输入各个参数之间的逗号；如果是通过对话框输入函数，则不需要输入参数之间的逗号。

● 参数可以是数值、文本、逻辑值、单元格或单元格区域地址、名称，也可以是各种表达式或函数。

- 函数中的逗号 ",""、双引号 """" 等都是半角字符，而不是全角字符。
- 有些函数的参数中，某些参数可以是可选参数，那么这些函数是否输入具体的数据可依实际情况而定。从语法上来说，不输入这些可选参数也是合法的。

11.2.2 函数参数的类型

函数的参数可以是数值、文本、逻辑值、单元格或单元格区域地址、名称，也可以是各种表达式或函数，或者根本就没有参数。

比如，要获取当前的日期和时间，可以在单元格输入没有任何参数的公式：

=NOW()

假若将单元格区域 A1:A100 定义了名称"Data"，那么就可以在函数中直接使用这个名称，下面两个公式的结果是完全一样的：

=SUM(A1:A100)
=SUM(Data)

有时候，可以将整行或整列作为函数的参数。比如，要计算 A 列的所有数值之和，可以使用下面的公式：

=SUM(A:A)

在函数的参数中，也可以直接使用具体的数字，例如，下面的公式就是计算数字 156 的平方根：

=SQRT(156)

函数中也可以直接使用文本，比如下面的公式就是从数据区域 A1:A10 中查找文本"办公室"的位置：

=MATCH(" 办公室 ",A1:A10,0)

此外，还可以将表达式作为函数的参数。例如，下面的公式中，函数 PMT 的第一个参数就是一个表达式"B2/12"：

=PMT(B2/12,B3,B1)

一个函数的参数还可以是另外一个函数，这种函数套函数的情况就称为嵌套函数。例如，下面的公式就是联合使用 INDEX 函数和 MTACH 函数查找数据，MATCH函数的结果是函数 INDEX 的参数：

=INDEX(B2:C4,MATCH(E2,A2:A4,0),MATCH(E1,B1:C1,0))

更为复杂和高级一点的情况是：函数参数还可以是数组。例如，下面的公式就是判断单元格 A1 的数字是否为 1、5、9，只要是它们中的任意一个，公式就返回TRUE，否则就返回 FALSE：

=OR(A1={1,5,9})

总之，函数的参数可以是多种多样的，要根据实际情况采用不同的参数类型。

11.2.3　养成输入函数的好习惯

很多人在单元格输入函数时，常常是一个一个字母往单元格中键入，殊不知这样很容易出错，即使你对函数的语法比较熟悉，也容易搞错参数，或者漏掉参数，或者逗号加错了位置。

输入函数最好的方法是单击编辑栏上的"插入函数"按钮 f_x，打开"函数参数"对话框，就可以快速准确地输入函数的各个参数。

图 11-10 所示就是 VLOOKUP 函数的参数对话框，将光标移到每个参数输入框中，都可以看出该参数的含义，如果不清楚函数的使用方法，还可以单击对话框左下角的"有关该函数的帮助"标签，打开帮助信息进行查看。

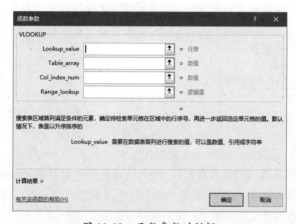

图 11-10　函数参数对话框

11.2.4　在单元格快速输入函数的技巧

Excel 提供了非常快捷的函数输入方法，当在单元格直接输入函数时，只要输入某个字母，就会自动列出以该字母打头的所有函数列表。图 11-11 所示的就是输入字母 SU 后，所有以字母 SU 开头的函数列表，从而方便我们选择输入函数。

图 11-11　在单元格直接输入函数时，会自动列出以某字母打头的所有函数列表

如果在函数中输入另外一个函数，同样也会显示以某字母开头的函数列表，如图 11-12 所示。

图 11-12　在函数中输入另外一个函数时，也会自动列出以某字母打头的所有函数列表

输入函数最好使用"函数参数"对话框，当在单元格手动输入函数时，可以使用小技巧快速打开函数参数对话框，方法是：输入函数前几个字母，出现函数名字后，选中它，按 Tab 键，完整地调出函数全名和左括弧"("，再按 Ctrl+A 快捷键，就打开了该函数参数对话框。

✎ 本节知识回顾与测验

1. 函数的参数可以是必选的，也可以是可选的，有的函数则没有参数。请列举几个无参数函数。

2. 函数的参数之间需要用什么符号隔开？

3. 如何在单元格输入"= 函数名("后，快速打开函数参数对话框？

4. 如何在打开函数参数对话框后，快速打开函数帮助信息，以便了解函数用法？

11.3　常用逻辑判断函数及其应用

不论是数据日常处理，还是数据分析，都是需要对数据进行各种逻辑判断。在进行条件判断时，常用的函数有 IF 函数、IFS 函数、IFERROR 函数以及 IF 函数的嵌套应用。

11.3.1　IF 函数基本应用

在对数据进行逻辑判断处理时，IF 函数是一个最基本、最重要、使用最频繁的函数，其基本用法如下：

=IF（判断条件，条件成立的结果，条件不成立的结果）

例如，单元格 B2 保存考试成绩，要根据考试成绩进行判断，80 分及以上者为合格，80 分以下者为不合格，那么可以使用下面的两个公式。

=IF(B2>=80," 合格 "," 不合格 ")

或者：

=IF(B2<80," 不合格 "," 合格 ")

案例 11-2

图 11-13 所示是一个判断是否迟到或早退的示例，出勤时间是上午 9 点到下午 18 点，晚于 9 点上班就是迟到，早于 18 点下班的就是早退。

	A	B	C	D	E	F
1	姓名	日期	上班时间	下班时间	是否迟到	是否早退
2	A001	2023-3-15	9:12:46	17:04:29	迟到	早退
3	A002	2023-3-15	6:02:58	18:09:49		
4	A003	2023-3-15	8:01:30	18:13:09		
5	A004	2023-3-15	8:09:22	19:09:54		
6	A005	2023-3-15	8:03:00	17:08:23		早退
7	A006	2023-3-15	9:01:32	19:02:53	迟到	
8	A007	2023-3-15	7:00:44	17:06:47		早退

图 11-13　IF 函数基本应用

单元格 E2 公式判断是否迟到（你知道为什么 9 点要换算为 9/24 吗？）如下：

=IF(C2>9/24," 迟到 ","")

单元格 F2 公式判断是否早退（你知道为什么 18 点要换算为 18/24 吗？）如下：

=IF(D2<18/24," 早退 ","")

在使用 IF 函数做公式时，最好打开"函数参数"对话框来输入各个参数，如图 11-14 所示，这样不至于输入错误，尤其是在输入嵌套 IF 函数时，使用对话框就更有必要了。

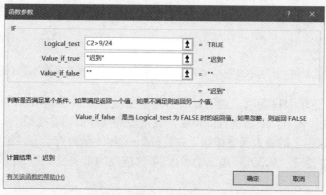

图 11-14　IF 函数的参数对话框

IF 函数的第一个参数是指定判断条件，因此这个参数的结果必须是逻辑值 TRUE 或者 FALSE，也可以是 1 或 0（1 表示条件成立，0 表示条件不成立）。

11.3.2　IF 函数嵌套应用

很多情况下，需要将几个 IF 函数嵌套起来，做一系列判断处理，这就是 IF 函数的嵌套应用。

要想快速准确创建嵌套 IF 函数公式，需要梳理逻辑判断流程，然后联合使用 IF 函数参数对话框和名称框来快速输入函数。下面举例说明。

案例 11-3

图 11-15 所示是一个示例，要求根据销售额，确定每个人的提成比例。

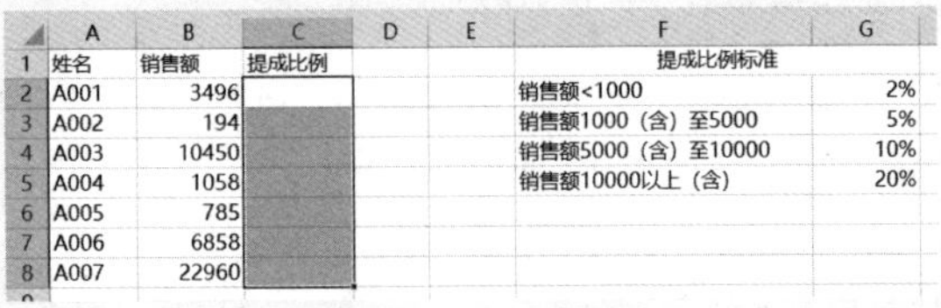

	A	B	C	D	E	F	G
1	姓名	销售额	提成比例			提成比例标准	
2	A001	3496				销售额<1000	2%
3	A002	194				销售额1000（含）至5000	5%
4	A003	10450				销售额5000（含）至10000	10%
5	A004	1058				销售额10000以上（含）	20%
6	A005	785					
7	A006	6858					
8	A007	22960					

图 11-15　示例数据

在创建嵌套 IF 函数公式时，要学会绘制逻辑流程图，如图 11-16 和图 11-17 所示，可以从小到大依次判断，也可以从大到小依次判断。

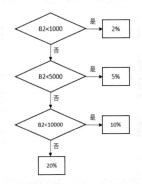

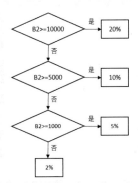

图 11-16　逻辑流程图 1：从小到大依次判断　　图 11-17　逻辑流程图 2：从大到小依次判断

有了这个逻辑流程图后，就可以联合使用函数参数对话框和名称框快速准确输入嵌套 IF 函数公式了。下面是具体步骤，更直观的操作请看视频。

步骤1 单击工具栏上的插入函数按钮，先打开第一个 IF 函数对话框，然后输入第一个参数（判断条件是 B2<1000）和第二个参数（条件成立的结果是 2%），如图 11-18 所示。

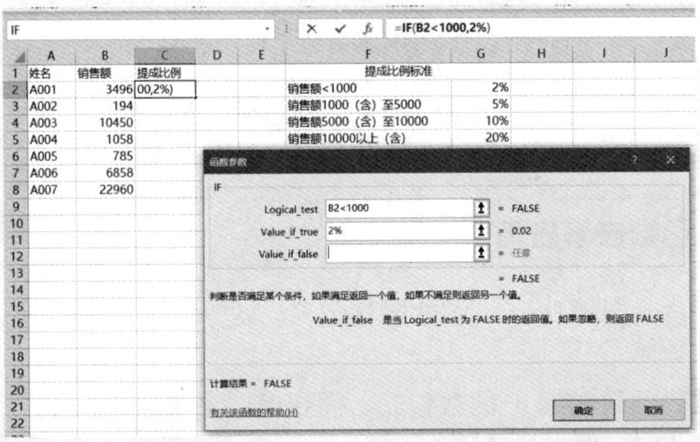

图 11-18　输入第一个 IF 函数的条件和条件成立的结果

步骤2 光标移到第三个参数输入框,然后单击名称框中出现的 IF 函数,如图 11-19 所示,就打开了第二个 IF 函数对话框,然后输入第二个 IF 函数的判断条件 (B2<5000) 和条件成立的结果 (5%),如图 11-20 所示。

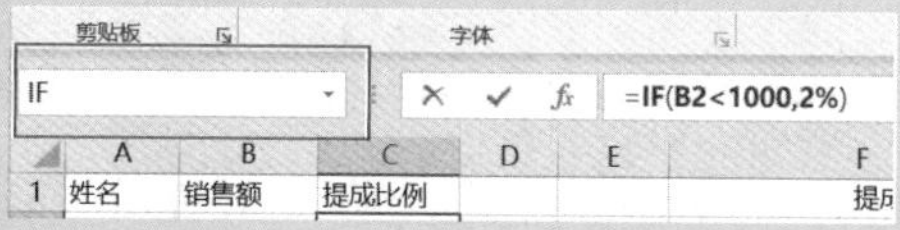

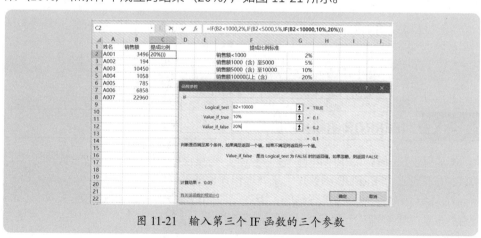

图 11-19　名称框出现的 IF 函数

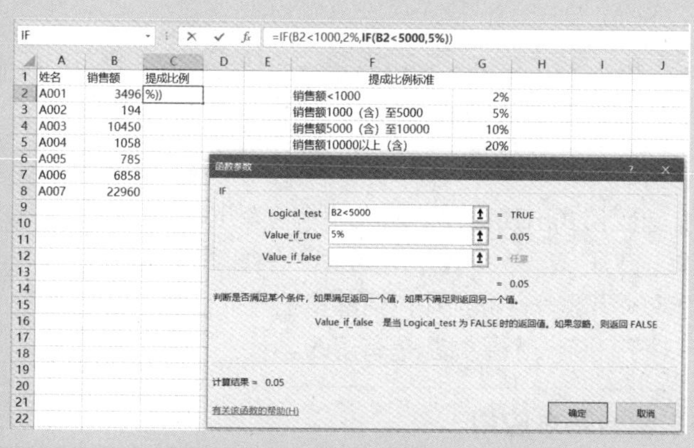

图 11-20　输入第二个 IF 函数的判断条件和条件成立的结果

步骤3 光标移到第三个参数输入框,然后单击名称框中出现的 IF 函数,打开第三个 IF 函数对话框,然后输入第三个 IF 函数的判断条件 (B2<10000) 以及条件成立的结果 (10%) 和条件不成立的结果 (20%),如图 11-21 所示。

图 11-21　输入第三个 IF 函数的三个参数

由于本例是四种情况,需要使用三个 IF 函数嵌套,因此到第三个 IF 函数要输入全部的三个参数。

步骤4 单击"确定"按钮,然后往下复制公式,就得到每个人的提成比例,如图 11-22 所示。

C2 =IF(B2<1000,2%,IF(B2<5000,5%,IF(B2<10000,10%,20%)))

	A	B	C	D	E	F	G	H
1	姓名	销售额	提成比例			提成比例标准		
2	A001	3496	5%			销售额<1000	2%	
3	A002	194	2%			销售额1000（含）至5000	5%	
4	A003	10450	20%			销售额5000（含）至10000	10%	
5	A004	1058	5%			销售额10000以上（含）	20%	
6	A005	785	2%					
7	A006	6858	10%					
8	A007	22960	20%					

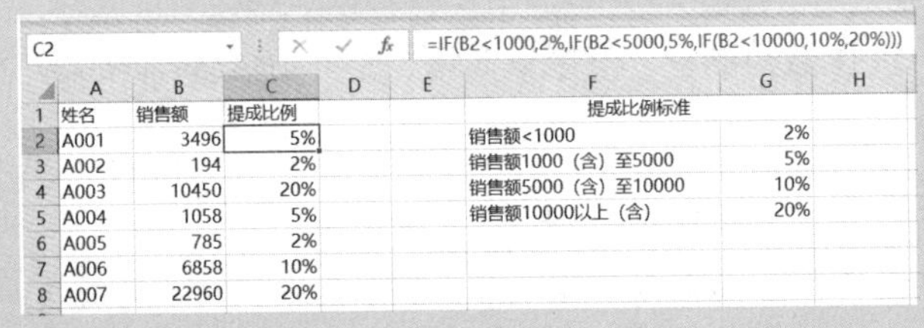

图 11-22 完成嵌套 IF 函数公式

最终完成的判断处理公式如下：

```
=IF(B2<1000,2%,IF(B2<5000,5%,IF(B2<10000,10%,20%)))
```

如果要从大到小进行判断，则判断处理公式为：

```
=IF(B2>=10000,20%,IF(B2>=5000,10%,IF(B2>=1000,5%,2%)))
```

如果嵌套 IF 函数公式出现错误，如何快速检查出在哪层出现了错误？

方法很简单，打开“函数参数”对话框，在编辑栏中一个一个地点函数，就分别打开了各层函数的参数对话框，在对话框里检查就非常方便了。

这个技巧，对于任何一个函数都是有用的。

11.3.3 IFS 函数基本应用

如果使用的是高版本的 Excel，那么有一个专门解决嵌套判断的新函数：IFS 函数，其用法如下。

=IFS(条件 1，条件 1 成立的结果，条件 2，条件 2 成立的结果，条件 3，条件 3 成立的结果，…)

这个函数使用很简单，例如，对于介绍的“案例 11-3.xlsx”的数据，可以使用 IFS 函数做如下的公式，结果与 IF 函数嵌套是一样的。

```
=IFS(B2<1000,2%,B2<5000,5%,B2<10000,10%,B2>=1000,20%)
```

在使用这个函数时，要注意条件和结果是成对的，还要注意逻辑判断的顺序。

11.3.4 IFERROR 函数基本应用

从字面上理解，IFERROR 就是如果（IF）是错误值（ERROR），你应该怎么办？因此，IFERROR 函数是用来处理错误值的。

在设计报表时，公式是正确的，但由于原始数据的问题，公式的结果是错误的，表格里有大量的错误值是很不美观的，此时可以使用 IFERROR 函数将错误值处理掉。

IFERROR 函数很简单，用法如下：

=IFERROR（表达式，错误值要处理为什么结果）

例如，使用 VLOOKUP 函数查找数据，当找不出数据时（就会出现错误值），就输入空值，那么公式如下：

=IFERROR(VLOOKUP(H2,A:E,3,0),"")

如果使用 VLOOKUP 函数查找数据，当找不出数据时（就会出现错误值），就输入数值 0，那么公式如下：

=IFERROR(VLOOKUP(H2,A:E,3,0),0)

如果使用 VLOOKUP 函数查找数据，当找不出数据时（就会出现错误值），就输入"未找到数据"，那么公式如下：

=IFERROR(VLOOKUP(H2,A:E,3,0)," 未找到数据 ")

📌 本节知识回顾与测验

1.IF 函数的基本逻辑是什么？三个参数各代表什么含义？

2.IF 函数的第一个参数必须是什么类型数据？可以是数字 1 和 0 吗？

3. 如何快速准确输入嵌套 IF 函数公式？核心技能是什么？

4. 如何对多条件判断问题，绘制逻辑流程图？

5.IFS 函数如何正确使用？如何正确设置每个参数？

6. 如果要将公式错误值处理为一个指定的结果，用什么函数最简单？

11.4 常用分类汇总函数及其应用

在数据处理和统计分析中，经常要对数据进行计数汇总，求和汇总等，此时可以使用有关的计数函数与求和函数。常用的计数函数有 COUNTA 函数、COUNTIF 函数和 COUNTIFS 函数，常用的求和函数有 SUMIF 函数和 SUMIFS 函数。

11.4.1 COUNTA 函数统计不为空的单元格个数

如果要统计不为空的单元格个数，不需要去理会单元格是什么类型数据，只要单元格有数据就行，那么可以使用 COUNTA 函数，其用法如下：

=COUNTA（单元格区域）

图 11-23 所示是一个示例，使用 COUNTA 函数来统计不为空的单元格个数，公式如下：

=COUNTA(B2:B13)

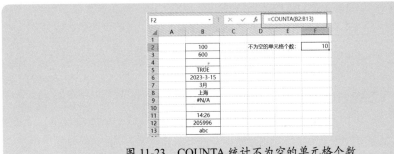

图 11-23　COUNTA 统计不为空的单元格个数

不过需要注意的是，如果是公式处理的空单元格，例如前面使用 IFERROR 函数处理错误值得到空值的公式"=IFERROR(VLOOKUP(H2,A:E,3,0),"")"，尽管看起来单元格好像是空的，实际上并不是空单元格，而是有一个零长度字符串（""），因此此时使用 COUNTA 函数进行统计的话，这样的单元格作为有数据的单元格被统计在内。

11.4.2　COUNTIF 函数统计满足一个条件的单元格个数

如果给定一个条件，当满足这个条件时，就统计单元格的个数，可以使用 COUNTIF 函数，其用法如下：

　　=COUNTIF (统计区域，条件值)

要注意的是，这个统计区域必须是工作表的单元格区域。

此外，条件值可以是精确条件（例如统计"本科"），也可以是关键词匹配的模糊条件（例如含有"北京"），或者是逻辑比较的模糊条件（例如年龄在 35 岁以下）。

案例 11-4

图 11-24 左侧是员工基本信息，右侧是要求制作的每个部门的人数表，该问题是单条件计数，因此使用 COUNTIF 函数进行统计，单元格 L2 公式如下：

　　=COUNTIF(B:B,K2)

图 11-24　统计每个部门的人数

如果要统计年龄在 35 岁（含）以下的人数，则公式如下：

```
=COUNTIF(F:F,"<=35")
```

11.4.3 COUNTIFS 函数统计满足多个条件的单元格个数

如果要统计满足多个条件的单元格个数，就需要使用 COUNTIFS 函数，其用法如下：

```
=COUNTIFS(统计区域 1, 条件值 1,
         统计区域 2, 条件值 2,
         统计区域 3, 条件值 3,
         ...
         )
```

与 COUNTIF 函数一样，这里的各个统计区域必须是工作表上的单元格区域，而各个条件值可以是精确值、关键词匹配或逻辑比较值。

📊 案例 11-5

例如，对于"案例 11-4.xlsx"的数据，如果要统计各个部门、年龄为 30 ～ 40 岁、男女的人数。

图 11-25 所示是四个条件下的计数问题，在 B 列判断部门，在 D 列判断性别，在 F 列判断年龄区间，因此，单元格 L3 的统计公式如下：

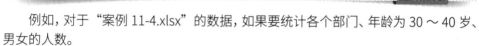

```
=COUNTIFS($B:$B,$K3,$D:$D,L$2,$F:$F,">=30",$F:$F,"<=40")
```

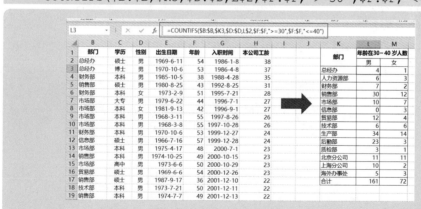

图 11-25　统计各个部门、年龄为 30 ～ 40 岁男女的人数

11.4.4 SUMIF 函数对满足一个条件的单元格求和

SUMIF 函数中一个最常用的求和函数，用于对满足指定条件（一个条件）的单元格进行求和，因此这个函数又称为单条件求和函数，该函数用法如下：

=SUMIF（条件判断区域，条件值，实际求和区域）

与 11.4.2 节介绍的 COUNTIF 函数一样，函数的条件判断区域与实际求和区域必须是工作表上的单元格区域，条件值可以是精确值也可以是模糊值（关键词匹配或比较值大小）。

案例 11-6

图 11-26 所示是一个工资表，要求分别计算各个部门的实发工资以及各个合同类型的实发工资。这是一个精确条件值下的单条件求和问题。

图 11-26　工资数据

插入一个新工作表，设计报表如图 11-27 所示。
单元格 C4 公式为：

=SUMIF（工资表 !B:B,B4, 工资表 !L:L)

单元格 F4 公式为：

=SUMIF（工资表 !C:C,E4, 工资表 !L:L)

图 11-27　SUMIF 函数基本应用

案例 11-7

图 11-28 所示的 A 列至 C 列是材料的工程使用量记录，现在要求计算基本材料的工程使用量合计数，基本材料是指前 3 个字符，例如 C20、C30、C35 等。

| G2 | | | fx | =SUMIF(B:B,F2&"*",C:C) | | | |

A	A 日期	B 材料	C 工程使用量	D	E	F 商品	G 工程使用量
1	日期	材料	工程使用量			商品	工程使用量
2	2023-1-6	C50防冻	2650			C20	1370
3	2023-1-10	C35	2167			C25	3028
4	2023-1-11	C40防冻	271			C30	9090
5	2023-1-20	C40P6微膨胀防冻	2152			C35	8417
6	2023-1-26	C20	1228			C40	5376
7	2023-2-3	C30防冻	1663			C45	2825
8	2023-2-3	C45防冻	2825			C50	2650
9	2023-2-4	C25早强	2365				
10	2023-2-21	C30P6防冻	268				
11	2023-2-21	C30P6	2910				
12	2023-2-25	C35P6早强防冻	732				
13	2023-4-3	C30	1364				
14	2023-4-6	C20微膨胀防冻	142				
15	2023-4-26	C30防冻	2885				
16	2023-4-27	C40微膨胀防冻	383				
17	2023-5-5	C40防冻NF-R阻锈剂	2570				
18	2023-5-9	C35P6	2747				
19	2023-5-22	C25	663				
20	2023-5-23	C35P6	2771				

图 11-28　关键词匹配的单条件求和

这是一个关键词匹配的单条件求和问题，需要使用通配符（*），单元格 G2 公式如下：

```
=SUMIF(B:B,F2&"*",C:C)
```

小知识：通配符（*）用于匹配任意字符，有以下常见的几种组合：

- 开头是"北京"：北京 *
- 结尾是"北京"：* 北京
- 包含"北京"：* 北京 *
- 不包含"北京"：<>* 北京 *

11.4.5　SUMIFS 函数对满足多个条件的单元格求和

如果指定了两个以上的条件，这些条件都必须满足，才对相应的单元格求和，此时可以使用多条件求和函数 SUMIFS，其用法如下：

```
=SUMIFS（ 实际求和区域，
         条件判断区域 1，条件值 1，
         条件判断区域 2，条件值 2，
         条件判断区域 3，条件值 3，
         …
         ）
```

与 SUMIF 函数一样，条件判断区域与求和区域必须是工作表的单元格区域，条件值则可以是精确值或者模糊值。

在"案例 11-6.xlsx"所示数据中，如果要分别计算每个部门的合同工和劳务工的实发工资合计，报表结构及计算结果如图 11-29 所示。

这是两个条件的求和问题，一个条件是判断部门，另一个条件是判断合同类型。

单元格 I4 公式如下，往右往下复制即可得到各个部门、各个合同类型的实发工资合计数。注意单元格引用的绝对引用和相对引用设置。

```
=SUMIFS（工资表 !$L:$L, 工资表 !$B:$B,$H4, 工资表 !$C:$C,I$3）
```

报表3: 实发工资合计			
部门	合同工	劳务工	合计
人力资源部	22,411.93	13,798.00	36,209.93
财务部	28,234.10	63,411.50	91,645.60
销售部	45,006.60	34,866.00	79,872.60
技术部	19,630.50	11,685.93	31,316.43
采购部	26,518.10	45,523.42	72,041.52
质检部	45,161.50	25,062.10	70,223.60
合计	186,962.73	194,346.95	381,309.68

图 11-29　各个部门、各个合同类型的实发工资合计数

✒ 本节知识回顾与测验

1. 如果要统计非空单元格的个数，用什么函数？

2. 用什么函数统计满足某个指定条件的单元格个数，例如，要统计每个学历的人数？

3. 用什么函数统计满足多个指定条件的单元格个数，例如，要统计每个部门、每个学历的人数？

4. 如果在某列进行判断，当满足指定的某个条件时，对本列或者某列数据求和，用什么函数？

5. 如果在某几列中进行判断，当满足指定的多个条件时，对某列数据求和，用什么函数？

6. 在使用 COUNTIF 函数、COUNTIFS 函数、SUMIF 函数、SUMIFS 函数时，条件判断区域和实际求和区域，可以使用数组吗？为什么？

7. 在使用 COUNTIF 函数、COUNTIFS 函数、SUMIF 函数、SUMIFS 函数时，指定的条件值是否可以使用通配符做关键词匹配？

8. 不论是条件计数函数，还是条件求和函数，其基本逻辑是什么？

11.5　常用查找引用函数及其应用

查找引用，是指从一个表格中，查找取出满足指定条件的数据，或者引用指定条件的单元格或单元格区域。

在实际数据处理和数据分析中，常用的查找函数有：VLOOKUP 函数、HLOOKUP 函数、MATCH 函数、INDEX 函数，以及高版本新增的 XLOOKUP 函数。如果要建立自动化数据分析模型，则还需要使用更复杂的 INDIRECT 函数和 OFFSET 函数。

在本节中，主要介绍 VLOOKUP 函数、HLOOKUP 函数、XLOOKUP 函数、MATCH 函数和 INDEX 函数的用法。

11.5.1　VLOOKUP 函数从列结构表中查找数据

在 Excel 提供的 20 余个查找和引用函数中，VLOOKUP 函数无疑是资格最老、

使用最频繁的函数之一，其功能就是从一个列结构的表格中，在左侧一列匹配指定的条件，从右侧一列取出满足该条件的数据，其用法如下：

=VLOOKUP（匹配条件，查找列表或区域，取数的列号，匹配模式）

该函数的四个参数说明如下。

- 匹配条件：就是指定的查找条件，也就是常说的搜索值。
- 查找列表或区域：是一个至少包含一列数据的列表或单元格区域，并且该区域的第一列必须含有匹配条件，也就是说谁是匹配条件，就把谁选为区域的第一列。这个参数可以是工作表的单元格区域，也可以是数组。
- 取数的列号：是指定从左往右的那列里取数。
- 匹配模式：是指做精确定位单元格查找和模糊定位单元格查找。当为 TRUE 或者 1 或者忽略时做模糊定位单元格查找，当为 FALSE 或者 0 时做精确定位单元格查找。

VLOOKUP 函数的应用是有条件的，并不是任何查询问题都可以使用 VLOOKUP 函数。要使用 VLOOKUP 函数，必须满足 5 个条件。

- 查询区域必须是列结构的，也就是数据必须按列保存（这就是为什么该函数的第一个字母是 V 的原因了，V 就是英文单词 Vertical 的缩写）。
- 匹配条件必须是单条件的。
- 查询方向是从左往右的，也就是说，匹配条件在数据区域的左边某列，要取的数在匹配条件的右边某列。
- 在查找列表或区域中，匹配条件不允许有重复数据。
- 匹配条件不区分大小写。

在实际数据处理中，把 VLOOKUP 函数的第 1 个参数设置为具体的值，从查询表中指定要取数的列号，并且第 4 个参数设置为 FALSE 或者 0，这是最常见、最基本的用法。

案例 11-8

图 11-30 所示是一个简单示例，要求查找指定员工的个税。

在单元格 K2 中指定员工姓名，在单元格 K3 中输入下面的公式，得到该员工的个税：

```
=VLOOKUP(K2,B:G,4,0)
```

这个公式解释如下。

- 匹配条件是姓名，因此第 1 个参数就是 K2 单元格指定的姓名。
- 数据表中，姓名在 B 列，因此第 2 个参数选择区域要从 B 列开始选取。
- E 列是要提取的结果，从 B 列数是第 4 列，因此第 3 个参数要输入 4。
- 要做精确匹配查找，因此第四个参数要输入 FALSE（或 0）。

图 11-30　VLOOKUP 函数基本应用

VLOOKUP 函数的第 1 个参数是匹配的条件，这个条件值可以是精确值，也可以使用通配符做关键词匹配，例如，要查找含有"北京"的数据，匹配条件就写为"* 北京 *"。

📈 案例 11-9

图 11-31 所示是一个使用通配符做关键词匹配的例子，要求查找指定省份的运输价格。

图 11-31　使用通配符关键词匹配查找

单元格 E3 指定的某个省份是一个具体的名字，但在基础表中，某些省份名称是保存在一个单元格，这样就是要从某个单元格中匹配是否包含指定的省份，因此，单元格 E4 的查找公式如下：

```
=VLOOKUP("*"&E3&"*",A4:B10,2,0)
```

📈 案例 11-10

VLOOKUP 函数的第 2 个参数是查找列表或区域，如果给定了多个区域来查找数据，那么可以使用相关的函数（例如 IF 函数）进行判断，确定从哪个区域查找数据。

图 11-32 所示是一个这样的例子，要求查找指定部门、指定产品的预算数、实际数和差异数。

	A	B	C	D	E	F	G	H	I	J	K	L	M
1													
2		部门	产品	预算	实际	差异			指定部门	业务二部			
3		业务一部	产品1	1149	427	-722			指定产品	产品3			
4			产品2	495	314	-181							
5			产品3	1226	1347	121			预算	1049			
6			产品4	861	639	-222			实际	1172			
7			产品5	408	519	111			差异	123			
8			产品6	633	648	15							
9		业务二部	产品2	699	479	-220							
10			产品3	1049	1172	123							
11			产品5	821	424	-397							
12			产品1	805	741	-64							
13		业务三部	产品2	1374	971	-403							
14			产品3	781	575	-206							
15			产品4	1119	1126	7							
16			产品6	637	483	-154							

J5 公式栏: =VLOOKUP(J3,IF(J2="业务一部",C3:F8,IF(J2="业务二部",C9:F12,C13:F16)),2,0)

图 11-32　从不同区域查找数据

由于只有 3 个部门，因此可以使用嵌套 IF 函数来解决不同查找区域问题。各单元格查找公式如下。

单元格 J5，预算：

```
=VLOOKUP(J3,IF(J2=" 业务一部 ",C3:F8,IF(J2=" 业务二部 ",
C9:F12, C13:F16)),2,0)
```

单元格 J6，实际：

```
=VLOOKUP(J3,IF(J2=" 业务一部 ",C3:F8,IF(J2=" 业务二部 ",
C9:F12, C13:F16)),3,0)
```

单元格 J7，差异：

```
=VLOOKUP(J3,IF(J2=" 业务一部 ",C3:F8,IF(J2=" 业务二部 ",
C9:F12, C13:F16)),4,0)
```

案例 11-11

VLOOKUP 函数的第 3 个参数是取数的列号，一般情况下，这个列号是手动指定的。但是，在大型表格中，如果提取的数据是各个不同的列，或者要制作一个动态查找表格，那么这个参数就需要自动指定了，可以使用 COLUMN 函数、ROW 函数、MATCH 函数，甚至 IF 函数。

例如，图 11-33 所示是要从工资表中查找指定员工的所属部门及各个工资项目金额。

由于要查询的数据不是一个，因此使用 MATCH 函数（这个函数将在后面进行介绍）来确定取数的列号，单元格 K4 公式如下，将其往下复制即可得到其他数据。

```
=VLOOKUP($K$2,$B:$G,MATCH(J4,$B$1:$G$1,0),0)
```

在这个公式中，MATCH(J4,$B$1:$G$1,0) 就是确定从哪列取数，该函数作为 VLOOKUP 函数的第 3 个参数。

K4					f_x	=VLOOKUP($K$2,$B:$G,MATCH(J4,$B$1:$G$1,0),0)					
	A	B	C	D	E	F	G	H	I	J	K	L
1	工号	姓名	部门	应发工资	实发工资	四金合计	个税					
2	G019	李萌	销售部	11101.00	9827.80	608.00	665.20			指定姓名	张慈淼	
3	G020	马梓	质检部	13531.00	11730.80	649.00	1151.20					
4	G021	秦玉邦	采购部	8707.00	8290.30	151.00	265.70			部门	采购部	
5	G022	王玉成	人力资源部	9297.00	8825.30	147.00	324.70			应发工资	11957	
6	G023	张慈淼	采购部	11957.00	10866.60	254.00	836.40			四金合计	254	
7	G024	何欣	质检部	10533.00	9483.40	498.00	551.60			个税	836.4	
8	G025	黄兆炜	财务部	11322.00	10312.60	300.00	709.40			实发工资	10866.6	
9	G026	李然	财务部	12313.00	10769.40	636.00	907.60					
10	G027	刘心宇	质检部	7125.00	6460.50	557.00	107.50					
11	G028	彭然君	销售部	10297.00	9640.60	152.00	504.40					
12	G029	任若思	销售部	10271.00	9126.80	645.00	499.20					
13	G030	舒思雨	质检部	7884.00	7047.60	653.00	183.40					
14	G031	王亚萍	销售部	11718.00	10597.40	332.00	788.60					

图 11-33　自动定位并查找数据

11.5.2 ▶ HLOOKUP 函数从行结构表中查找数据

VLOOKUP 函数只能用于列结构的表格，也就是常规的数据库结构表格，匹配条件在左侧一列，查询结果在右侧某列，也就是从左往右查找数据。

如果是一个水平结构的表格，匹配条件在上面一行，查找结果在下面某行，也就是从上往下查找数据，那么可以使用 HLOOKUP 函数，其用法如下。

HLOOKUP 的用法及注意事项与 VLOOKUP 函数一样，其语法如下：

> =HLOOKUP（匹配条件，查找列表或区域，取数的行号，匹配模式）

这里的匹配条件、匹配模式，与 VLOOKUP 函数是一样的。

查找列表或区域，必须包含条件所在的行以及结果所在的行，选择区域的方向是从上往下。

取数的行号，是指从上面的条件所在行往下数，第几行要取数。

HLOOKUP 函数也不是任何的表格都可以使用的，必须满足以下条件。

● 查询区域必须是行结构的，也就是数据必须按行保存。

● 匹配条件必须是单条件的。

● 查询方向是从上往下的，也就是说，匹配条件在数据区域的上面某行，要取的数据在匹配条件的下面某行。

● 在查询区域中，匹配条件行不允许有重复数据。

● 匹配条件不区分大小写。

案例 11-12

图 11-34 所示是一个 HLOOKUP 函数的应用示例，要查询指定产品的全年合计数。

本案例中，查找的产品名称在数据区域的第一行，要提取的全年合计数在数据区域的最下面一行，是从上往下查询的，因此使用 HLOOKUP 函数做查找公式，如下所示：

```
=HLOOKUP(K2,C2:G15,14,0)
```

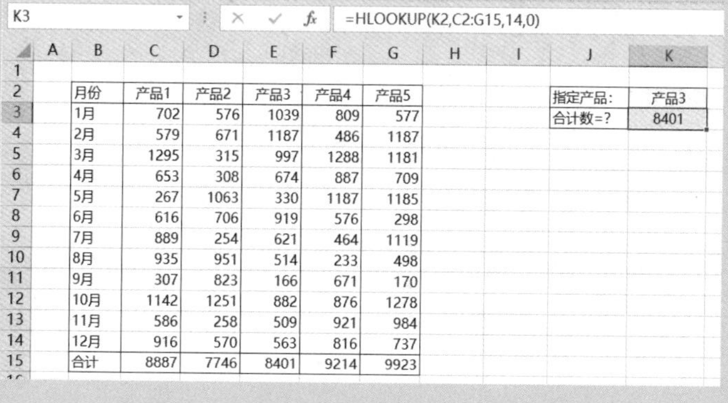

K3 =HLOOKUP(K2,C2:G15,14,0)

	A	B	C	D	E	F	G	H	I	J	K
1											
2		月份	产品1	产品2	产品3	产品4	产品5			指定产品:	产品3
3		1月	702	576	1039	809	577			合计数=?	8401
4		2月	579	671	1187	486	1187				
5		3月	1295	315	997	1288	1181				
6		4月	653	308	674	887	709				
7		5月	267	1063	330	1187	1185				
8		6月	616	706	919	576	298				
9		7月	889	254	621	464	1119				
10		8月	935	951	514	233	498				
11		9月	307	823	166	671	170				
12		10月	1142	1251	882	876	1278				
13		11月	586	258	509	921	984				
14		12月	916	570	563	816	737				
15		合计	8887	7746	8401	9214	9923				

图 11-34 HLOOKUP 函数基本应用

在这个公式中，匹配条件是单元格 K2 指定的产品名称，查找区域是 C2:G15，取数的行号是 14。

与 VLOOKUP 函数一样，在 HLOOKUP 函数中，第 1 个参数也可以使用通配符做关键词匹配，第 2 个参数也可以是多个区域，第 3 个参数也可以使用其他函数自动确定。

11.5.3 XLOOKUP 函数灵活查找数据

前面介绍过，VLOOKUP 函数只能从左往右查询（条件在左结果在右），HLOOKUP 函数只能从上往下查询（条件在上结果在下）。

XLOOKUP 函数则解决了任意方向的数据查找问题，并且该函数可以替代传统的 VLOOKUP 函数和 HLOOKUP 函数。

XLOOKUP 函数的用法如下：

=XLOOKUP（匹配条件，条件数组或区域，结果数组或区域，查不到结果的返回值，匹配模式，搜索模式）

XLOOKUP 函数的前 3 个参数都是必需的，后面的 3 个参数是可选的。函数各个参数说明如下。

（1）匹配条件：是指要匹配的条件值，与 VLOOKUP 函数的第 1 个参数一样，可以是精确条件值，也可以是关键词匹配值。

（2）条件数组或区域：进行条件匹配的数组或区域。

（3）结果数组或区域：要获取查询结果的数组或区域。

（4）找不到时的处理结果：如果找不到结果，需要返回的值，相当于使用 IFERROR 函数进行处理。

（5）匹配模式：判断是精确查找还是模糊查找，可以是 0、-1、1 和 2，含义分别如下。

- 0：精确匹配，相当于 VLOOKUP 函数第 4 个参数设置为 0（FALSE）的情况；如果忽略，就默认是 0。
- -1：模糊匹配，如果找不到，就返回下一个较小的值。

- 1：模糊匹配，如果找不到，就返回下一个较大的值。
- 2：通配符匹配。

(6) 搜索模式：指定搜索的方式，可以是 1、–1、2、–2，含义分别如下。

- 1：从第一个开始搜索，如果忽略，就默认是 1。
- –1：从最后一个反向搜索。
- 2：二进制文件搜索（按升序搜索）。
- –2：二进制文件搜索（按降序搜索）。

案例 11-13

例如，在图 11-30 所示的例子中，使用 XLOOKUP 函数查找数据的公式如下：

```
=XLOOKUP(K2,B:B,E:E,"",0)
```

在图 11-34 所示的例子中，使用 XLOOKUP 函数来查找数据，公式如下：

```
=XLOOKUP(K2,C2:G2,C15:G15,"",0)
```

XLOOKUP 函数的优点之一是不用考虑条件区域和结果区域谁在前谁在后，因为条件区域和结果区域是分别指定的两个参数。

但是，如果要从位置不定的列或位置不定的行里提取数据，可以把第 3 个参数"提取数据区域"设置为一个包括很多列或很多行的区域，那么 XLOOKUP 函数的结果就是返回这些列或行的数据。

例如，对于图 11-35 所示的表格，在单元格 J4 输入下面的查找公式，就会得到指定员工的所有列数据：

```
=XLOOKUP($K$2,B:B,B:G,"",0)
```

这里返回结果是 B 列至 G 列的所有数据（第 3 个参数设置为了 B:G），因此在第一个单元格 J4 输入公式后，会自动溢出所有列数据。XLOOKUP 函数的这种用法就很有实际价值了，因为不再需要复制公式，直接就得到了所有数据。

J4				fx	=XLOOKUP($K$2,B:B,B:G,"",0)									
	A	B	C	D	E	F	G	H	I	J	K	L	M	N	O
1	工号	姓名	部门	应发工资	个税	四金合计	实发工资								
2	G019	李萌	销售部	11101.00	665.20	608.00	9827.80			指定姓名	张三				
3	G020	张三	质检部	13531.00	1151.20	649.00	11730.80								
4	G021	秦玉邦	采购部	8707.00	265.70	151.00	8290.30			张三	质检部	13531	1151.2	649	11730.8
5	G022	王成	人力资源部	9297.00	324.70	147.00	8825.30								
6	G023	张慈淼	采购部	11957.00	836.40	254.00	10866.60								
7	G025	黄兆炜	财务部	11322.00	709.40	300.00	10312.60								
8	G026	李然	财务部	12313.00	907.60	636.00	10769.40								
9	G027	刘心宇	质检部	7125.00	107.50	557.00	6460.50								
10	G029	任若思	销售部	10271.00	499.20	645.00	9126.80								
11	G030	舒思雨	质检部	7884.00	183.40	653.00	7047.60								
12	G031	王亚萍	销售部	11718.00	788.60	332.00	10597.40								

图 11-35　XLOOKUP 函数返回多列数据

XLOOKUP 函数的第 5 个参数指定搜索模式，也就是是从开头往后搜索，还是从末尾往前搜索，默认情况下（忽略），是从开头往后搜索。如果设置为 –1，则是从末尾往前搜索。

例如，图 11-36 所示的数据，有 4 个"张三"，这样，可以将第 1 个张三和最后 1 个张三的数据查询出来。

第 1 个张三的公式：

```
=XLOOKUP($K$2,B:B,B:G,"",0)
```

最后 1 个张三的公式：

```
=XLOOKUP($K$2,B:B,B:G,"",0,-1)
```

	A	B	C	D	E	F	G	H	I	J	K	L	M	N	O
1	工号	姓名	部门	应发工资	个税	四金合计	实发工资								
2	G019	李萌	销售部	11101.00	665.20	608.00	9827.80			指定姓名	张三				
3	G020	张三	质检部	13531.00	1151.20	649.00	11730.80								
4	G021	秦玉邦	采购部	8707.00	265.70	151.00	8290.30			第1个张三					
5	G022	王玉成	人力资源部	9297.00	324.70	147.00	8825.30			张三	质检部	13531	1151.2		649	11730.8
6	G023	张慈森	采购部	11957.00	836.40	254.00	10866.60								
7	G025	张三	财务部	11322.00	709.40	300.00	10312.60			最后1个张三					
8	G026	李然	财务部	12313.00	907.60	636.00	10769.40			张三	采购部	8008	195.8		451	7361.2
9	G027	刘心宇	质检部	7125.00	107.50	557.00	6460.50								
10	G029	张三	销售部	10271.00	499.20	645.00	9126.80								
11	G030	舒思雨	质检部	7884.00	183.40	653.00	7047.60								
12	G031	王亚萍	销售部	11718.00	788.60	332.00	10597.40								
13	G032	王雨燕	技术部	9033.00	298.30	622.00	8112.70								
14	G033	张三	采购部	8008.00	195.80	451.00	7361.20								
15	G034	姜健行	人力资源部	8088.00	203.80	210.00	7674.20								
16	G035	姜名南	财务部	7549.00	149.90	247.00	7152.10								

图 11-36　XLOOKUP 函数的第六个参数设置

XLOOKUP 函数的第 1 个参数是指定的匹配条件，这个条件还可以使用通配符做关键词匹配。不过，当使用通配符做关键词匹配时，XLOOKUP 函数的第 5 个参数需要设置为 2。例如，在图 11-31 所示的数据，使用 XLOOKUP 函数查找数据的公式如下：

```
=XLOOKUP("*"&E3&"*",A4:A10,B4:B10,,2)
```

11.5.4　MATCH 函数从一列或一行中定位

MATCH 函数的功能是从一个数组中，把指定元素的位置找出来。

由于必须是一组数，因此在定位时，只能选择工作表的一列区域或者一行区域，或者是自己创建的一维数组。

MATCH 函数得到的结果不是数据本身，而是该数据的位置。其语法如下：

```
=MATCH（查找值，查找区域，匹配模式）
```

函数的各个参数说明如下。

- 查找值：要查找位置的数据，可以是精确的一个值，也可以是一个要匹配的关键词。
- 查找区域：要查找数据的一组数，可以是工作表的一列区域，或者工作表的一行区域，或者一个数组。
- 匹配模式：是一个数字 –1、0 或者 1。

● 如果是 1 或者忽略，查找区域的数据必须做升序排列。

● 如果是 –1，查找区域的数据必须做降序排列。

● 如果是 0，则可以是任意顺序。

一般情况下，数据次序是没有经过排序的，因此常常把第 3 个参数设置成 0。

要特别注意：MATCH 函数也不能查找重复数据，也不区分大小写。

例如，下面的公式结果是 3，因为字母 A 在数组 {"B","D","A","M","P"} 的第 3 个位置：

```
=MATCH("A",{"B","D","A","M","P"},0)
```

图 11-37 所示就是在工作表中使用 MATCH 函数定位的示例说明。

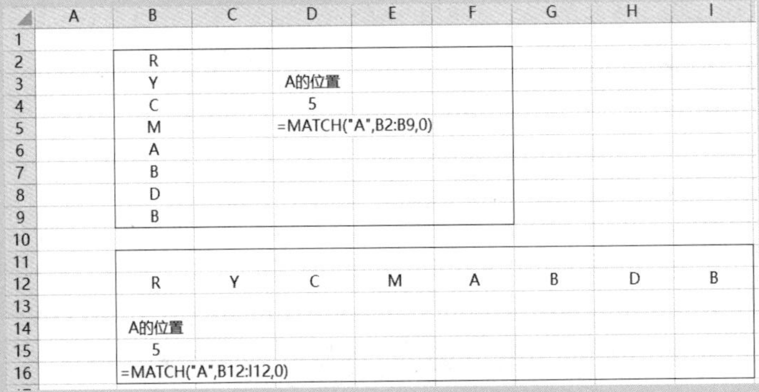

图 11-37　MATCH 函数基本应用

MATCH 函数更多是与其他函数联合使用，例如与 VLOOKUP 函数、与 HLOOKUP 函数、与 INDEX 函数、与 OFFSET 函数、与 INDIRECT 函数等。

11.5.5 ▶ INDEX 函数根据行坐标和列坐标查找数据

如果给定了数据区域，并且也给定了取数的位置坐标（行号和列号），那么就可以使用 INDEX 函数将该位置单元格的数据提取出来。

INDEX 函数的用法如下：

```
=INDEX ( 取数的区域 , 指定的行号 , 指定的列号 )
```

下面的公式是从 A 列里取出第 6 行的数据，也就是单元格 A6 的数据：

```
=INDEX(A:A,6)
```

下面的公式是从第 1 行里取出第 6 列的数据，也就是单元格 F1 的数据：

```
=INDEX(1:1,,6)
```

下面的公式是单元格区域 C2:H9 的第 5 行、第 3 列交叉的单元格取数，也就是单元格 E6 的数据：

```
=INDEX(C2:H9,5,3)
```

在使用 INDEX 查找数据时，必须先知道数据所在的位置坐标，也就是行号和列号，而行号和列号可以使用 MATCH 函数来确定。因此，在实际数据处理中，常常将 INDEX 函数和 MATCH 函数联合使用，先用 MATCH 函数确定位置坐标，再用 INDEX 函数提取出数据。

案例 11-14

图 11-38 所示是一个简单示例，说明如何联合使用 INDEX 函数和 MATCH 函数来查找满足组条件的数据。

	A	B	C	D	E	F	G	H	I	J	K
K5			=INDEX($C$2:$G$17, MATCH($K$2,$A$2:$A$17,0)+MATCH($K$3,$B$2:$B$5,0)-1, MATCH(J5,$C$1:$G$1,0))								
1	地区	产品	1季度	2季度	3季度	4季度	合计				
2	华北	产品1	555	723	721	1161	3160			指定地区	华东
3		产品2	1238	468	221	934	2861			指定产品	产品3
4		产品3	665	795	1184	1181	3825				
5		产品4	316	1331	1232	1041	3920			1季度	1229
6	华东	产品1	635	224	518	493	1870			2季度	926
7		产品2	689	863	1397	684	3633			3季度	1059
8		产品3	1229	926	1059	1295	4509			4季度	1295
9		产品4	1330	434	515	557	2836			合计	4509
10	华南	产品1	1160	1489	358	442	3449				
11		产品2	859	258	596	518	2231				
12		产品3	436	597	829	798	2660				
13		产品4	703	1463	1352	1035	4553				
14	华中	产品1	1147	443	949	1382	3921				
15		产品2	1035	659	862	772	3328				
16		产品3	580	1095	381	1243	3299				
17		产品4	1264	601	871	846	3582				

图 11-38　联合使用 INDEX 函数和 MATCH 函数查找数据

本案例的任务是，查找指定地区、指定产品在各个季度的数据。这里，每个地区的产品是一样的。

这是 3 个条件的查找：地区条件、产品条件和季度条件，地区条件和产品条件确定数据所在的行，季度条件确定数据所在的列。

因此，这个问题的解决思路为：先用 MATCH 函数确定地区位置，再用 MATCH 函数确定产品位置，这两个位置进行计算，就得到指定地区下指定产品的实际位置（行号）；然后用 MATCH 函数确定季度位置（列号）；最后用 INDEX 函数提取出数据。

单元格 K5 的公式如下：

```
=INDEX($C$2:$G$17,
    MATCH($K$2,$A$2:$A$17,0)+MATCH($K$3,$B$2:$B$5,0)-1,
    MATCH(J5,$C$1:$G$1,0))
```

公式中：

- MATCH($K$2,$A$2:$A$17,0) 是确定地区位置；
- MATCH($K$3,$B$2:$B$5,0) 是确定产品位置；
- MATCH(J5,$C$1:$G$1,0) 是确定季度位置。

✎ 本节知识回顾与测验

1. VLOOKUP 函数的适用场合是什么？是不是任何一个表格都能用它查找数据？

2. VLOOKUP 函数的各个参数如何正确设置，才能得到正确结果？

3. 在结果列位置不确定的情况下，如何使用 VLOOKUP 函数进行查找？

4. HLOOKUP 函数的适用场合是什么？是不是任何一个表格都能用它查找数据？

5. XLOOKUP 函数如何使用？各个参数的含义及用法如何？请在你的表格中，尝试使用 XLOOKUP 函数替代 VLOOKUP 函数。

6. MATCH 函数的功能是什么？如何正确使用？

7. 如果使用 INDEX 函数查找数据，必须具备什么条件？例如，我要从 A 列里取出一个数来，这句话的本质是什么？如何使用 INDEX 函数取数？

8. 给定一个数据区域，要从这个表格的某行某列位置单元格提取出数据，那么这个某行某列位置如何确定？

9. 一般情况下，VLOOKUP 函数、HLOOKUP 函数或者 XLOOKUP 函数查找的数据，是否可以使用 MATCH 函数和 INDEX 函数来解决？

10. 下面表格是客户销售产品的汇总二维表，现在要求查找指定客户、指定产品的数据，请尽可能列举一些查找公式，并比较这些公式内在的逻辑及优缺点。

	A	B	C	D	E	F	G	H	I	J
1	客户	产品01	产品02	产品03	产品04	产品05	产品06			
2	客户01	1427	1233	1399	1149	641	892		指定客户：	客户06
3	客户02	1773	1886	344	1927	1096	527		指定产品：	产品03
4	客户03	1049	307	948	291	1058	987			
5	客户04	2024	766	803	1955	1674	1290		数据=？	
6	客户05	1484	1193	129	1886	1777	664			
7	客户06	774	817	1091	551	1744	1904			
8	客户07	1433	811	490	1418	866	1365			
9	客户08	1567	1847	524	1764	1207	943			
10	客户09	180	328	1596	1975	2026	1613			
11	客户10	753	1946	1835	120	557	1059			
12	客户11	839	881	844	186	647	479			
13	客户12	1301	480	738	617	304	725			
14	客户13	1511	1673	1276	1410	793	638			
15	客户14	551	995	1150	355	1293	1693			
16	客户15	507	917	185	1745	2004	1407			

11.6 常用日期处理函数及其应用

日期是一种特殊的数据，不仅仅可以做基本的加减乘除计算，还含有非常丰富的信息（例如年份、月份、星期等）。本节介绍在实际工作中经常要使用的几个日期函数及其应用技能和技巧。

11.6.1 日期数据特征与注意事项

任何一个表格，基本上都是在处理三类数据：文本、日期和数字，而日期又是一类特殊的数据。

日期之所以特殊，是因为日期不是眼睛看到的单元格显示的那样。例如，在单元格中保存的日期"2024-2-8"，看起来似乎是三个数字和两个减号组成的，实质上该日期是一个正整数 45330。

为什么日期是一个正整数呢？因为 Excel 把日期处理为一个从 1 开始的序列号，1 代表 1900-1-1，2 代表 1900-1-2，3 代表 1900-1-3，而 45330 就是 2024-2-8。

因此，在处理日期数据时，要牢记日期以下的几个规则：

- 日期是正整数（这里有三个含义：是数字、是正数、是整数），是从 1 开始的序列号；
- 数字 1 代表 1900-1-1，2 代表 1900-1-2，3 代表 1900-1-3，45330 就是 2024-2-8，以此类推；
- 输入日期的格式要求是：年 - 月 - 日或者年 / 月 / 日，例如输入"2024-2-8"或者"2024/2/8"，但不允许以句点输入，例如"2024.2.8"；
- 正因为日期是数值，可以进行算术运算；
- 从系统导出的表单，日期往往是文本型日期，需要使用分列工具进行处理，转换为数值型日期。

有日期就有时间。Excel 把时间处理为天的一部分，1 小时就是 1/24 天，因此时间是小数，1 小时就约等于小数 0.041，12 小时就是小数 0.5（半天），8 小时就约等于 0.33（1/3 天），诸如此类。

所以，从本质上来说，日期是正整数，时间是小数，这就是日期和时间的基本规则。

判断一个单元格的日期是不是数值型日期，只需将单元格格式设置为常规，如果显示为正整数，就说明日期是数值型日期；如果显示不变化，就是文本型日期，或者是非法日期。

案例 11-15

如果从系统导出的数据是文本型日期，使用分列工具可以快速将文本型日期转换为数值型日期，只需在分列向导第 3 步中选择"日期"选项，并选择一个与单元格日期年月日相同的格式即可，如图 11-39、图 11-40 和图 11-41 所示。

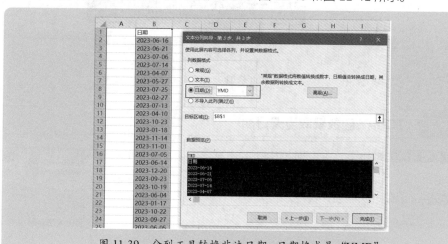

图 11-39　分列工具转换非法日期：日期格式是"YMD"

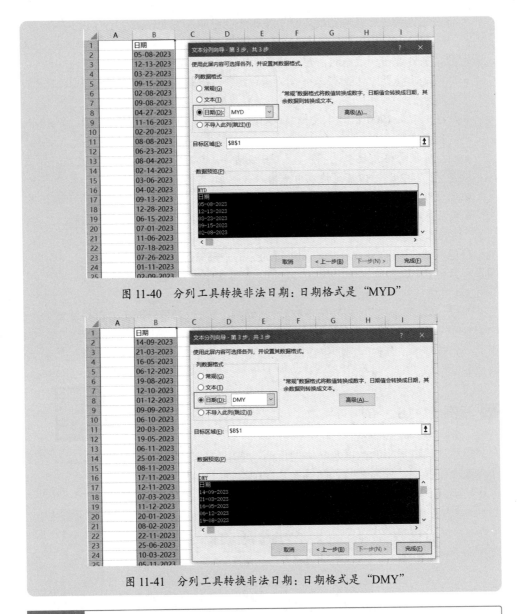

图 11-40　分列工具转换非法日期：日期格式是"MYD"

图 11-41　分列工具转换非法日期：日期格式是"DMY"

11.6.2　TODAY 函数获取当天日期

　　某些表格需要利用当天日期进行动态计算，例如计算合同到期天数，计算应收账款到期天数，计算生日到期天数等，此时可以使用 TODAY 函数。

　　TODAY 函数是获取当天日期，没有参数，使用方法很简单，它的公式如下：

```
=TODAY()
```

📈 **案例 11-16**

图 11-42 所示是一个简单的示例，计算合同到期天数（也就是距离合同到期日还剩多少天），公式如下：

```
=C4-TODAY()
```

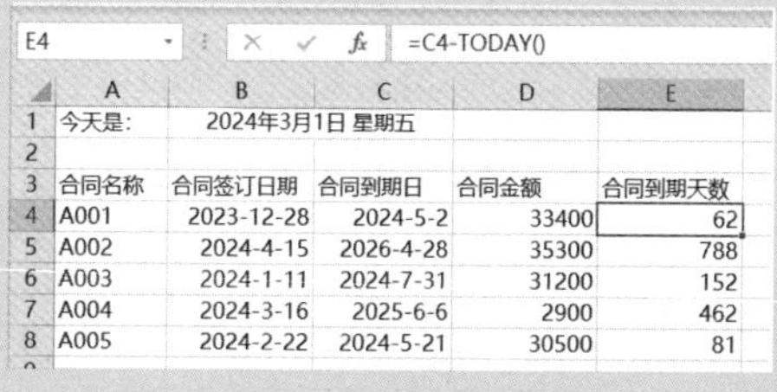

图 11-42　TODAY 函数应用

还有一个返回当前日期和当前时间的 NOW 函数，也是无参数。例如，假设输入公式时的日期是 2024 年 2 月 8 日 9 点 14 分，那么下面的公式结果是 2024-2-8 9:14：

```
=NOW()
```

如果使用 INT 函数将 NOW 函数取整，就跟 TODAY 函数一样了，因此下面两个公式的结果是一样的：

```
=TODAY()
=INT(NOW())
```

11.6.3　EDATE 函数计算到期日

如果要设计一个合同管理表单，已知合同签订日和期限，如何自动计算合同到期日？

如果期限是天，那么直接在签订日期上加上天数就可以了。例如，假设单元格 B2 是合同签订日期，单元格 C2 是期限（天），则到期日就是：

```
=B2+C2
```

如果期限是年数或者月数，就不能直接相加了，有人说，把月数乘以 30 再相加，这种做法也是不对的，有的月份是 28 天，有的月份是 30 天，有的月份是 31 天，为什么要乘以 30？

此时，可以使用 EDATE 函数来计算到期日，该函数用法如下：

=EDATE（基准日期，以月数表示的期限）

EDATE 函数用来计算指定基准日以前或以后月数的日期。例如，今天是 2024-3-16，那么 4 个月后是哪天？利用 EDATE 函数就可以算出来，是 2024-7-16，其公式如下：

```
=EDATE("2024-3-16",4)
```

第 11 章　Excel 常用函数公式与实际应用

今天是 2024-3-16，那么 4 个月以前是哪天？ EDATE 函数计算出来是 2023-11-16，其公式如下：

```
=EDATE("2024-3-16",-4)
```

📈 案例 11-17

图 11-43 所示是一个简单的示例，计算合同到期日，公式如下：

```
=EDATE(B2,C2*12)-1
```

知道合同到期日公式为什么要减去 1 天吗？

	A	B	C	D	E
1	合同名称	合同签订日	合同期限（年）	合同金额	合同到期日
2	A001	2024-8-11	2	20406	2026-8-10
3	A002	2024-4-20	2	1949	2026-4-19
4	A003	2024-1-26	3	500	2027-1-25
5	A004	2024-6-14	1.5	3376	2025-12-13
6	A005	2024-12-10	3	8848	2027-12-9

E2 = EDATE(B2,C2*12)-1

图 11-43　EDATE 函数计算合同到期日：具体到某天

11.6.4　EOMONTH 函数计算月底日期

在进行数据统计分析时，有可能要根据日期来计算几个月后或几个月前的月底日期，此时可以使用 EOMONTH 函数，其用法如下：

```
=EOMONTH（基准日期，以月数表示的期限）
```

📈 案例 11-18

例如，在图 11-44 所示的示例中，合同到期日统一规定为某月的月底日期，那么计算公式可以做如下修改，结果如图 11-44 所示。

```
=EOMONTH(B2,C2*12)
```

	A	B	C	D	E
1	合同名称	合同签订日	合同期限（年）	合同金额	合同到期日
2	A001	2024-8-11	2	20406	2026-8-31
3	A002	2024-4-20	2	1949	2026-4-30
4	A003	2024-1-26	3	500	2027-1-31
5	A004	2024-6-14	1.5	3376	2025-12-31
6	A005	2024-12-10	3	8848	2027-12-31

E2 = EOMONTH(B2,C2*12)

图 11-44　EOMONTH 函数计算合同到期日：具体到某月底

思考题：如果公司规定，不论是哪天签合同，到期日都是几个月以后的下个月 10 日，如何设计公式？

11.6.5　DATEDIF 函数计算两个日期的期限

假如要计算每个员工的年龄和工龄，应该用什么公式？这里我们已经知道了员工的出生日期、入职日期和当天日期，唯一不知道的是两个日期相隔几天。

计算两个日期的期限可以使用 DATEDIF 函数，这是一个隐藏函数，无法打开函数参数对话框，只能手动键入函数参数，完成函数的输入。该函数用法如下：

> =DATEDIF(开始日期， 截止日期， 计算结果类型代码)

函数中的计算结果类型代码含义如下表所示（字母不区分大小写）。

表 11-1

计算结果类型代码（不区分大小写）	结果
"Y"	时间段中的总年数
"M"	时间段中的总月数
"D"	时间段中的总天数
"MD"	两日期中天数的差，忽略日期数据中的年和月
"YM"	两日期中月数的差，忽略日期数据中的年和日
"YD"	两日期中天数的差，忽略日期数据中的年

例如：某职员进公司日期为 1998 年 8 月 15 日，离职时间为 2024 年 5 月 22 日，那么他在公司工作了多少年、零多少月和零多少天？

整数年，结果是 25：

> =DATEDIF("1998-8-15","2024-5-22","Y")

零几个月，结果是 9：

> =DATEDIF("1998-8-15","2024-5-22","YM")

零几天，结果是 7：

> =DATEDIF("1998-8-15","2024-5-22","MD")

也就是说，该员工在公司总共工作了 25 年零 9 个月零 7 天。

案例 11-19

DATEDIF 函数经常用在人力资源数据处理中，用来计算年龄和工龄。在财务数据处理中，DATEDIF 函数用来计算折旧年限。

例如，图 11-45 所示就是计算员工年龄和工龄的简单示例，计算公式分别如下。

单元格 F2，计算年龄：

> =DATEDIF(E2,TODAY(),"Y")

单元格 H2，计算工龄：

```
=DATEDIF(G2,TODAY(),"Y")
```

▲	A	B	C	D	E	F	G	H
1	姓名	部门	学历	性别	出生日期	年龄	入职日期	本公司工龄
2	A001	财务部	本科	男	1991-1-23	33	2015-2-25	8
3	A002	技术部	硕士	女	1978-12-27	45	1999-3-15	24
4	A003	销售部	本科	女	1994-10-19	29	2022-11-23	1
5	A004	财务部	本科	女	1993-11-8	30	2015-12-22	8
6	A005	生产部	本科	男	1983-5-19	40	2010-8-1	13
7	A006	生产部	本科	男	1982-9-24	41	2005-10-5	18
8	A007	品管部	本科	男	1993-9-25	30	2019-12-7	4
9	A008	品管部	硕士	女	1973-11-17	50	1994-12-27	29
10	A009	财务部	硕士	女	1979-1-24	45	2006-3-31	17

F2 单元格公式：=DATEDIF(E2,TODAY(),"Y")

图 11-45　DATEDIF 函数计算年龄和工龄

11.6.6　WEEKDAY 函数判断星期几

如果要判断一个日期是星期几，可以使用 WEEKDAY 函数，其用法如下：

=WEEKDAY（日期，星期制标准代码）

这里，"星期制标准代码"如果是忽略或者 1，那么该函数就按照国际星期制来计算，也就是每周从星期日开始，这样该函数得到结果 1 时代表星期日，2 时代表星期一，以此类推。

如果"星期制标准代码"是 2，那么该函数就按照中国星期制来计算，也就是每周从星期一开始，这样该函数得到结果 1 时代表星期一，2 代表星期二，以此类推。

例如，对于日期"2024-4-18"，下面 3 个公式的结果是不一样的：

=WEEKDAY("2024-4-18")，结果是 5（星期四）

=WEEKDAY("2024-4-18",1)，结果是 5（星期四）

=WEEKDAY("2024-4-18",2)，结果是 4（星期四）

利用这个函数，也可以设计动态的考勤表、生产计划表等，统计工作日加班和节假日加班等。

📊 案例 11-20

图 11-46 所示是员工加班记录表，D 列是添加的辅助列，使用 WEEKDAY 函数判断加班日期是星期几，公式如下：

```
=WEEKDAY(B2,2)
```

有了这个星期几的数字，就可以使用 SUMIFS 函数统计工作日加班和双休日加班数据了，计算公式分别如下。

单元格 H2，工作日加班：

```
=SUMIFS(C:C,A:A,G2,D:D,"<=5")
```

单元格 I2，双休日加班：

```
=SUMIFS(C:C,A:A,G2,D:D,">=6")
```

图 11-46　统计工作日加班和双休日加班

11.6.7　DATE 函数将年月日三个数字组合为日期

如果三个单元格分别保存年、月和日数字，要把这三个数字生成一个日期，你会怎么做？

有些人可能会很费劲地做出这样的公式（假设年、月和日数字分别保存在单元格 A2、B2 和 C2 中），这个公式的结果，看起来好像是日期，实际上是文本字符串，并不是真正的数值型日期：

```
=A2&"-"&B2&"-"&C2
```

要想把年、月和日三个数字生成一个日期，需要使用 DATE 函数，其用法如下：

```
=DATE(年数字,月数字,日数字)
```

例如，下面的结果是 2023-3-16，其公式如下：

```
=DATE(2023,3,16)
```

如果 A 列、B 列和 C 列分别保存年、月、日三个数字，那么组合日期的公式如下：

```
=DATE(A2,B2,C2)
```

很多人设计的表格，喜欢把日期拆成年、月、日三列保存，目的是筛选方便，但是也带来了数据分析不便的问题。例如，根据这三列的年、月、日数据，能否快速制作季度报表？能否快速制作周报表？因此，不建议这样保存日期数据，而应该保存为一个完整的日期，因为一个完整的日期，含有很多日期信息。

案例 11-21

图 11-47 所示是很多人喜欢设计的一种表格，把出生日期拆分成了年、月、日三列数字分开保存，这是不正确的，因为这样保存的出生日期，并不是真正的日期，

而是三个数字而已，这样会对以后的数据处理和分析造成麻烦。

	A	B	C	D	E	F
1	姓名	性别	部门	出生年月日		
2				年	月	日
3	A001	男	财务部	1981	6	21
4	A002	女	财务部	1999	5	11
5	A003	女	销售部	1982	8	23
6	A004	男	销售部	1990	11	24
7	A005	男	销售部	2000	7	6
8	A006	男	销售部	1995	11	5
9	A007	男	人事部	1993	1	10
10	A008	女	人事部	2000	6	18
11	A009	女	财务部	1995	11	23

图 11-47　出生日期被处理为年、月、日三个数字保存

要将这个表格进行整理，首先使用 DATE 函数将年、月、日三个数字进行合并，生成真正日期，G 列公式如下，如图 11-48 所示。

```
=DATE(D3,E3,F3)
```

然后将 G 列公式转换为数值，删除原来的年、月、日 3 列，删除第 2 行，变成一个标准规范的表格，如图 11-49 所示。

G3			×	✓	fx	=DATE(D3,E3,F3)	
	A	B	C	D	E	F	G
1	姓名	性别	部门	出生年月日			出生日期
2				年	月	日	
3	A001	男	财务部	1981	6	21	1981-6-21
4	A002	女	财务部	1999	5	11	1999-5-11
5	A003	女	销售部	1982	8	23	1982-8-23
6	A004	男	销售部	1990	11	24	1990-11-24
7	A005	男	销售部	2000	7	6	2000-7-6
8	A006	男	销售部	1995	11	5	1995-11-5
9	A007	男	人事部	1993	1	10	1993-1-10
10	A008	女	人事部	2000	6	18	2000-6-18
11	A009	女	财务部	1995	11	23	1995-11-23

图 11-48　处理日期

	A	B	C	D
1	姓名	性别	部门	出生日期
2	A001	男	财务部	1981-6-21
3	A002	女	财务部	1999-5-11
4	A003	女	销售部	1982-8-23
5	A004	男	销售部	1990-11-24
6	A005	男	销售部	2000-7-6
7	A006	男	销售部	1995-11-5
8	A007	男	人事部	1993-1-10
9	A008	女	人事部	2000-6-18
10	A009	女	财务部	1995-11-23

图 11-49　标准规范表格

✒ 本节知识回顾与测验

1. Excel 处理日期和时间的规则是什么？

2. 在输入日期时，正确的输入格式是什么？

3. 如何快速将文本型日期转换为数值型日期？

4. 如何获取当前日期，当每天打开工作簿时，日期自动更新为当天日期？

5. 给定一个日期，那么几个月以后的日期，用什么函数计算？

6. 给定一个日期，那么几个月以后的月底日期，用什么函数计算？

7. 给定了项目开始日期和完工日期，那么该项目持续了多少年零多少月零多少天？用什么函数计算？

8. 如何将分别代表年、月、日的三个数字，整合成一个正确的日期？

9. 如何判断一个日期是星期几？用什么函数可以判断？使用这个函数要注意什么？

11.7 常用文本处理函数及其应用

文本数据的处理，主要包括从文本字符串中截取文本、替换文本、连接文本，或者对数字进行格式转换，常用的文本函数有 LEN、LEFT、RIGHT、MID、SUBSTITUTE、CONCAT、TEXTJOIN、TEXT 等，本节介绍常用文本函数及其应用技能和技巧。

11.7.1 LEN 函数获取文本长度

如果要计算一个文本字符串的长度是多少（也就是有多少个字符），可以使用 LEN 函数，其用法如下：

> =LEN (文本字符串)

例如，下面公式的结果是 14（4 个数字、1 个空格、9 个汉字）：

> =LEN ("2023 年经营分析 公司总部 ")

在实际数据处理中，LEN 函数应用的并不是特别多，但是在某些特殊的场合，LEN 函数就很有用了。

例如，在设置数据验证时，只能输入规定位数，并且不重复的数据，就需要使用 LEN 函数判断数据位数、使用 COUNTIF 函数判断是否重复，详细案例，请参阅本书第 10 章。

11.7.2 LEFT 函数从文本字符串左侧截取字符

顾名思义，LEFT 函数就是从文本字符串左侧截取指定个数字符，其用法如下：

> =LEFT (字符串 , 要截取的字符个数)

例如，要把字符串"江苏省苏州市吴中区"的左侧 3 个字符"江苏省"提取出来，公式如下：

> =LEFT (" 江苏省苏州市吴中区 " , 3)

📈 案例 11-22

在图 11-50 中，我们需要从 A 列中提取材料标号，材料标号是前 3 个字符。单元格 B2 公式如下：

> =LEFT (A2 , 3)

B2 =LEFT(A2,3)

	A	B	C	D	E
1	材料	材料标号			
2	C50防冻	C50			
3	C35	C35			
4	C25早强	C25			
5	C30P6防冻	C30			
6	C30P6	C30			
7	C35P6早强防冻	C35			
8	C20早强防冻	C20			
9	C30防冻	C30			
10	C35P6	C35			

图 11-50　LEFT 函数应用

11.7.3 RIGHT 函数从文本字符串右侧截取字符

从单词就可以知道，RIGHT 函数就是从文本字符串右侧截取指定个数字符，用法如下：

```
=RIGHT(字符串,要截取的字符个数)
```

例如，要把字符串“江苏省苏州市吴中区”的右侧 3 个字符“吴中区”提取出来，公式如下：

```
= RIGHT("江苏省苏州市吴中区",3)
```

案例 11-23

对于图 11-50 所示的数据，如果要把 A 列分成两列，一列是材料标号，一列是配料，那么配料就可以使用下面的公式提取出来，如图 11-51 所示。

```
=RIGHT(A2,LEN(A2)-3)
```

这个公式的原理就是，先用 LEN 计算出材料字符的个数，减去 3 个标号字符，剩下的就是右侧要提取的配料。

C2 =RIGHT(A2,LEN(A2)-3)

	A	B	C	D	E
1	材料	材料标号	配料		
2	C50防冻	C50	防冻		
3	C35	C35			
4	C25早强	C25	早强		
5	C30P6防冻	C30	P6防冻		
6	C30P6	C30	P6		
7	C35P6早强防冻	C35	P6早强防冻		
8	C20早强防冻	C20	早强防冻		
9	C30防冻	C30	防冻		
10	C35P6	C35	P6		

图 11-51　RIGHT 函数应用

11.7.4 MID 函数从文本字符串指定位置截取字符

如果要把字符串中指定位置的几个字符截取出来，可以使用 MID 函数，其用法如下：

    =MID（字符串，开始截取的位置，截取的字符个数）

例如，要把字符串"江苏省苏州市吴中区"第 4 个开始的 3 个字符"苏州市"提取出来，公式如下：

    =MID（"江苏省苏州市吴中区"，4,3）

又如，在"案例 11-23.xlsx"中，也可以使用 MID 函数提取右侧的配料，公式如下：

    =MID(A2,4,1000)

📈 **案例 11-24**

MID 函数的一个典型应用，是从身份证号码里提取出生日期，如图 11-52 所示（这里身份证号码是模拟数据），出生日期提取公式如下：

    =1*TEXT(MID(B2,7,8),"0000-00-00")

这个公式中，先用 MID 函数从第 7 个字符开始取 8 个，就是代表生日的 8 个数字，但这个是 8 个数字组成的所谓日期，并不是真正日期，因此需要使用 TEXT 函数将这 8 位数字转换为文本型日期，由于出生日期要参与其他计算，因此再将文本型日期乘以数字 1，转换为数值型日期。关于 TEXT 函数使用方法，将在本节后面进行介绍。

	A	B	C	D	E	F
	姓名	身份证号码	出生日期			
2	A001	'110108198302132280	1983-2-13			
3	A002	'11010819911223983X	1991-12-23			
4	A003	'110108198908183219	1989-8-18			

C2 fx =1*TEXT(MID(B2,7,8),"0000-00-00")

图 11-52　MID 函数应用：从身份证号码里提取出生日期

11.7.5 SUBSTITUTE 函数替换指定字符

SUBSTITUTE 函数是将字符串中指定的字符替换为新字符，其用法如下：

    =SUBSTITUTE（字符串，旧字符，新字符，替换第几个出现的）

例如，要把字符串"江苏省苏州市吴中区"的"吴中区"替换为"工业园区"，其公式如下：

    =SUBSTITUTE（"江苏省苏州市吴中区"，"吴中区"，"工业园区"）

公式的结果是新字符串"江苏省苏州市工业园区"。

SUBSTITUTE 函数多用于构建自动化数据分析模型，在公式中自动对数据进行处理和汇总计算，最后得到一个高效分析报表。

案例 11-25

图 11-53 所示是一个简单示例，在 C 列摘要中，输入了诸如"1200 元"这样的数据，现在要求使用一个公式计算所有金额的合计数。

C8				f_x	{=SUM(1*SUBSTITUTE(C2:C6,"元",""))}		
	A	B	C	D	E	F	G
1	日期	项目	摘要				
2	2024-2-23	项目01	1200元				
3	2024-2-24	项目02	3000元				
4	2024-2-25	项目03	30000元				
5	2024-2-26	项目02	1800元				
6	2024-2-27	项目01	4000元				
7							
8		合计=	40000				

图 11-53　不规范的金额数字

这个问题是很简单的，先使用 SUBSTITUTE 函数将每个单元格金额后面的"元"替换掉，并转换为数字（因为 SUBSTITUTE 函数的结果是文本），最后用 SUM 函数将这些数字合计起来就可以了，其公式如下：

```
=SUM(1*SUBSTITUTE(C2:C6,"元",""))
```

需要注意一点的是，在高版本 Excel 中，直接回车就可以完成公式。但是在稍微低一些的版本 Excel 中，需要以数组公式输入（按 Ctrl+Shift+Enter）。

11.7.6　CONCAT 函数连接字符串

CONCAT 函数用于将多个字符串或单元格区域的字符连接为一个新字符，用法为：

```
=CONCAT( 字符串或引用 1, 字符串或引用 2, 字符串或引用 3,…)
```

例如，下面的公式结果是字符串""2023 年财务经营分析""：

```
=CONCAT("2023 年 "," 财务经营 "," 分析 ")
```

案例 11-26

CONCAT 函数的参数不仅可以是字符串常量，也可以直接引用单元格区域。

图 11-54 所示是一个例子，选择了单元格区域 B2:C5 作为 CONCAT 函数参数，这样就将选择的单元格区域所有字符连接为一个新字符串：

```
=CONCAT(B2:C5)
```

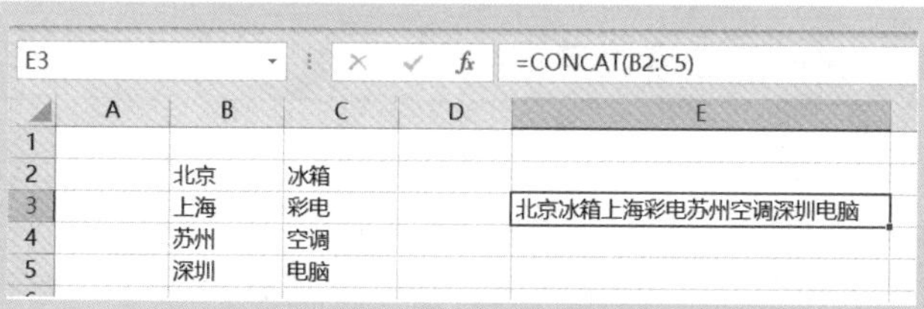

图 11-54   CONCAT 函数应用

如果将单元格区域 B2:B5 和 C2:C5 分别作为 CONCAT 函数的两个参数，连接公式如下，结果就是图 11-55 所示：

```
=CONCAT(B2:B5,C2:C5)
```

图 11-55   CONCAT 函数应用

如果使用函数 CHAR(10) 输入换行符，设计下面的公式，结果就是在单元格得到了两行文本，如图 11-56 所示。

```
=CONCAT(B2:B5,CHAR(10),C2:C5)
```

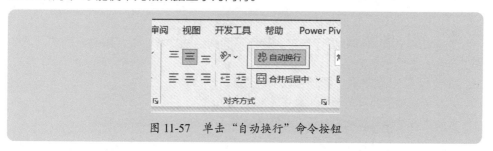

图 11-56   CONCAT 函数应用

注意，在默认情况下，单元格公式结果仍然显示为一行，此时需要将单元格格式设置为"自动换行"，也就是需要单击功能区的"自动换行"命令按钮，如图 11-57 所示，才能使单元格数据显示为两行。

图 11-57   单击"自动换行"命令按钮

11.7.7 TEXTJOIN 函数连接字符串

在连接字符串时，如果需要在每个字符之间插入一个符号，以便将各个字符隔开，此时可以使用 TEXTJOIN 函数，其用法如下：

=TEXTJOIN（分隔符号，是否忽略空值，字符串或引用 1，字符串或引用 2，字符串或引用 3，…）

案例 11-27

例如，下面的公式就可以得到字符串""北京 / 冰箱 / 上海 / 彩电 / 苏州 / 空调 / 深圳 / 电脑""，如图 11-58 所示。

=TEXTJOIN("/",,B2:C5)

图 11-58　TEXTJOIN 函数应用

图 11-59 所示是将各个客户名称与销售额数字连成一个字符串，其公式为：

=TEXTJOIN(", ",,B3:C6)

图 11-59　客户与销售额连成一个字符串

11.7.8 TEXT 函数将数值转换为指定格式的文本字符串

TEXT 函数是把数字（包括日期和时间）转换为指定格式的文字，其用法如下：

=TEXT（数字，格式代码）

这里的格式代码需要自行指定。转换不同的格式文本，其代码是不同的，需要在工作中多总结、多记忆。

在使用 TEXT 函数时，要记住以下几点：

● 转换的对象必须是数字（文字是无效的）；
● 转换的结果已经是文本字符串了（已经不是数字了）；

● 需要了解和掌握常用的格式代码。

例如,把数字"123"转换为6位文本型数字"000123"(不足6位就补0),则公式如下:

=TEXT("123","000000")

例如,把手机号码数字"13520998872"转换为易读格式数字"135-2099-8872",则公式如下:

=TEXT(13520998872,"000-0000-0000")

例如,指定日期"2024-3-16",将其转换为英文星期名称"Saturday",则公式如下:

=TEXT("2024-3-16","dddd")

例如,指定日期"2024-3-16",将其转换为中文星期名称"星期六",则公式如下:

=TEXT("2024-3-16","aaaa")

例如,指定日期"2024-3-16",将其转换为英文月份名称"March",则公式如下:

=TEXT("2024-3-16","mmmm")

TEXT 在数据分析中,更多的是用来对日期、数字等进行格式转换,以便得到一个与分析报告表格标题格式匹配的数据,这样可以提高数据分析效率。

案例 11-28

图 11-60 所示就是使用 TEXT 函数在公式里进行数字格式转换,并使用 VLOOKUP 函数查找数据的例子,因为原始数据的材料编码是文本,但查询表里输入的材料编码是数字,因此使用了 TEXT 函数进行转换。

单元格 F4,查找材料名称:

=VLOOKUP(TEXT(F2,"0"),A:C,2,0)

单元格 F5,查找材料库存:

=VLOOKUP(TEXT(F2,"0"),A:C,3,0)

公式中的 TEXT(F2,"0") 就是将单元格 F2 输入的数值型材料编码,转换为原位数的文本型材料编码。

	A	B	C	D	E	F	G
	材料编码	材料名称	库存				
2	10302	材料01	1323		指定材料编码:	1030601	
3	103032	材料02	101				
4	10304	材料03	565		材料名称=	材料05	
5	10305	材料04	1326		库存=	804	
6	1030601	材料05	804				
7	10307	材料06	400				
8	10308	材料07	1433				
9	1030903	材料08	135				
10	10310	材料09	470				
11	10306	材料10	1683				
12	1031232	材料11	155				
13	10313	材料12	1252				
14	10314	材料13	1308				

F4 单元格公式:=VLOOKUP(TEXT(F2,"0"),A:C,2,0)

图 11-60 利用 TEXT 函数转数字

✏️ **本节知识回顾与测验**

1. 统计一个字符串的长度（字符个数）用什么函数？如果统计字节数呢？

2. 从一个字符串左侧截取指定个数字符，用什么函数？如何使用？

3. 从一个字符串右侧截取指定个数字符，用什么函数？如何使用？

4. 从一个字符串的指定位置，截取指定个数字符，用什么函数？

5. 如何将几个单元格的数据，用指定分隔符分隔，连接成一个字符串？

6. 如何将数字"395"转换为文本型数字"0000395"？

7. 如何将数字"0.8346"转换为文本"增长率为83.46%"？

第 **12** 章

Excel 数据透视分析
技能与技巧

如果要对数据从各个角度做灵活分析，那么使用数据透视表无疑是一个最好的选择。数据透视表操作简单，使用方便，可以根据实际情况，就能快速得到需要的数据分析报告。

12.1 制作数据透视表的基本方法

根据数据源的不同，制作数据透视表的方法也有所不同，本节介绍在常见的数据源类型下，制作数据透视表的基本方法和技巧。

12.1.1 以一个一维表格制作数据透视表

大部分情况下，是以一个一维数据表格来制作数据透视表，方法很简单，单击数据区域的任一单元格，然后在“插入”选项卡中单击“数据透视表”命令按钮，如图 12-1 所示。下面举例说明以一个一维数据表格来创建数据透视表的基本方法和技能技巧。

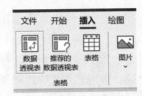

图 12-1　单击“数据透视表”命令按钮

案例 12-1

图 12-2 所示是一个示例，单击数据区域任一单元格，执行“插入”→“数据透视表”命令，就会打开一个“创建数据透视表”对话框，Excel 会自动选择整个数据区域（因为单击了数据区域内的某个单元格），因此，在这个对话框中，保持默认选择。

	A	B	C	D	E	F	G
1	门店	品牌	价位	制式	销售量	单价	金额
2	门店B	华为	500-1000	移动	40	800	32,000.00
3	门店H	苹果	1000-2000	电信	800	1888	1,510,400.00
4	门店E	苹果	2000以上	联通	100	6666	666,600.00
5	门店L	华为	1000-2000	移动	30	1875	56,250.00
6	门店D	小米	500以下	电信	433	488	211,304.00
7	门店C	小米	1000-2000	移动	800	1888	1,510,400.00
8	门店K	小米	2000以上	电信	100	6666	666,600.00
9	门店L	苹果	1000-2000	联通	30	1875	56,250.00
10	门店F	苹果	500以下	移动	321	488	156,648.00
11	门店J	华为	500-1000	电信	43	800	34,400.00
12	门店G	华为	2000以上	联通	800	1888	1,510,400.00
13	门店I	小米	500-1000	移动	343	800	274,400.00
14	门店N	苹果	1000-2000	电信	800	1888	1,510,400.00
15	门店J	苹果	2000以上	联通	132	6666	879,912.00
16	门店N	Vivo	1000-2000	移动	54	1875	101,250.00
17	门店F	小米	500-1000	电信	43	800	34,400.00
18	门店L	华为	1000-2000	联通	800	1888	1,510,400.00
19	门店A	OPPO	500-1000	移动	343	800	274,400.00
20	门店A	苹果	1000-2000	电信	800	1888	1,510,400.00
21	门店G	小米	2000以上	联通	132	6666	879,912.00

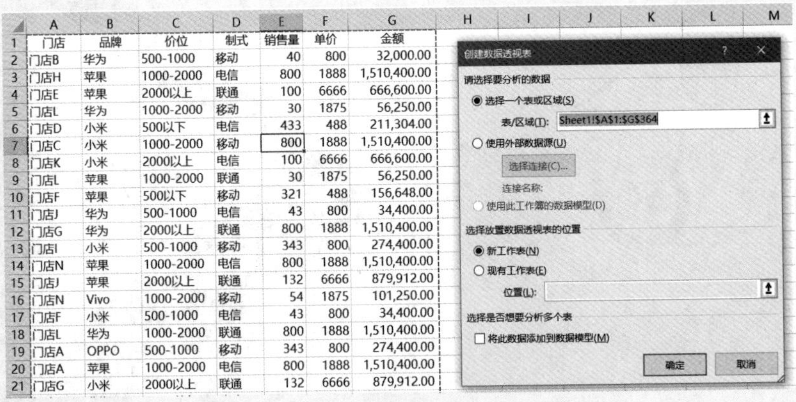

图 12-2　“创建数据透视表”对话框

单击“确定”按钮，就在一个新工作表上创建数据透视表，如图 12-3 所示。

图 12-3　创建的数据透视表

　　创建数据透视表后，剩下的任务就是布局数据透视表，也就是制作统计分析报告。在布局数据透视表之前，首先要了解以下几个基本概念和知识。

- 字段：是数据源中每列数据，一列就是一个字段，列标题就是字段名称，因此在工作表右侧会出现一个"数据透视表字段"面板，它有5个基本窗格，上面是字段列表，下面是"筛选""列""行"和"值"4个窗格。
- "筛选"窗格：如果将某个字段拖至此窗格，该字段就是对整个报表的筛选显示。例如，将字段"门店"拖至"筛选"窗格，就可以单独查看某个门店的销售情况。
- "行"窗格：如果将某个字段拖至此窗格，该字段下的每个项目就按行保存，因此又称为行字段。在报表中，就是最左侧的一列标题。
- "列"窗格：如果将某个字段拖至此窗格，该字段下的每个项目就按列保存，因此又称为列字段。在报表中，就是最上面的一行标题。
- "值"窗格：如果将某个字段拖至此窗格，就对该字段进行统计计算（求和、计数、最大值、最小值、平均值等），因此又称为值字段。
- 此外，还要了解一个名称"项目"：有字段，就必有项目，字段是一列数据，而项目则是字段下的不重复数据。例如，有一个字段"门店"，那么各个门店名称就是该字段下的项目。

　　布局数据透视表很简单，用鼠标将字段拖至相应的小窗格即可。

　　图 12-4 所示就是一个分析指定门店下各个品牌、各个价位的销量情况。

　　也可以在字段列表中直接点选字段（打钩字段），不过，这样也有一个问题：如果是文本数据字段，会自动选到"行"区域，如果是数值型字段，会自动选到"值"区域。

门店	(全部)	▼			
求和项:销售量	列标签	▼			
行标签 ▼	1000-2000	2000以上	500-1000	500以下	总计
OPPO	6640	2508	1758		10906
Vivo	7134	596	815	866	9411
华为	5370	11902	3815		21087
苹果	22940	12660		5457	41057
小米	17630	3152	4246	7361	32389
中兴	2591	532	729	1732	5584
总计	62305	31350	11363	15416	120434

图 12-4　布局数据透视表

数据透视表布局的难点在于，如何从数据分析的角度来布局字段，以便制作需要的分析报告。

12.1.2 以多个一维表格制作数据透视表

如果数据源是多个工作表，例如各月工资，分别保存在每个月工作表上，这样，当进行全年工资分析时，需要以这 12 份工作表数据制作数据透视表，这就是以多个一维表格制作数据透视表的问题，这种多个工作表的数据源，最好每个工作表的列结构完全一样。

以多个一维表格制作数据透视表方法有很多，例如现有连接 +SQL 语句方法，Power Query+Power Pivot 方法等。

如果每个工作表结构是很规范的一维表单，每个工作表的列结构完全一样（列数、列顺序），可以首选现有连接 +SQL 语句方法。

如果是从系统导出的，表格结构或者数据不规范，则需要选择 Power Query+Power Pivot 方法，将数据整理加工与透视分析整合起来。

下面重点介绍现有连接 +SQL 语句方法来制作基于多个一维工作表的数据透视表，这种方法可以用于任何 Excel 版本。

📈 案例 12-2

图 12-5 所示是各个业务部门的销售数据表，都是 6 列数据，列次序一样，现在要将这几个业务部门的数据进行汇总并做透视分析。

日期	产品	客户	销量	单价	销售额	
2023-1-3	产品01	客户07	127	22	2794	
2023-3-17	产品08	客户06	252	138	34776	
2023-4-12	产品05	客户05	113	88	9944	
2023-3-12	产品09	客户04	92	734	67528	
2023-5-12	产品03	客户10	67	79	5293	
2023-1-3	产品07	客户17	212	309	65508	
2023-5-3	产品03	客户07	284	79	22436	
2023-2-12	产品02	客户09	258	113	29154	
2023-2-13	产品05	客户19	269	197	52993	
2023-1-15	产品01	客户05	24	46	1104	
2023-3-6	产品10	客户11	198	827	163746	
2023-4-12	产品09	客户06	156	739	115284	
2023-2-8	产品02	客户20	268	100	26800	
2023-3-3	产品04	客户19	138	101	13938	
2023-2-17	产品01	客户01	171	87	14877	
2023-1-16	产品10	客户11	234	806	188604	

图 12-5　各个业务部门的销售表

下面是利用现有连接 +SQL 语句制作数据透视表的主要方法和步骤。

步骤1 在"数据"选项中单击"现有连接"命令按钮，如图 12-6 所示。

图 12-6　单击"现有连接"命令按钮

步骤2 打开"现有连接"对话框，单击左下角的"浏览更多"按钮，如图 12-7 所示。

图 12-7　"现有连接"对话框，单击"浏览更多"按钮

步骤3 打开"选取数据源"对话框，从相关文件夹中选择 Excel 工作簿，如图 12-8 所示。

图 12-8　选择 Excel 工作簿

步骤4 单击"打开"按钮,就打开"选择表格"对话框,如图 12-9 所示。

图 12-9 "选择表格"对话框

步骤5 保持默认,单击"确定"按钮,打开"导入数据"对话框,先选择"数据透视表"和"新工作表"选项,如图 12-10 所示。

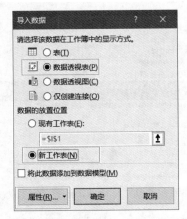

图 12-10 选择"数据透视表"和"新工作表"选项

步骤6 单击"导入数据"对话框左下角的"属性"按钮,打开"连接属性"对话框,切换到"定义"选项卡,然后在"命令文本"输入框中输入下面的 SQL 语句,如图 12-11 所示。

```
select '深圳分部' as 业务分部,* from [深圳分部$] union all
select '北京分部' as 业务分部,* from [北京分部$] union all
select '上海分部' as 业务分部,* from [上海分部$] union all
select '武汉分部' as 业务分部,* from [武汉分部$] union all
select '广州分部' as 业务分部,* from [广州分部$]
```

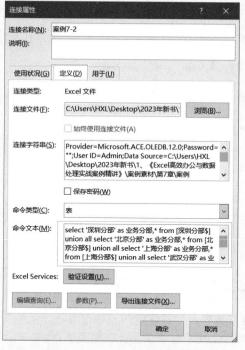

图 12-11　输入命令文本

步骤7 单击"确定"按钮,返回到"导入数据"对话框,再确认是否选择了"数据透视表"和"新工作表"选项,然后单击"确定"按钮,就创建了基于多个工作表的数据透视表,如图 12-12 所示。

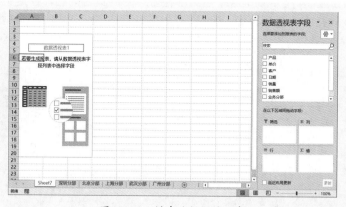

图 12-12　创建的数据透视表

步骤8 布局数据透视表，就得到需要的分析报告，图 12-13 所示就是一个示例效果。

图 12-13 布局数据透视表，得到分析报告

12.1.3 以一个二维表格制作数据透视表

很多人喜欢制作二维表，尽管这样的表格很清晰，但是在数据分析时就变得不方便了。从本质上来说，二维表并不是基础数据表单，而是一个基本的汇总表。但是，也可以使用这样的二维表制作数据透视表，进而进行灵活分析。

📊 案例 12-3

例如，图 12-14 所示就是各个业务部在各个月的销售情况，在这个表格中，实际上有两个维度：业务部和月份。但是，月份按列保存了，如果直接创建数据透视表，那么每列的月份就是一个字段，生不成统一的月份字段，这样分析就很麻烦了。

	A	B	C	D	E	F	G	H	I	J	K	L	M	N
1	业务部	1月	2月	3月	4月	5月	6月	7月	8月	9月	10月	11月	12月	合计
2	业务1部	1402	451	701	139	222	2145	2282	2422	2932	2153	244	2408	17501
3	业务2部	2747	1582	1716	1384	2804	2455	1520	1444	270	1359	1017	1318	19616
4	业务3部	880	400	1999	2325	2462	2288	1185	200	144	584	556	2823	15846
5	业务4部	1456	2243	2611	1326	1269	2095	584	142	578	1999	911	1732	16946
6	业务5部	1307	930	1827	1452	2344	1616	2936	2812	2643	775	1434	2631	22707
7	业务6部	2383	901	1489	1537	866	451	2827	1838	480	1294	2462	159	16687
8	业务7部	1122	2318	2781	2469	1320	1670	2802	2523	480	2778	922	1610	22795
9	业务8部	738	1889	2140	826	274	823	2225	1673	2517	1030	2948	2506	19589
10	业务9部	1089	219	2420	868	1574	2690	1125	813	2020	852	1731	268	15669
11	合计	13124	10933	17684	12326	13135	16233	17486	13867	12064	12824	12225	15455	167356

图 12-14 各个业务部各个月的销售数据，典型的二维表格

如果要进行透视分析，需要将各列的月份进行逆透视，生成一个新字段月份，而多重合并计算数据区域的数据透视表就能同时解决逆透视以及透视分析的问题。下面是主要操作步骤。

步骤1 按 Alt+D+P 组合键（P 按 2 下），打开"数据透视表和数据透视图向导—步骤 1（共 3 步）"对话框，选择"多重合并计算数据区域"选项，如图 12-15 所示。

步骤2 单击"下一步"按钮,打开"数据透视表和数据透视图向导—步骤 2a(共 3 步)"对话框,选择"自定义页字段"选项,如图 12-16 所示。

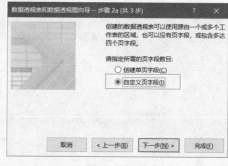

图 12-15 数据透视表和数据透视图向导　　图 12-16 选择"自定义页字段"选项

步骤3 单击"下一步"按钮,打开"数据透视表和数据透视图向导—第 2b 步,共 3 步"对话框,页字段数目选择 0 选项,然后选择要制作数据透视表的数据区域(行合计数和列合计数不需要选择,因为数据透视表本身就可以进行合计计算),如图 12-17 所示。

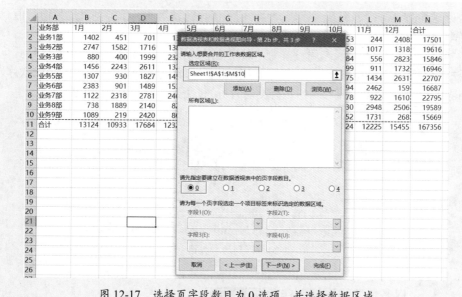

图 12-17 选择页字段数目为 0 选项,并选择数据区域

步骤4 单击"下一步"按钮,打开"数据透视表和数据透视图向导—步骤 3(共 3 步)"对话框,选择"新工作表"选项,如图 12-18 所示。

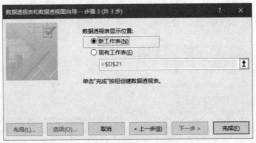

图 12-18　选择"新工作表"选项

步骤5 单击"完成"按钮，就创建了一个数据透视表，如图 12-19 所示。

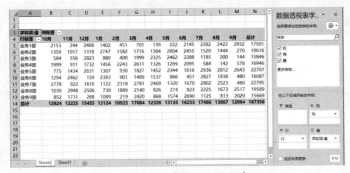

图 12-19　创建的数据透视表

步骤6 这个数据透视表有三个字段：行、列和值，行就是业务部，列就是月份，值就是销售数据。

将数据透视表的报表布局设置为"以表格形式显示"（数据透视表的具体格式化方法，将在下一节进行详细介绍），然后将字段名称修改为具体的名称，调整月份次序，就得到一个可以对业务部和月份进行灵活分析的数据透视表，如图 12-20 所示。

图 12-20　得到的数据透视表

12.1.4　以多个二维表格制作数据透视表

如果要以多个二维表格制作数据透视表，方法和步骤与前面介绍的基本一样，而且不需要每个工作表的列个数和列次序一样。下面结合实际例子予以介绍。

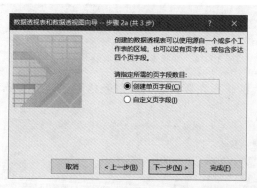

案例 12-4

例如，图 12-21 所示的工作簿有 8 张工作表，分别保存的是每个部门在各个月的费用数据，每个工作表的数据表都是典型的二维表格。现在要将这 8 个工作表数据进行数据透视分析。

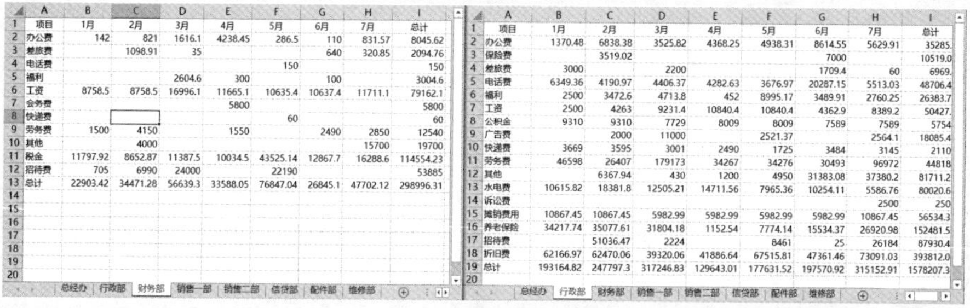

图 12-21　8 张二维工作表

以这 8 个工作表数据制作数据透视表，会有 4 个字段：部门、项目、月份和金额，其中项目、月份和金额是每个工作表中存在的，而部门则是工作表（部门）的区分。

步骤1 按 Alt+D+P 组合键（P 按 2 下），打开"数据透视表和数据透视图向导—步骤 1（共 3 步）"对话框，选择"多重合并计算数据区域"选项，单击"下一步"按钮，打开"数据透视表和数据透视图向导—步骤 2a（共 3 步）"对话框，选择"创建单页字段"（因为页字段只有一个，就是工作表所代表的部门）选项，如图 12-22 所示。

图 12-22　选择"创建单页字段"选项

步骤2 单击"下一步"按钮，打开"数据透视表和数据透视图向导—第 2b 步，共 3 步"对话框，分别选择添加每个工作表的数据区域，如图 12-23 所示。

注意添加完毕后，在所有区域列表中，各个工作表的次序，它们并不一定是工作簿中各个工作表的次序，而是按照工作簿名称进行了升序排列。了解这个次序很重要，因为在数据透视表制作完毕后，需要将默认的页字段项目名称修改为具体的部门名称。

图 12-23　添加各个工作表数据区域

步骤3 单击"下一步"按钮，打开"数据透视表和数据透视图向导—步骤 3（共 3 步）"对话框，选择新工作表，就得到基于多个二维表格的数据透视表，如图 12-24 所示。

求和项:值	列标签							
行标签	1月	2月	3月	4月	5月	6月	7月	总计
办公费	2912.48	9726.38	7614.95	16747.7	7834.81	8924.55	12586.48	66347.35
保险费		11079.02	13343	8230	9437	32497	3600	78186.02
差旅费	46320.41	42917.9	36401	21311	39857	41025.75	32536.66	260369.72
电话费	6504.36	4250.97	18866.26	18084.88	6432.24	22317.15	6013.03	82468.89
福利	3759	3472.6	7734.7	4254.44	10166.17	5026.08	3840.25	38253.24
工资	106382.2	108146.2	138421.5	102879.8	102640.1	101784.3	126128.2	786382.3
公积金	9310	9310	7729	8009	8009	7589	7589	57545
广告费	270	2000	11000		2891.37	778	2564.1	19503.47
会务费	2200		13346	6445	2186	3099	2904	30180
快递费	3949	3595	3001	2490	4359	3505	3145	24044
劳务费	104300	113189	179173	146302	160847	143698	176135	1023644
其他	17594.99	39751.75	12481.04	12444.85	13869.26	35158.55	110881.16	242181.6
水电费	10786.76	18787.78	12505.21	15097.88	7965.36	10428.47	5695.31	81266.77
税金	11797.92	8652.87	11387.5	10034.5	43525.14	12867.7	16288.6	114554.23
诉讼费							2500	2500
摊销费用	18601.53	26335.61	5982.99	5982.99	5982.99	5982.99	10867.45	79736.55
养老保险	34217.74	35077.61	31804.18	1152.54	7774.14	15534.37	26920.98	152481.56
运费	4939.73	3671.74	22481.83	113665.75	51237.54	9166.49	72537.66	277700.74
招待费	17399	69963.47	49989	7235	39847	12993	42705	240131.47
折旧费	62166.97	64455.06	39320.06	41886.64	67515.81	47361.46	73091.03	395797.03
总计	463412.09	574382.96	622582.22	542253.97	592376.93	519736.86	738528.91	4053273.94

图 12-24　基于多个二维表格的数据透视表

步骤4 将数据透视表的报表布局设置为"以表格形式显示"，修改字段名称，如图 12-25 所示。

金额	月份							
项目	1月	2月	3月	4月	5月	6月	7月	总计
办公费	2912.48	9726.38	7614.95	16747.7	7834.81	8924.55	12586.48	66347.35
保险费		11079.02	13343	8230	9437	32497	3600	78186.02
差旅费	46320.41	42917.9	36401	21311	39857	41025.75	32536.66	260369.72
电话费	6504.36	4250.97	18866.26	18084.88	6432.24	22317.15	6013.03	82468.89
福利	3759	3472.6	7734.7	4254.44	10166.17	5026.08	3840.25	38253.24
工资	106382.2	108146.2	138421.5	102879.8	102640.1	101784.3	126128.2	786382.3
公积金	9310	9310	7729	8009	8009	7589	7589	57545
广告费	270	2000	11000		2891.37	778	2564.1	19503.47
会务费	2200		13346	6445	2186	3099	2904	30180
快递费	3949	3595	3001	2490	4359	3505	3145	24044
劳务费	104300	113189	179173	146302	160847	143698	176135	1023644
其他	17594.99	39751.75	12481.04	12444.85	13869.26	35158.55	110881.16	242181.6
水电费	10786.76	18787.78	12505.21	15097.88	7965.36	10428.47	5695.31	81266.77
税金	11797.92	8652.87	11387.5	10034.5	43525.14	12867.7	16288.6	114554.23
诉讼费							2500	2500
摊销费用	18601.53	26335.61	5982.99	5982.99	5982.99	5982.99	10867.45	79736.55
养老保险	34217.74	35077.61	31804.18	1152.54	7774.14	15534.37	26920.98	152481.56
运费	4939.73	3671.74	22481.83	113665.75	51237.54	9166.49	72537.66	277700.74
招待费	17399	69963.47	49989	7235	39847	12993	42705	240131.47
折旧费	62166.97	64455.06	39320.06	41886.64	67515.81	47361.46	73091.03	395797.03
总计	463412.09	574382.96	622582.22	542253.97	592376.93	519736.86	738528.91	4053273.94

图 12-25　修改字段名称

步骤5 重新布局数据透视表，将字段"项目"拖至筛选，将字段"部门"拖至行，如图 12-26 所示。

部门	1月	2月	3月	4月	5月	6月	7月	总计
项1	22903.42	34471.28	56639.3	33588.05	76847.04	26845.1	47702.12	298996.31
项2	5645.98	10770.88	12913.9	11422.9	12651	10014.89	19948.1	83367.65
项3	69236.39	99753.99	50695.73	80967.99	90415.7	64613.87	105114.65	560798.32
项4	42644.99	45541.37	50560.33	137807.25	116412.91	46178	99292.03	538436.88
项5	54613.39	62581.04	37404.5	63169.62	48054.3	86168.13	72260.4	424251.38
项6	29466.1	30328.1	42691.69	36981.25	37101.27	23660	33413	233641.41
项7	193164.82	247797.3	317246.83	129643.01	177631.52	197570.92	315152.91	1578207.31
项8	45737	43139	54429.94	48673.9	33263.19	64685.95	45645.7	335574.68
总计	463412.09	574382.96	622582.22	542253.97	592376.93	519736.86	738528.91	4053273.94

图 12-26　重新布局数据透视表

步骤6 可以看到，字段"部门"下的各个项目，并不是具体的部门名称，而是默认的名称"项 1""项 2""项 3"……

对比第 2b 步（参阅图 12-23）中各个部门的次序，可以知道，"项 1"是财务部，"项 2"是配件部，"项 3"是维修部，以此类推。

因此，在 A 列单元格中，需要手动修改字段"部门"下的各个项目名称为具体的部门名称，如图 12-27 所示。

部门	1月	2月	3月	4月	5月	6月	7月	总计
财务部	22903.42	34471.28	56639.3	33588.05	76847.04	26845.1	47702.12	298996.31
配件部	5645.98	10770.88	12913.9	11422.9	12651	10014.89	19948.1	83367.65
维修部	69236.39	99753.99	50695.73	80967.99	90415.7	64613.87	105114.65	560798.32
销售二部	42644.99	45541.37	50560.33	137807.25	116412.91	46178	99292.03	538436.88
销售一部	54613.39	62581.04	37404.5	63169.62	48054.3	86168.13	72260.4	424251.38
信贷部	29466.1	30328.1	42691.69	36981.25	37101.27	23660	33413	233641.41
行政部	193164.82	247797.3	317246.83	129643.01	177631.52	197570.92	315152.91	1578207.31
总经办	45737	43139	54429.94	48673.9	33263.19	64685.95	45645.7	335574.68
总计	463412.09	574382.96	622582.22	542253.97	592376.93	519736.86	738528.91	4053273.94

图 12-27　修改具体部门名称

这样，就得到了能够对各个部门、各个费用、各月数据进行灵活分析的数据透视表了，根据需要重新布局数据透视表，就得到需要的分析报告。

图 12-28 所示就是一个示例，分析指定部门、指定费用项目在各个月的变化情况。

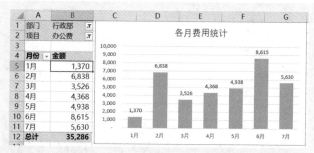

图 12-28　分析指定部门、指定费用项目在各个月的变化情况

第12章　Excel 数据透视分析技能与技巧

✏️ **本节知识回顾与测验**

1. 创建数据透视表，对数据源有什么要求？

2. 能不能选择整列数据区域创建数据透视表？这样做会带来什么问题？

3. 你是否了解数据透视表的结构，并且能够正确布局字段？

4. 在数据透视表中，字段和项目有什么区别？

5. 如何以多个一维表创建数据透视表？你能熟练使用哪种方法？请结合实际例子练习。

6. 一个标准的二维表，能否用数据透视表来灵活分析？

7. 如何将多个二维表合并汇总并创建数据透视表？

8. 如果每个二维表的行数、列数以及行列次序都不一样，能否合并起来创建数据透视表？

12.2 数据透视表的格式化和美化

创建的数据透视表，有时在报表布局、颜色配置、数字格式等方面布局得不太合理，比较不美观，因此，我们需要对数据透视表进行格式化和美化处理，让报表更加清晰，阅读性更好。

数据透视表的格式化和美化，是数据透视表操作的一项基本内容和技能，需要熟练掌握和应用。

📊 案例 12-5

下面介绍几个常用的数据透视表格式化和美化的方法和技巧。已经制作完成的基本数据透视表如图 12-29 所示。

	A	B	C	D	E	F	G	H	I
3	求和项:订货数量	列标签 ▾							
4		⊞1月	⊞2月	⊞3月	⊞4月	⊞5月	⊞6月	⊞7月	总计
5	行标签 ▾								
6	⊟北城	342	613	340	766	509	247	563	3380
7	⊟A002			6		40	5		51
8	内蒙奶贝					40			40
9	内蒙奶酪						5		5
10	天路酥油茶			6					6
11	⊟A006					14	30		44
12	法国红酒					4			4
13	内蒙奶贝						30		30
14	内蒙奶酪					10			10
15	⊟A007	8		4		60			72
16	内蒙奶贝					60			60
17	三顿半咖啡			4					4
18	蔬菜汤	8							8
19	⊟A008	46		65	20		49	4	184
20	法国红酒							4	4
21	内蒙奶贝	15		63			37		115
22	内蒙奶酪	18			20				38
23	三顿半咖啡	8							8
24	蔬菜汤	5					12		17
25	天路酥油茶			2					2
26	⊟A009	30	244	18	81	88	50	470	981

Sheet3 Sheet1 ⊕

图 12-29　创建的基本数据透视表

12.2.1 ▶ 设置报表布局

默认情况下，数据透视表布局是以压缩形式显示的，也就是说，如果行字段有多个，它们并不是分别显示在不同列，而是被压缩在一列，以树状结构显示，当行字段只有两三个时，这样的布局显示是比较清楚的，如图 12-30 所示，但是如果行字段很多，报表显示就很乱了。

	A	B	C	D	E	F	G	H	I
1									
2									
3	求和项:订货数量	列标签							
4		⊞1月	⊞2月	⊞3月	⊞4月	⊞5月	⊞6月	⊞7月	总计
5	行标签								
6	⊟北城	342	613	340	766	509	247	563	3380
7	法国红酒	59		4	44	51	21	9	188
8	慕尼黑啤酒			20					20
9	内蒙贝	121	63	206	356	231	186	39	1202
10	内蒙奶酪	105	253	60	281	126	5	450	1280
11	三顿半咖啡	34	45	8	36	73	21		217
12	蔬菜汤	19	242	12	9	21	12	25	340
13	天路酥油茶	4	4	27		7		35	77
14	扬州干丝		6	3				5	14
15	一口辣香菇酱				40		2		42
16	⊟东城	587	390	838	1310	269	391	672	4457
17	法国红酒	67	26	24	33	10	20	30	210
18	内蒙奶贝	309	192	473	477	31	126	284	1892
19	内蒙奶酪	103	86	292	418	96	176	234	1405
20	热干面		8		10		6	14	38
21	三顿半咖啡	54	38		53	41	29	60	275
22	蔬菜汤	30	6	12	283	73		50	454
23	天路酥油茶	18	34	6	28	18	24		128
24	咸味洛夫			19			3		22
25	扬州干丝	6		12	8		7		33
26	⊟南城	2598	2993	3227	4310	2470	2590	2422	20610
27	法国红酒	210	182	262	258	70	124	131	1446

图 12-30　两个行字段下，报表树状结构布局，比较清晰

在很多情况下，这种默认的压缩显示的布局，阅读性并不好（除非行字段就两三个），并且数据透视表的标签名称不是真正的字段名称（很好理解，因为几个字段被压缩到一列了，因此只能叫"行标签"了）。

在某些情况下，字段的内外位置，也会影响报表的阅读性和美观性。因此，尝试对字段位置进行合理布局，也是增强报表美观性和阅读性的方法。

报表布局的方法，是在数据透视表工具的"设计"选项卡中执行"报表布局"菜单下的有关命令即可，如图 12-31 所示。

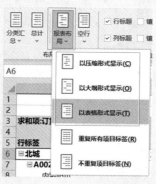

图 12-31　报表布局菜单命令

第12章　Excel 数据透视分析技能与技巧

图 12-32 所示是将报表布局设置为"以表格形式显示"的情况。

图 12-32 以表格形式显示

12.2.2 重复项目标签（填充项目空单元格）

在"报表布局"菜单中，有一个"重复所有项目标签"菜单命令，这个命令就是将字段下的项目进行填充，这样便于后期使用函数引用数据，如图 12-33 所示，请对比图 12-32，看看有什么不同。

图 12-33 重复所有项目标签

如果制作的数据透视表是一个最终的报表，就不需要重复项目标签了，因为重复项目标签，会使表格的可读性下降。

如果还要继续以此数据透视表为数据源，使用函数公式引用数据，或者在这个数据透视表基础上进行再透视，那么就必须重复项目标签了。

12.2.3 显示 / 不显示分类汇总

不论是行字段，还是列字段，都会有默认的分类汇总，也就是常说的小计，行字段有小计行，列字段有小计列。

如果不想要显示所有字段的分类汇总，就在数据透视表工具里的"设计"选项卡中，执行"分类汇总"→"不显示分类汇总"命令，如图 12-34 所示。

如果仅仅是不显示某个字段的分类汇总，就在该字段名称（或该字段下的任一项目单元格）处右击，在弹出的快捷菜单中执行"分类汇总 (**)"命令，如图 12-35 所示。

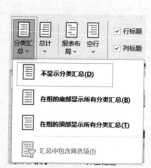
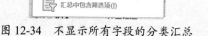

图 12-34　不显示所有字段的分类汇总

图 12-35　显示或不显示某个字段的分类汇总

如果已经不显示分类汇总，现在又想再显示出来，就再右击，在弹出的快捷菜单中执行"分类汇总 (**)"命令，或者执行"分类汇总"→"在组的底部显示所有分类汇总"命令或者"在组的顶部显示所有分类汇总"命令。

12.2.4 显示 / 不显示行总计和列总计

数据透视表的最底部一行是列总计，也就是每列的合计数；最右侧一列是行总计，也就是每行的合计数。这两个总计数可以显示，也可以不显示。

不显示行总计或者列总计的方法很简单，在名称为"总计"的单元格右击，在弹出的快捷菜单中执行"删除总计"命令，如图 12-36 所示。如果要再次显示总计，则需要在"总计"菜单中执行相关命令了，如图 12-37 所示。

图 12-36　执行"删除总计"命令

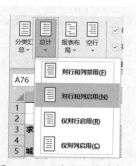

图 12-37　"总计"菜单命令

第 12 章　Excel 数据透视分析技能与技巧

注意，如果值字段是一个，那么数据透视表最右侧的总计就显示"总计"。

但是，如果值字段是多个，那么数据透视表最右侧的总计就不显示"总计"了，而是显示为"求和项:*** 汇总"。

这样，如果想要不显示数据透视表右侧的总计列，可以执行"总计"→"仅对行启用"命令，或者在列标题"求和项:*** 汇总"的位置右击执行"删除总计"命令。

12.2.5 合并居中标签单元格

当列字段有多个时，可以将相同的行标签单元格和列标签单元格合并居中，方法是，单击数据透视表内任一单元格，右击，在弹出的快捷菜单中执行"数据透视表选项"命令，如图 12-38 所示，打开"数据透视表选项"对话框，勾选"合并且居中排列带标签的单元格"复选框，如图 12-39 所示。

图 12-38　执行"数据透视表选项"命令

图 12-39　"数据透视表选项"对话框

图 12-40 所示就是一个居中排行标签单元格和列标签单元格的效果。

图 12-40　合并居中标签

12.2.6 设置报表样式

默认的数据透视表样式不怎么好看，如灰色的标题单元格颜色，框线也显得凌乱。我们可以在数据透视表工具的"设计"选项卡中，选择一个合适的样式，或者干脆删除默认的样式，如图 12-41 所示。

图 12-41　数据透视表样式列表库

图 12-42 所示就是选择了某个数据透视表样式后的报表。

城区	商品	月	日期	值									
		1月		2月		3月		4月		5月			
		求和项:订货数量	求和项:金额	求和项:订货数量	求和项:金额	求和项:订货数量	求和项:金额	求和项:订货数量	求和项:金额	求和项:订货数量			
北城	法国红酒	59	336.3			4	22.8	44	250.8	51			
	慕尼黑啤酒					20	182						
	内蒙贝	121	2238.5	63	1165.5	206	3811	356	6586	231			
	内蒙奶酪	105	913.5	253	2201.1	60	522	281	2444.7	126			
	三顿半咖啡	34	1506.2	45	1993.5	8	354.4	36	1594.8	73			
	蔬菜汤	19	283.1	242	3605.8	12	178.8	9	134.1	21			
	天路蘇油茶	4	67.2	4	67.2	27	453.6			7			
	扬州干丝			6	195	3	97.5						
	一口辣香菇酱							40	480				
	北城 汇总	342	5344.8	613	9228.1	340	5622.1	766	11490.4	509			
东城	法国红酒	67	381.9	26	148.2	24	136.8	33	188.1	10			
	内蒙贝	309	5716.5	192	3552	473	8750.5	477	8824.5	31			
	内蒙奶酪	103	896.1	86	748.2	292	2540.4	418	3636.6	96			
	热干面			8	120			10	150				
	三顿半咖啡	54	2392.2	38	1683.4			53	2347.9	41			
	蔬菜汤	30	447	6	89.4	12	178.8	283	4216.7	73			
	天路蘇油茶	18	302.4	34	571.2	6	100.8	28	470.4	18			
	咸味浩夫					19	279.3						
	扬州干丝	6	195			12	390	8	260				
	东城 汇总	587	10331.1	390	6912.4	838	12376.6	1310	20094.2	269			

图 12-42　设置数据透视表样式

12.2.7 修改字段名称

一般情况下，行字段名称和列字段名称是不需要修改的，但是值字段名称会是"求和项：***""计数项：***"这样的名称，很是不好看。

可以将默认的值字段名称改为好看的名字，不过要注意，修改后的名字不能是已经存在的字段名称，例如，不能将"求和项：订货数量"修改为"订货数量"，可以修改为另外一个名字，例如"订货量"，或者在订货数量前面或后面加一个空格。

修改完名称后，需要再调整一下各列的列宽，让报表看起来更舒服些。

图 12-43 所示是一个修改值字段名称后的数据透视表效果。

图 12-43　修改值字段名称

12.2.8 ▶ 调整字段项目的次序

默认情况下，字段下的项目次序是按照升序排列的，这样的次序可以不是我们要求的结果，此时，可以使用自定义排序的方式进行重新排列（这需要先创建自定义序列），或者手动拖动项目进行排列，后者操作更简单，单击某个项目单元格，鼠标指针对准单元格边框，出现上下左右四个箭头后，按住左键，将该项目拖至指定位置即可。

如果字段项目很多，而且要按照自定义次序进行排列，那么就稍微麻烦了些，详细排序步骤，请参阅录制的视频。

12.2.9 ▶ 设置数字格式

值字段的数字格式可以统一设置，比较简单的方法是选择单元格区域，设置数字格式即可。

如果仅仅是设置某个值字段的数字格式，就右击该字段的单元格，在弹出的快捷菜单中执行"数字格式"命令，如图 12-44 所示，然后在打开的"设置单元格格式"对话框中进行设置即可。

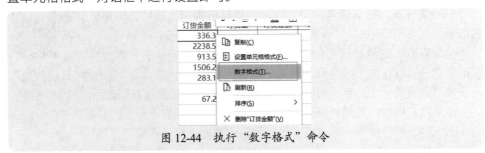

图 12-44　执行"数字格式"命令

对于值字段的数字格式，也可以设置为自定义数字格式，例如缩小一万倍显示、缩小百万倍显示、缩小一千倍显示，以使报表阅读性更好。

此外，也可以使用条件格式对值字段的数字格式进行设置，从而更加醒目标识需要重点关注的数据。

✎ **本节知识回顾与测验**

1. 创建基本数据透视表后，要做哪些最基本的报表格式设置和美化？
2. 如何修改字段名称？要注意哪些问题？
3. 如何快速调整字段项目的次序？
4. 如何取消或显示某个字段的分类汇总？
5. 如何快速取消所有字段的分类汇总？
6. 如何快速删除数据透视表的行总计和列总计？如果要再显示出来呢？
7. 如何将字段的项目标签单元格合并居中？
8. 如何设置数据透视表的报表样式？如果不想要默认的样式，如何清除？
9. 如何分别设置不同值字段的数字格式？例如把字段"销售量"设置为整数，把字段"销售额"设置为千分位符的 2 位小数？
10. 能不能将值字段数据格式设置为自定义格式？例如，整数和负数分别设置不同的数字格式和字体颜色？

12.3 利用数据透视表分析数据

数据透视表的强大功能是灵活分析数据，因为可以根据实际需要，对字段进行任意的布局和组合，对值字段设置各种计算依据和各种显示效果，从而生成不同的数据分析报表。本节介绍利用数据透视表分析数据的实用技能和技巧，以及实际应用案例。

12.3.1 排名分析

对值字段（汇总数据的任一单元格）右击，在弹出的快捷菜单中执行"排序"命令，如图 12-45 所示，就可以对该字段下的某个项目进行升序排列或降序排序。

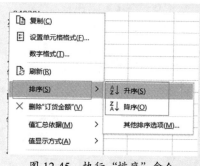

图 12-45 执行"排序"命令

图 12-46 是一个数据透视表,它是对 6 月份的各个商品订货金额进行降序排列的结果。

	A	B	C	D	E	F	G	H	I
1	城区	(全部)	▼						
2									
3	订货金额	月	▼						
4	商品	▼ 1月	2月	3月	4月	5月	6月	7月	总计
5	三顿半咖啡	127,407	103,706	87,138	143,133	152,171	104,681	101,403	819,639
6	贵新大螃蟹	122,167	67,344	63,170	105,094	111,354	97,696	67,533	634,357
7	内蒙奶酪	39,785	48,885	47,519	57,307	44,448	60,056	49,338	347,339
8	内蒙奶贝	65,416	58,775	75,203	75,628	45,566	56,610	54,742	431,938
9	张飞牛肉干	54,312	28,032	34,712	36,792	16,097	26,061	26,061	222,066
10	蔬菜汤	39,366	35,537	52,984	25,270	39,381	25,256	30,396	248,189
11	天路酥油茶	14,851	19,051	15,792	18,883	13,877	18,950	12,566	113,971
12	热干面	9,495	9,075	7,845	7,965	8,625	16,515	13,410	72,930
13	法国红酒	7,598	5,483	3,386	4,760	4,674	5,290	3,357	34,548
14	蚝油	4,043	16,678	5,825	3,272	5,799	2,554	4,283	42,454
15	扬州干丝	2,828	2,243	3,835	5,395	2,015	2,178	2,730	21,223
16	法拉黑啤	2,131	3,823	1,498	2,542	3,341	2,016	1,634	17,028
17	富华牛肉酱	14,119	2,190	18,875	27,633	9,664	1,359	20,989	94,828
18	扬州包子	789	313	1,090	2,297	1,276	1,044		6,809
19	鱼子酱	1,064	1,444	1,961	1,201	1,505	1,018	1,140	9,333
20	一口辣香菇酱	1,464	648	720	624	564	432	108	4,560
21	咸味洛夫		59	338			147		544
22	天府辣酱	2,559	731	774	430	2,494	129	1,161	8,278
23	消食馒头片		567	617		252	57		1,493
24	亨利巧克力		434		465				899
25	山东大煎饼					80			80
26	油红土豆片				74	174		496	744
27	蒸后圆锅饼	73	27	183	410				693

Sheet3 Sheet1 ➕

图 12-46 6 月份的各个商品订货金额降序排列

12.3.2 筛选排名前(后)N 的商品或客户

对数据透视表的字段进行筛选,可以制作前(后)N 大报表。

案例 12-7

例如,要查看订货总金额排名前 10 的商品,可以按照下面的步骤进行操作。

步骤1 对行总计进行降序排列。

步骤2 在商品列中右击,在弹出的快捷菜单中执行"筛选"→"前 10 个"命令,如图 12-47 所示。

图 12-47 执行"筛选"→"前 10 个"命令

步骤3 打开"前 10 个筛选（商品）"对话框，设置订货金额最大的前 10 项，如图 12-48 所示。

图 12-48　设置订货金额最大的前 10 项

步骤4 单击"确定"按钮，那么，就得到图 12-49 所示的订货总金额最大的前 10 个商品报告。

商品	1月	2月	3月	4月	5月	6月	7月	总计
三顿半咖啡	127,407	103,706	87,138	143,133	152,171	104,681	101,403	819,639
贵新大螃蟹	122,167	67,344	63,170	105,094	111,354	97,696	67,533	634,357
内蒙奶贝	65,416	58,775	75,203	75,628	45,566	56,610	54,742	431,938
内蒙奶酪	39,785	48,885	47,519	57,307	44,448	60,056	49,338	347,339
蔬菜汤	39,366	35,537	52,984	25,270	39,381	25,256	30,396	248,189
张飞牛肉干	54,312	28,032	34,712	36,792	16,097	26,061	26,061	222,066
天路酥油茶	14,851	19,051	15,792	13,877	13,877	18,950	12,566	113,971
富华牛肉酱	14,119	2,190	18,875	27,633	9,664	1,359	20,989	94,828
热干面	9,495	9,075	7,845	7,965	8,625	16,515	13,410	72,930
蚝油	4,043	16,678	5,825	3,272	5,799	2,554	4,283	42,454
总计	490,960	389,272	409,063	500,977	446,980	409,737	380,720	3,027,710

（城区：(全部)，订货金额：月）

图 12-49　订货总金额最大的前 10 个商品

图 12-50 和图 12-51 所示就是筛选订货金额最小的后 10 个商品。

图 12-50　设置订货金额最小的后 10 项

商品	1月	2月	3月	4月	5月	6月	7月	总计
天府辣酱	2,559	731	774	430	2,494	129	1,161	8,278
扬州包子	789	313	1,090	2,297	1,276	1,044		6,809
一口辣香菇酱	1,464	648	720	624	564	432	108	4,560
消食馒头片		567	617		252	57		1,493
亨利巧克力		434		465				899
油红土豆片					74	174	496	744
慕尼黑啤酒	73	27	182	410				692
咸味洛夫		59	338			147		544
好味道手抓饼		423						423
山东大煎饼					80			80
总计	4,884	3,202	3,722	4,300	4,840	1,809	1,765	24,521

（城区：(全部)，订货金额：月）

图 12-51　订货总金额最小的后 10 个商品

12.3.3 设置值字段汇总依据

在默认情况下，值字段如果是数值数据类型，默认的汇总依据是求和；值字段如果是文本数据类型，默认的汇总依据是计数。

我们可以根据实际情况，对值字段的汇总依据进行设置，以完成不同的统计分析报表，例如，可以同时计算最大值、最小值、平均值、合计数等。

设置值字段汇总依据的方法，是在某个值字段单元格右击，在弹出的快捷菜单中执行"值汇总依据"菜单下的相关命令，如图 12-52 所示。

图 12-52　执行"值汇总依据"命令

案例 12-8

图 12-53 所示是一个员工信息表，现在要求制作每个部门的人数、最小年龄、最大年龄和平均年龄的统计报告。具体操作步骤如下。

	A	B	C	D	E	F	G	H	I	J
1	工号	姓名	所属部门	学历	婚姻状况	性别	出生日期	年龄	入职时间	本公司工龄
2	G0001	A0062	后勤部	本科	已婚	男	1968-12-15	54	1980-11-15	42
3	G0002	A0081	生产部	本科	已婚	男	1977-1-9	46	1982-10-16	40
4	G0003	A0002	总经办	硕士	已婚	男	1969-6-11	53	1986-1-8	37
5	G0004	A0001	技术部	博士	已婚	女	1970-10-6	52	1986-4-8	36
6	G0005	A0016	财务部	本科	未婚	男	1985-10-5	37	1988-4-28	34
7	G0006	A0015	财务部	本科	已婚	男	1986-11-8	36	1991-10-18	31
8	G0007	A0052	销售部	硕士	已婚	男	1980-8-25	42	1992-8-25	30
9	G0008	A0018	财务部	本科	已婚	女	1973-2-9	50	1995-7-21	27
10	G0009	A0076	市场部	大专	未婚	男	1979-6-22	43	1996-7-1	26
11	G0010	A0041	生产部	本科	已婚	女	1988-10-10	34	1996-7-19	26
12	G0011	A0077	市场部	本科	已婚	男	1981-9-13	41	1996-9-1	26
13	G0012	A0073	市场部	本科	已婚	男	1968-3-11	55	1997-8-26	25
14	G0013	A0074	市场部	本科	未婚	男	1968-3-8	55	1997-10-28	25
15	G0014	A0017	财务部	本科	未婚	男	1970-10-6	52	1999-12-27	23
16	G0015	A0057	信息部	硕士	已婚	男	1966-7-16	56	1999-12-28	23
17	G0016	A0065	市场部	本科	已婚	男	1975-4-17	47	2000-7-1	22
18	G0017	A0044	销售部	本科	未婚	男	1974-10-25	48	2000-10-15	22

图 12-53　员工信息表

步骤1 创建一个数据透视表，基本布局情况如图 12-54 所示，这里将字段“年龄”往值区域拖放 3 个，用以分别计算最小年龄、最大年龄和平均年龄。

	A	B	C	D	E
1					
2	所属部门	计数项:姓名	求和项:年龄	求和项:年龄2	求和项:年龄3
3	总经办	5	215	215	215
4	人力资源部	9	357	357	357
5	财务部	8	341	341	341
6	生产部	7	269	269	269
7	后勤部	4	175	175	175
8	技术部	11	447	447	447
9	贸易部	5	218	218	218
10	市场部	16	714	714	714
11	销售部	11	438	438	438
12	信息部	5	233	233	233
13	质检部	6	234	234	234
14	总计	87	3641	3641	3641

图 12-54　创建基本数据透视表

步骤2 计算最小年龄：在第 1 个年龄列单元格右击，在弹出的快捷菜单中执行“值汇总依据”→“最小值”命令，将第 1 个年龄列数据的汇总依据设置为“最小值”。

步骤3 计算最大年龄：在第 2 个年龄列单元格右击，在弹出的快捷菜单中执行“值汇总依据”→“最大值”命令，将第 1 个年龄列数据的汇总依据设置为“最大值”。

步骤4 计算平均年龄：在第 3 个年龄列单元格右击，在弹出的快捷菜单中执行“值汇总依据”→“平均值”命令，将第 1 个年龄列数据的汇总依据设置为“平均值”。

设置完毕后的报表如图 12-55 所示。

	A	B	C	D	E
1					
2	所属部门	计数项:姓名	最小值项:年龄	最大值项:年龄2	平均值项:年龄3
3	总经办	5	35	53	43
4	人力资源部	9	31	56	39.66666667
5	财务部	8	34	52	42.625
6	生产部	7	34	46	38.42857143
7	后勤部	4	37	54	43.75
8	技术部	11	31	53	40.63636364
9	贸易部	5	33	53	43.6
10	市场部	16	36	56	44.625
11	销售部	11	34	48	39.81818182
12	信息部	5	40	56	46.6
13	质检部	6	34	53	39
14	总计	87	31	56	41.85057471

图 12-55　设置年龄的汇总依据

步骤5 修改字段名称，设置各列的数字格式，调整报表列宽，就得到需要的报表，如图 12-56 所示。

	A	B	C	D	E
1					
2	所属部门	人数	最小年龄	最大年龄	平均年龄
3	总经办	5	35	53	43
4	人力资源部	9	31	56	40
5	财务部	8	34	52	43
6	生产部	7	34	46	38
7	后勤部	4	37	54	44
8	技术部	11	31	53	41
9	贸易部	5	33	53	44
10	市场部	16	36	56	45
11	销售部	11	34	48	40
12	信息部	5	40	56	47
13	质检部	6	34	53	39
14	总计	87	31	56	42

图 12-56　完成的报告

12.3.4 ▷ 设置值字段显示方式

通过设置值字段显示方式，可以将汇总结果显示为百分比、累计值、差异等，从而制作结构分析报告、差异分析报告等。

在要设置值显示方式的某列右击，在弹出的快捷菜单中执行"值显示方式"命令，就可以选择某个显示方式，如图 12-57 所示。

图 12-57　执行"值显示方式"命令

例如，在"案例 12-6.xlsx"订单分析案例中，可以制作每个城区的订货金额及其占比的分析报告，如图 12-58 所示。这里，值区域拖放 2 个"金额"，一个是显示默认的求和数字，另一个显示为"列汇总的百分比"。

	A	B	C
1	月	(全部) ▼	
2	商品	(全部) ▼	
3			
4	城区 ▼	订货金额	占比
5	市中区	2,273,327	72.53%
6	西城	431,858	13.78%
7	南城	306,134	9.77%
8	东城	71,486	2.28%
9	北城	51,558	1.64%
10	总计	3,134,363	100.00%

图 12-58　每个城区的订货金额及其占比

图 12-59 所示是分析每个商品的订货金额、每个商品订货金额占比，以及累计占比的报表。

在这个报表中，值区域拖放了 3 个"金额"，一个是显示默认的求和数字，另一个显示为"列汇总的百分比"，最后显示为"按某一字段汇总的百分比"，同时对订货金额进行了降序排列。

	A	B	C	D
1	月	(全部)		
2	城区	(全部)		
3				
4	商品	订货金额	占比	累计占比
5	三顿半咖啡	819,639	26.15%	26.15%
6	贵新大螃蟹	634,357	20.24%	46.39%
7	内蒙奶贝	431,938	13.78%	60.17%
8	内蒙奶酪	347,339	11.08%	71.25%
9	蔬菜汤	248,189	7.92%	79.17%
10	张飞牛肉干	222,066	7.08%	86.25%
11	天路酥油茶	113,971	3.64%	89.89%
12	富华牛肉酱	94,828	3.03%	92.92%
13	热干面	72,930	2.33%	95.24%
14	蚝油	42,454	1.35%	96.60%
15	法国红酒	34,548	1.10%	97.70%
16	扬州干丝	21,223	0.68%	98.38%
17	法拉黑啤	17,028	0.54%	98.92%
18	鱼子酱	9,333	0.30%	99.22%
19	天府辣酱	8,278	0.26%	99.48%
20	扬州包子	6,809	0.22%	99.70%
21	一口辣香菇酱	4,560	0.15%	99.84%
22	消食馒头片	1,493	0.05%	99.89%
23	亨利巧克力	899	0.03%	99.92%
24	油红土豆片	744	0.02%	99.94%
25	慕尼黑啤酒	692	0.02%	99.97%
26	咸味洛夫	544	0.02%	99.98%
27	好味道手抓饼	423	0.01%	100.00%
28	山东大煎饼	80	0.00%	100.00%
29	总计	3,134,363	100.00%	

图 12-59　每个城区的订货金额及其占比，以及累计占比

这样，通过这个报表，就可以快速了解，订货金额累计达到 80% 的是哪些商品。例如，前 5 个商品的订货金额合计就已经占全部商品订货金额的 79.17%，前 7 个商品的订货金额合计占全部商品订货金额的 89.89%。

这种报表，对于分析客户贡献、产品贡献等，是非常有用的。

12.3.5 对字段的项目进行分组：组合日期

不论是文本型字段，还是数值型字段，都可以对字段项目进行分组，以制作层次更多的分析报告。

例如，可以对年、季度、月进行分组，以了解每年、每个季度、每个月的数据变化；可以对员工年龄进行分组，以了解每个年龄段的人数分布；可以对相同类别的商品进行分组，以观察每个类别的销售情况等。

分组字段必须是行字段或列字段，在字段单元格右击，在弹出的快捷菜单中执行“组合”命令，如图 12-60 所示，数据透视表就会根据字段的数据类型，进行相应的处理。

如果不再需要组合结果，就右击执行“取消组合”命令，恢复原始的数据透视表字段。

例如，在“案例 12-6.xlsx”订单分析案例中，如果将字段“日期”拖至行区域或者列区域，就会自动按照月组合，生成一个新字段“月”，如图 12-61 所示，但是原始的字段“日期”仍然在数据透视表中，可以将其拖出数据透视表，仅仅显示月。

图 12-60　执行"组合"命令　　　图 12-61　日期字段自动组合成月

如果要同时生成年、季度、月三个新字段，则需要在"月"或者"日期"字段右击执行"组合"命令，打开"组合"对话框，然后在步长列表中同时选择"月""季度"和"年"选项，而起始于和终止于两个复选框可以保持默认，如图 12-62 所示。那么，单击"确定"按钮就得到图 12-63 所示的报表。

图 12-62　选择"月""季度"和"年"　　　图 12-63　按年、季度和月组合的报表

12.3.6 ▶ **对字段的项目进行分组：组合数字**

如果要对数字进行组合，也是使用相同的命令，例如，对于"案例 12-8.xlsx"的员工数据，要制作各个部门、各个年龄段的人数分析报告，效果如图 12-64 所示。

所属部门	30岁以下	31-35岁	36-40岁	41-45岁	46-50岁	51-55岁	56岁以上	总计
总经办		2		1		2		5
人力资源部		3	3	2			1	9
财务部		3	2	1	1			8
生产部	2	2	1	1	1			7
后勤部			2		1			4
技术部	1	4	1	1	2	2		11
贸易部	1		1	1	1	1		5
市场部			6	4	2	2	2	16
销售部		4	2	3	1		1	11
信息部			1	2	1		1	5
质检部			1	1		1		6
总计	4	18	22	17	11	12	3	87

图 12-64　各个部门、各个年龄段的人数分析

这个报表制作是很简单的。首先创建基本数据透视表，把所属部门拖至行区域，把年龄拖至列区域，如图 12-65 所示。

人数	年龄																				
所属部门	23	26	29	31	33	34	35	36	37	38	39	40	41	42	43	45	46	47	48	49	50
总经办							2						1								
人力资源部			1			1		1							1						
财务部					1		2		1												
生产部		1	1				1						2			1					
后勤部				1			1		2							1					
技术部			1		1		2		1						1			1			
贸易部	1												1					1			
市场部						1		2			2			1		1					
销售部							1		2				1			2		1			
信息部									1					2		1					
质检部						2			1				1								
总计	1	1	1	1	7	9	6	6	2		4		4		5			4			

图 12-65　制作基本数据透视表

在年龄单元格右击，在弹出的快捷菜单中执行"组合"命令，打开"组合"对话框，分别设置起始于、终止于和步长，如图 12-66 所示，那么就可以得到年龄组合后的报表，如图 12-67 所示。

图 12-66　设置年龄组合

人数	年龄					
所属部门	<31	31-40	41-50	51-60	>61	总计
总经办		2	1	2		5
人力资源部		6	2		1	9
财务部		4	2	2		8
生产部	2	2	3			7
后勤部		2	1	1		4
技术部	1	5	3	2		11
贸易部	1	1	2	1		5
市场部		6	6	3	1	16
销售部		6	5			11
信息部		1	3	1		5
质检部		5		1		6
总计	4	40	28	12	3	87

图 12-67　年龄组合后的报表

最后将各个年龄段的默认标题修改为易读的标题。

12.3.7 ▶ 对字段的项目进行分组：组合文本

如果字段是文本型数据，则不能进行自动组合，道理很明显：数据透视表不知道哪些项目是一组。因此，需要自己来判断哪些项目是一组，然后再进行组合。

案例 12-9

图 12-68 所示是各个省份各个商品的销售，现在要求将省份再组合生成一个地区字段，将商品再组合生成一个商品类别字段。

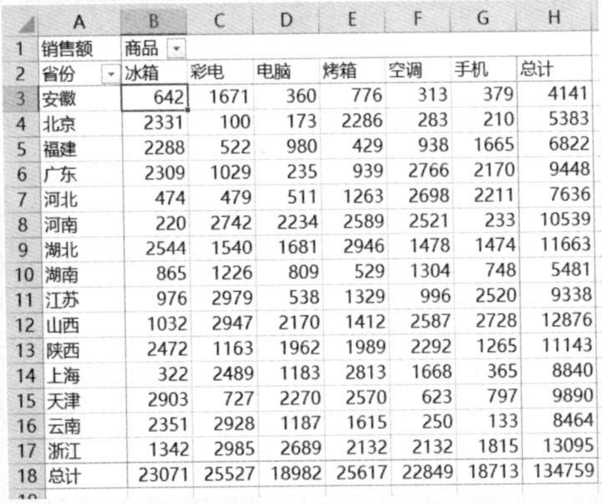

	A	B	C	D	E	F	G	H
1	销售额	商品						
2	省份	冰箱	彩电	电脑	烤箱	空调	手机	总计
3	安徽	642	1671	360	776	313	379	4141
4	北京	2331	100	173	2286	283	210	5383
5	福建	2288	522	980	429	938	1665	6822
6	广东	2309	1029	235	939	2766	2170	9448
7	河北	474	479	511	1263	2698	2211	7636
8	河南	220	2742	2234	2589	2521	233	10539
9	湖北	2544	1540	1681	2946	1478	1474	11663
10	湖南	865	1226	809	529	1304	748	5481
11	江苏	976	2979	538	1329	996	2520	9338
12	山西	1032	2947	2170	1412	2587	2728	12876
13	陕西	2472	1163	1962	1989	2292	1265	11143
14	上海	322	2489	1183	2813	1668	365	8840
15	天津	2903	727	2270	2570	623	797	9890
16	云南	2351	2928	1187	1615	250	133	8464
17	浙江	1342	2985	2689	2132	2132	1815	13095
18	总计	23071	25527	18982	25617	22849	18713	134759

图 12-68　各个省份的各个商品销售统计表

例如，对省份的项目进行组合，生成一个新字段“地区”。具体操作步骤如下。

步骤1 选择华北的省份，然后右击，在弹出的快捷菜单中执行“组合”命令，如图 12-69 所示，那么就生成一个新增字段“省份 2”和一个新项目“数据组 1”，如图 12-70 所示。

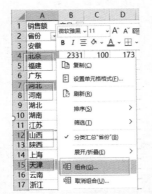

图 12-69　选择华北地区省份并右击执行“组合”命令

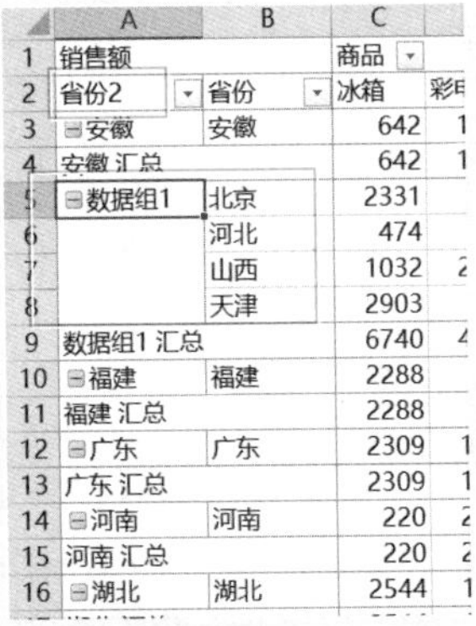

	A	B	C
1	销售额		商品
2	省份2	省份	冰箱
3	⊟安徽	安徽	642
4	安徽 汇总		642
5	⊟数据组1	北京	2331
6		河北	474
7		山西	1032
8		天津	2903
9	数据组1 汇总		6740
10	⊟福建	福建	2288
11	福建 汇总		2288
12	⊟广东	广东	2309
13	广东 汇总		2309
14	⊟河南	河南	220
15	河南 汇总		220
16	⊟湖北	湖北	2544

图 12-70　生成新字段“省份 2”和新项目“数据组 1”

步骤2 将新字段默认的名称“省份 2”修改为“地区”，将新项目默认的名称“数据组 1”修改为“华北”，如图 12-71 所示。

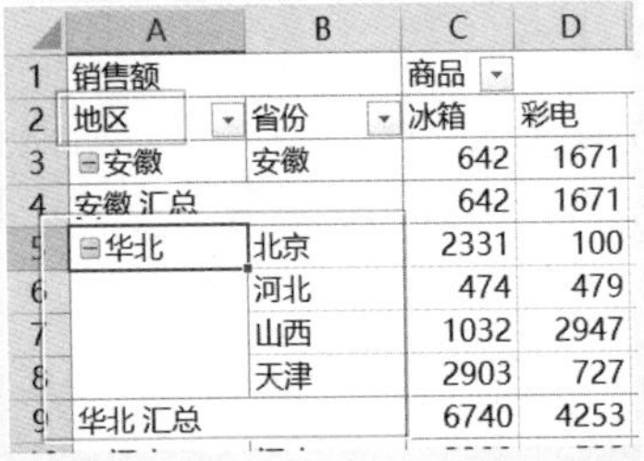

	A	B	C	D
1	销售额		商品	
2	地区	省份	冰箱	彩电
3	⊟安徽	安徽	642	1671
4	安徽 汇总		642	1671
5	⊟华北	北京	2331	100
6		河北	474	479
7		山西	1032	2947
8		天津	2903	727
9	华北汇总		6740	4253

图 12-71　生成的新字段“地区”及其新项目“华北”

步骤3 依此方法，对其他地区的省份进行组合，并修改项目名称，就得到了各个地区的组合数据，如图 12-72 所示。

销售额	商品							
地区	省份	冰箱	彩电	电脑	烤箱	空调	手机	总计
华东	安徽	642	1671	360	776	313	379	4141
	福建	2288	522	980	429	938	1665	6822
	江苏	976	2979	538	1329	996	2520	9338
	上海	322	2489	1183	2813	1668	365	8840
	浙江	1342	2985	2689	2132	2132	1815	13095
华东 汇总		5570	10646	5750	7479	6047	6744	42236
华北	北京	2331	100	173	2286	283	210	5383
	河北	474	479	511	1263	2698	2211	7636
	山西	1032	2947	2170	1412	2587	2728	12876
	天津	2903	727	2270	2570	623	797	9890
华北 汇总		6740	4253	5124	7531	6191	5946	35785
华南	广东	2309	1029	235	939	2766	2170	9448
华南 汇总		2309	1029	235	939	2766	2170	9448
华中	河南	220	2742	2234	2589	2521	233	10539
	湖北	2544	1540	1478	2946	1478	1474	11663
	湖南	865	1226	809	529	1304	748	5481
华中 汇总		3629	5508	4724	6064	5303	2455	27683
西北	陕西	2472	1163	1962	1989	2292	1265	11143
西北 汇总		2472	1163	1962	1989	2292	1265	11143
西南	云南	2351	2928	1187	1615	250	133	8464
西南 汇总		2351	2928	1187	1615	250	133	8464
总计		23071	25527	18982	25617	22849	18713	134759

图 12-72　组合完毕的地区

对商品类别的组合方法也与此相同，最后的数据透视表如图 12-73 所示。

销售额	商品类别	商品								
		家电				家电 汇总	数码		数码 汇总	总计
地区	省份	冰箱	彩电	烤箱	空调		电脑	手机		
华东	安徽	642	1671	776	313	3402	360	379	739	4141
	福建	2288	522	429	938	4177	980	1665	2645	6822
	江苏	976	2979	1329	996	6280	538	2520	3058	9338
	上海	322	2489	2813	1668	7292	1183	365	1548	8840
	浙江	1342	2985	2132	2132	8591	2689	1815	4504	13095
华东 汇总		5570	10646	7479	6047	29742	5750	6744	12494	42236
华北	北京	2331	100	2286	283	5000	173	210	383	5383
	河北	474	479	1263	2698	4914	511	2211	2722	7636
	山西	1032	2947	1412	2587	7978	2170	2728	4898	12876
	天津	2903	727	2570	623	6823	2270	797	3067	9890
华北 汇总		6740	4253	7531	6191	24715	5124	5946	11070	35785
华南	广东	2309	1029	939	2766	7043	235	2170	2405	9448
华南 汇总		2309	1029	939	2766	7043	235	2170	2405	9448
华中	河南	220	2742	2589	2521	8072	2234	233	2467	10539
	湖北	2544	1540	2946	1478	8508	1681	1474	3155	11663
	湖南	865	1226	529	1304	3924	809	748	1557	5481
华中 汇总		3629	5508	6064	5303	20504	4724	2455	7179	27683
西北	陕西	2472	1163	1989	2292	7916	1962	1265	3227	11143
西北 汇总		2472	1163	1989	2292	7916	1962	1265	3227	11143
西南	云南	2351	2928	1615	250	7144	1187	133	1320	8464
西南 汇总		2351	2928	1615	250	7144	1187	133	1320	8464
总计		23071	25527	25617	22849	97064	18982	18713	37695	134759

图 12-73　完成的能表达地区和商品类别的数据透视表

12.3.8　插入计算字段，生成新的分析指标

很多情况下，即使是原始数据中的字段，在数据透视表中也是不能使用的。例如产品单价这个字段，如果要计算数据透视表里的产品单价，那么，是求和？还是求平均值？这都是不对的，数据透视表里的单价应该是销售

额合计数除以销售量合计数。

另外，在很多数据表中，并没有需要的分析字段，例如，发货记录表中只有发货数量和发货金额，现在要分析发货平均单价怎么办？

这就是在数据透视表中插入计算字段问题。

所有计算字段，就是对数据透视表现有的某些字段进行计算，生成一个新字段，因此称之为计算字段。

插入计算字段的方法，是在"数据透视表分析"选项卡中，执行"字段、项目和集"→"计算字段"命令，如图 12-74 所示。

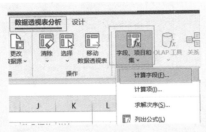

图 12-74 执行"字段、项目和集"→"计算字段"命令

例如，在"案例 12-6.xlsx"的订单分析数据透视表中，如果要分析各个商品的订货量、订货金额和平均价格，那么即使是将定价拖至数据透视表，也是不对的，如图 12-75 所示。

	A	B	C	D
1				
2	城区	(全部)		
3				
4	商品	订货量	订货金额	求和项:定价
5	三顿半咖啡	18502	819,639	54932
6	贵新大螃蟹	3344	634,357	83468
7	内蒙奶贝	23348	431,938	13634.5
8	内蒙奶酪	39924	347,339	12797.7
9	蔬菜汤	16657	248,189	7345.7
10	张飞牛肉干	2028	222,066	22885.5
11	天路酥油茶	6784	113,971	5779.2
12	富华牛肉酱	1256	94,828	1661
13	热干面	4862	72,930	2670
14	蚝油	1596	42,454	1702.4
15	法国红酒	6061	34,548	2126.1
16	扬州干丝	653	21,223	2405
17	法拉黑啤	2365	17,028	1036.8

图 12-75 现有定价字段不能表达正确信息

数据透视表里每个商品的平均价格，应该是"订货金额"列数据除以"订货量"列数据，因此必须插入"计算字段"来完成这样的计算。

执行"字段、项目和集"→"计算字段"命令，打开"插入计算字段"对话框，在"名称"输入框中输入"平均定价"，在"公式"输入框中输入下面的公式，如图 12-76 所示。

```
= round ( 金额 / 订货数量 ,2)
```

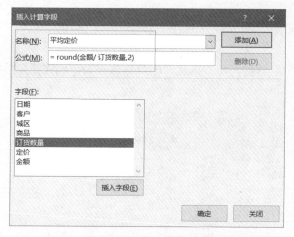

图 12-76　插入计算字段

单击"确定"按钮，就得到了图 12-77 所示的正确结果。

	A	B	C	D	E
1					
2	城区	(全部)			
3					
4	商品	订货量	订货金额	求和项:定价	求和项:平均定价
5	三顿半咖啡	18502	819,639	54932	44.3
6	贵新大螃蟹	3344	634,357	83468	189.7
7	内蒙奶贝	23348	431,938	136345	18.5
8	内蒙奶酪	39924	347,339	127977	8.7
9	蔬菜汤	16657	248,189	73457	14.9
10	张飞牛肉干	2028	222,066	228855	109.5
11	天路酥油茶	6784	113,971	57792	16.8
12	富华牛肉酱	1256	94,828	1661	75.5
13	热干面	4862	72,930	2670	15
14	蚝油	1596	42,454	17024	26.6
15	法国红酒	6061	34,548	21261	5.7
16	扬州干丝	653	21,223	2405	32.5
17	法拉黑啤	2365	17,028	10368	7.2

图 12-77　正确的平均定价

当不再需要已经插入的计算字段时，需要执行"字段、项目和集"→"计算字段"命令，打开"插入计算字段"对话框，然后在"名称"下拉列表中选择要删除的计算字段选项，再单击"删除"按钮。

12.3.9　插入计算项，生成新的分析项目

如果要在某个字段下，增加一个新项目，这个新项目是该字段下某些项目的计算结果，那么这就是插入计算项的问题了。

图 12-78 所示是依据两年数据制作的数据透视表，现在要分析每个产品两年的同比增长情况。

	值		年份	
		销售数量		销售金额
产品	今年	去年	今年	去年
产品01	877	1,427	52,620	85,620
产品02	1,247	767	1,098,607	674,193
产品03	406	122	54,810	16,958
产品04	377	885	38,831	91,155
产品05	382	1,275	141,340	470,475
产品06	644	1,088	192,556	325,312
产品07	303	1,187	8,181	29,675
产品08	871	1,257	96,681	137,013
总计	5,107	8,008	1,683,626	1,830,401

图 12-78　产品两年销售数据

所谓同比增长情况，就是销售数量两年如何变化，销售金额两年如何变化。

例如计算两年同比增长率，同比增长率是今年数据与去年数据相比较计算出来的，而去年和今年则是字段"年份"下的两个项目，因此要在字段"年份"下再增加一个新项目"同比增长率"，这就是计算项。详细操作步骤如下。

步骤1 选择字段"年份"或者其下的某个项目单元格（此例中就是"今年"或"去年"单元格）选项，然后再执行"字段、项目和集"→"计算项"命令，打开"在'年份'中插入计算字段"对话框，在"名称"输入框中输入"同比增长率"，在"公式"输入框中输入下面的公式，如图 12-79 所示。

= 今年 / 去年 –1

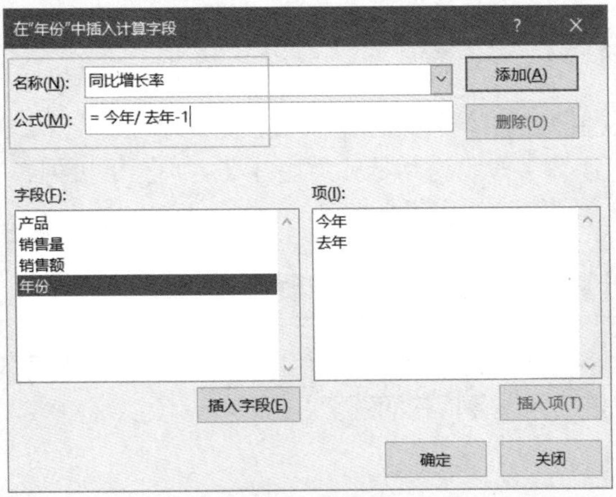

图 12-79　插入计算项

步骤2 单击"确定"按钮，就得到图 12-80 所示的报表。

	值	年份 ▼					
		销售数量			销售金额		
产品 ▼	今年	去年	同比增长率		今年	去年	同比增长率
产品01	877	1,427	-0		52,620	85,620	-0
产品02	1,247	767	1		1,098,607	674,193	1
产品03	406	122	2		54,810	16,958	2
产品04	377	885	-1		38,831	91,155	-1
产品05	382	1,275	-1		141,340	470,475	-1
产品06	644	1,088	-0		192,556	325,312	-0
产品07	303	1,187	-1		8,181	29,675	-1
产品08	871	1,257	-0		96,681	137,013	-0
总计	5,107	8,008	-0		1,683,626	1,830,401	-0

图 12-80　插入的"同比增长率"计算项

步骤3 选择这两列"同比增长率"，设置其数字格式为百分比，如图 12-81 所示。

	值	年份 ▼					
		销售数量			销售金额		
产品 ▼	今年	去年	同比增长率		今年	去年	同比增长率
产品01	877	1,427	-38.5%		52,620	85,620	-38.5%
产品02	1,247	767	62.6%		1,098,607	674,193	63.0%
产品03	406	122	232.8%		54,810	16,958	223.2%
产品04	377	885	-57.4%		38,831	91,155	-57.4%
产品05	382	1,275	-70.0%		141,340	470,475	-70.0%
产品06	644	1,088	-40.8%		192,556	325,312	-40.8%
产品07	303	1,187	-74.5%		8,181	29,675	-72.4%
产品08	871	1,257	-30.7%		96,681	137,013	-29.4%
总计	5,107	8,008	-16.6%		1,683,626	1,830,401	-22.4%

图 12-81　设置"同比增长率"计算项的数字格式

仔细观察这个报表，每个产品的同比增长率计算是正确的，但是底部的总计结果是错误的，它并不是两年数据的计算结果，而是所有产品的同比增长率数字的合计数。这不奇怪，因为底部的总计数是列总计，也就是每列的合计数。因此，底部全部产品的同比增长率数字是没有意义的。

如果不再需要插入的计算项，需要再次打开插入计算项时的对话框，在"名称"下拉列表中选择要删除的计算项，再单击"删除"按钮即可。

12.3.10 插入切片器，快速灵活筛选数据

数据透视表的筛选字段是用于对整个数据透视表进行控制，但是从筛选下拉列表中进行筛选很不方便，此时可以使用切片器来快速筛选控制数据透视表，灵活查看和分析数据。

插入数据透视表很简单，在"数据透视表分析"选项卡中单击"插入切片器"命令按钮即可，如图 12-82 所示。

图 12-82　单击"插入切片器"命令按钮

　　以"案例 12-6.xlsx"的订单分析为例，已经制作出了图 12-83 所示的商品销售额排名分析报告，现在使用切片器来筛选地区和客户，以便快速查看某个地区和某个客户的销售排名情况。

	A	B	C	D	E	F	G	H	I
1	城区	(全部)							
2	客户	(全部)							
3									
4	订货金额	月							
5	商品	1月	2月	3月	4月	5月	6月	7月	总计
6	三顿半咖啡	127,407	103,706	87,138	143,133	152,171	104,681	101,403	819,639
7	贵新大螃蟹	122,167	67,344	63,170	105,094	111,354	97,696	67,533	634,357
8	内蒙奶贝	65,416	58,775	75,203	75,628	45,566	56,610	54,742	431,938
9	内蒙奶酪	39,785	48,885	47,519	57,307	44,448	60,056	49,338	347,339
10	蔬菜汤	39,366	35,537	52,984	25,270	39,381	25,256	30,396	248,189
11	张飞牛肉干	54,312	28,032	34,712	36,792	16,097	26,061	26,061	222,066
12	天路酥油茶	14,851	19,051	15,792	18,883	13,877	18,950	12,566	113,971
13	富华牛肉酱	14,119	2,190	18,875	27,633	9,664	1,359	20,989	94,828
14	热干面	9,495	9,075	7,845	7,965	8,625	16,515	13,410	72,930
15	蚝油	4,043	16,678	5,825	3,272	5,799	2,554	4,283	42,454
16	法国红酒	7,598	5,483	3,386	4,760	4,674	5,290	3,357	34,548
17	扬州干丝	2,828	2,243	3,835	5,395	2,015	2,178	2,730	21,223
18	法拉黑啤	2,131	3,823	1,498	2,542	3,384	2,016	1,634	17,028
19	鱼子酱	1,064	1,444	1,961	1,201	1,505	1,018	1,140	9,333
20	天府辣酱	2,559	731	774	430	2,494	129	1,161	8,278
21	扬州包子	789	313	1,090	2,297	1,276	1,044		6,809
22	一口辣香菇酱	1,464	648	720	624	564	432	108	4,560
23	消食懒头片		567	617		252	57		1,493
24	亨利巧克力		434		465				899
25	油红土豆片				74	174		496	744
26	慕尼黑啤酒	73	27	182	410				692
27			59	238				147	544

图 12-83　制作的数据透视表

　　单击"插入切片器"命令按钮，打开"插入切片器"对话框，勾选要插入切片器的字段"地区"和"客户"复选框，如图 12-84 所示，单击"确定"按钮，就在工作表上插入了两个切片器，分别可以快速选择地区和客户，如图 12-85 所示。这样，就可以用鼠标单击切片器的项目，快速筛选数据透视表了。

图 12-84　勾选要插入切片器的字段

图 12-85　插入的切片器

将数据透视表和切片器进行布局，使界面美观，如图 12-86 所示。

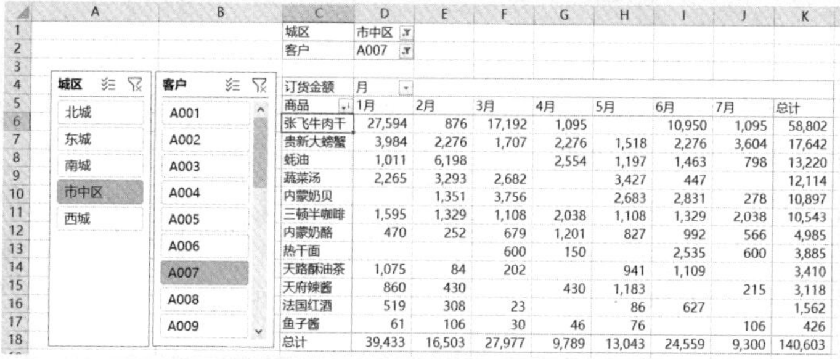

图 12-86　布置数据透视表和切片器位置

我们可以对每个切片器选择一个切片器样式，这样让这些切片器能够醒目显示，切片器样式是在"切片器"选项卡中的"切片器样式"列表中，如图 12-87 所示。

图 12-87　切片器样式

默认情况下，切片器的项目是一列显示，也可以多列显示，在"切片器"选项卡中，设置列数即可，如图 12-88 所示。

图 12-88　设置切片器的列数

图 12-89 所示是将两个切片器设置为不同列数的情况，字段"地区"切片器的列数为 3，字段"客户"切片器的列数是 2。

图 12-89　设置切片器的列数

如果不再需要切片器，可以右击切片器，在弹出的快捷菜单中执行"剪切"命令，将其删除。或者右击切片器，使之处于编辑状态，再按 Delete 键删除。

12.3.11 ▶ 快速制作某个项目的明细表

如果想要制作某个项目的明细表，可以在数据透视表中单击该项目的值单元格，那么数据透视表会自动新建一个工作表，然后保存该项目的明细数据。

例如，在图 12-86 所示的数据透视表中，如果要制作市中区、客户 A007、1 月、张飞牛肉干的销售明细，就先在切片器筛选市中区、客户 A007，然后单击 1 月、张飞牛肉干的值单元格（这里就是单元格 D6），那么就得到图 12-90 所示的明细表。

	A	B	C	D	E	F	G
1	日期	客户	城区	商品	订货数量	定价	金额
2	2023-1-18	A007	市中区	张飞牛肉干	120	109.5	13140
3	2023-1-10	A007	市中区	张飞牛肉干	4	109.5	438
4	2023-1-10	A007	市中区	张飞牛肉干	8	109.5	876
5	2023-1-5	A007	市中区	张飞牛肉干	120	109.5	13140

图 12-90 市中区、客户 A007、1 月、张飞牛肉干的销售明细

这个明细表是保存在一个新工作表中的，如果不再需要这个明细表，就需要将这个工作表删除。

12.3.12 ▶ 快速制作所有项目的明细表

当需要制作所有项目的明细表时，例如，从工资表中，对每个部门制作一个明细表，需要使用数据透视表的报表筛选页功能。

📊 案例 12-11

以图 12-91 所示的数据透视表为例，快速制作所有项目的明细表的具体步骤如下。

	A	B	C	D	E	F	G	H	I	J	K
1	成本中心	(全部)									
3	姓名	基本工资	津贴	加班工资	考勤扣款	应税所得	社保个人	公积金个人	个税	实得工资	
4	A001	11000	1814	0	0	12814	997.60	635	981.28	10200.12	
5	A002	基本工资	2524.63	1675.86	0	8655.49	836.40	532	273.71	7013.38	
6	A003	值: 11000	1737	0	0	7655	1,125.70	0	197.93	6331.37	
7	A004	行: A001	1521	0	0	5888	563.80	359	43.96	4921.24	
8	A006	列: 基本工资 5280	1613	0	0	6893	617.60	393	133.24	5749.16	
9	A007	4422	2533.88	369.66	222	7103.54	603.80	0	217.17	6504.57	
10	A008	3586	2511.62	299.77	0	6397.39	690.80	388	84.96	5314.63	
11	A009	3663	1787	0	0	5450	482.30	0	44.03	4923.67	
12	A010	4455	2547.79	1117.24	366	7754.03	668.90	0	290.11	7161.02	
13	A011	3520	2335.61	1360.92	0	7216.53	583.30	371	171.22	6091.01	
14	A012	7700	1614	0	0	9314	735.20	0	460.76	8118.04	
15	A013	4730	2358	395.4	0	7483.4	751.70	478	170.37	6083.33	
16	A014	5280	2809.71	165.52	113	8142.23	761.60	485	222.2	6549.83	
17	A015	5922.4	1440	0	0	7362.4	551.60	351	190.98	6268.82	
18	A016	3487	2383.41	291.49	0	6161.9	600.50	382	62.94	5116.46	
19	A017	3487	2359.98	291.49	0	6138.47	539.00	0	104.95	5494.52	
20	A018	4290	1962.6	358.62	0	6611.22	140.30	0	192.09	6278.83	
21	A019	3124	1961.68	0	0	5085.68	501.60	319	22.95	4242.13	

图 12-91 数据透视表

需要注意的是，由于是要制作每个部门的明细表，所以一定要把部门字段拖至筛选区。

步骤1 在“数据透视表分析”选项卡中执行“选项”→“显示报表筛选页”命令，如图 12-92 所示，打开“显示报表筛选页”对话框，选择“成本中心”选项，如图 12-93 所示。

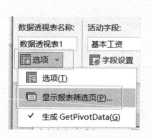

图 12-92 执行“显示报表筛选页”命令

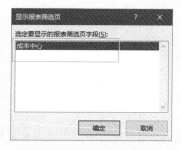

图 12-93 “显示报表筛选页”对话框

步骤2 单击“确定”按钮，就自动插入 N 个新工作表，每个工作表就是每个部门的工资明细表，如图 12-94 所示。

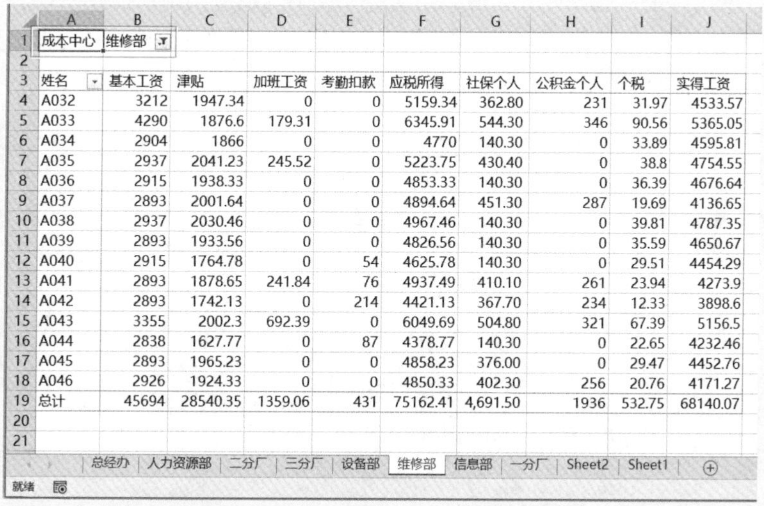

	A	B	C	D	E	F	G	H	I	J
1	成本中心	维修部								
2										
3	姓名	基本工资	津贴	加班工资	考勤扣款	应税所得	社保个人	公积金个人	个税	实得工资
4	A032	3212	1947.34	0	0	5159.34	362.80	231	31.97	4533.57
5	A033	4290	1876.6	179.31	0	6345.91	544.30	346	90.56	5365.05
6	A034	2904	1866	0	0	4770	140.30	0	33.89	4595.81
7	A035	2937	2041.23	245.52	0	5223.75	430.40	0	38.8	4754.55
8	A036	2915	1938.33	0	0	4853.33	140.30	0	36.39	4676.64
9	A037	2893	2001.64	0	0	4894.64	451.30	287	19.69	4136.65
10	A038	2937	2030.46	0	0	4967.46	140.30	0	39.81	4787.35
11	A039	2893	1933.56	0	0	4826.56	140.30	0	35.59	4650.67
12	A040	2915	1764.78	0	54	4625.78	140.30	0	29.51	4454.29
13	A041	2893	1878.65	241.84	76	4937.49	410.10	261	23.94	4273.9
14	A042	2893	1742.13	0	214	4421.13	367.70	234	12.33	3898.6
15	A043	3355	2002.3	692.39	0	6049.69	504.80	321	67.39	5156.5
16	A044	2838	1627.77	0	87	4378.77	140.30	0	22.65	4232.46
17	A045	2893	1965.23	0	0	4858.23	376.00	0	29.47	4452.76
18	A046	2926	1924.33	0	0	4850.33	402.30	256	20.76	4171.27
19	总计	45694	28540.35	1359.06	431	75162.41	4,691.50	1936	532.75	68140.07
20										
21										

图 12-94 制作的每个部门工资明细表

步骤3 选择各个部门工作表，再选择全部工作表单元格，使用选择性粘贴方法，将每个部门工作表的数据透视表粘贴为数值。

这种批量制作明细表的逻辑，实际上就是将数据透视表复制到 N 个新工作表（新工作表就是各个部门的名称）中，然后在筛选字段中筛选出该部门数据来，因此，每个部门明细表都仍然是数据透视表。

如果不想让每个部门明细表是数据透视表形式，可以选择这些工作表，将数据透视表选择性粘贴为数值。

✏️ 本节知识回顾与测验

1.如果要制作销售额最大的前 10 个客户分析报告，要使用数据透视表的哪些工具？

2.为什么有些情况下，明明是数值字段，数据透视表的汇总结果却是计数？如何将其设置为求和？

3.如何制作一个产品销售统计报表，分析每个产品在每个月的最低价格、最高价格和平均价格？

4.如何快速制作累计发货量已达全部发货量 80% 以上的客户销售报告？

5.如何使用切片器控制筛选数据透视表？如果插入了 N 个切片器，如何合理布局这些切片器和数据透视表，使报告的整体界面美观实用？

6.有一个产品发货流水表单，如何快速制作各个客户的发货明细表？

7.如果想要看某个客户、某个月的发货明细，如何快速提取出来？

12.4　使用数据透视图可视化数据透视表

在创建数据透视表后，还可以创建数据透视图，这样报表和图表组合，可以更加清楚展示统计分析结果，快速挖掘数据信息。

12.4.1　创建数据透视图的基本方法

创建数据透视图很简单，单击数据透视表内的任一单元格，然后在 Excel 的"插入"选项卡中，在图表组中选择插入某个类型图表，如图 12-95 所示。

图 12-95　在图表组中选择插入某个类型图表

📈 案例 12-12

以图 12-96 所示的数据透视表为例，要插入数据透视图（柱形图），直观显示各个省份的销售额排名。

图 12-96 各个省份的销售额排名

单击数据透视表任一单元格，再插入柱形图，得到图 12-97 所示的数据透视图。

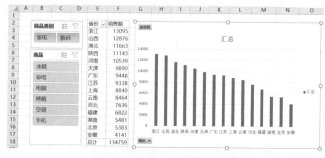

图 12-97 插入的数据透视图

12.4.2 不显示数据透视图上的字段按钮

插入的数据透视图，有字段按钮，这些字段按钮一般是没多大用途的，因为可以使用切片器来控制数据透视表和数据透视图，所以可以隐藏这些字段按钮。方法很简单，对准数据透视图上的某个字段按钮，右击，在弹出的快捷菜单中执行"隐藏图表上的所有字段按钮"命令，如图 12-98 所示。

图 12-98 执行"隐藏图表上的所有字段按钮"命令

这样，数据透视图上就不再显示所有的字段按钮了，图表也变得好看一些，如图 12-99 所示。

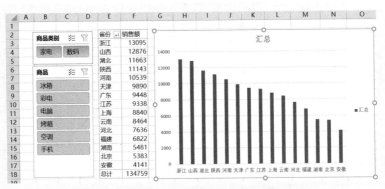

图 12-99 隐藏了数据透视图上的所有字段按钮

12.4.3 数据透视图的基本格式化

数据透视图的格式化，与普通图表的格式化是一样的，格式化内容包括：设置图表标题、设置图例、设置系列间隙宽度、设置系列填充颜色、设置系列标签、设置字体等，这些内容就不再一一叙述了。

图 12-100 所示是一个数据透视图简单格式化后的示例，图表就很清晰和美观。

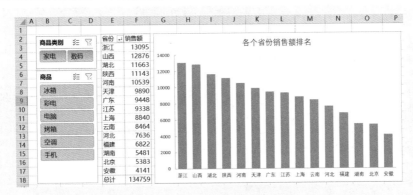

图 12-100 数据透视图的简单格式化

📌 **本节知识回顾与测验**

1. 如何插入数据透视图？
2. 数据透视图的数据源是什么？
3. 如何快速隐藏数据透视图上的所有字段按钮？